Arnold Zenkert

Faszination Sonnenuhr

2. Auflage 1995

55 Fotos
80 Zeichnungen
17 Tafeln

Die Zeit auf einer Sonnenuhr,
erkennt man an der Schattenspur

Meinen Eltern in Dankbarkeit

Arnold Zenkert, Studienrat i.R., geb. 1923 in Steinschönau (Nordböhmen), 1946 Neulehrer in Mecklenburg-Vorpommern, Studium der Geographie und Pädagogik in Potsdam. Später Leitung der Ausbildung von Astronomielehrern. 20 Jahre Leiter des Planetariums Potsdam, bis zur Pensionierung 1988. Referent und Verfasser populärwissenschaftlicher und methodischer Beiträge in einschlägigen Zeitschriften. Vorsitzender im Arbeitskreis Sonnenuhren in der Deutschen Gesellschaft für Chronometrie.

Bildernachweis Umschlag:

1. Umschlag oben: Horizontale Sonnenuhr am Senftenberger See, ***Foto: Frank Ihlow***

1. Umschlag unten: Vertikaluhr am Rathaus in Stolberg / Harz, 1724, ***Foto: Frank Ihlow***

4. Umschlag oben: Ecksonnenuhr in Taubenheim / Oberlausitz, um 1980, ***Foto: Frank Ihlow***

4. Umschlag unten: Moderne Sonnenuhr in Potsdam, 1884, ***Foto: Frank Ihlow***

Die Anleitung zum Basteln der Würfel- und der Klappsonnenuhr finden Sie auf den Seiten 130 - 131

Die Deutsche Bibliothek - CIP - Einheitsaufnahme

Zenkert, Arnold

Faszination Sonnenuhr / Arnold Zenkert. - 2.Aufl. - Thun;

Frankfurt am Main : Deutsch, 1995

ISBN 3-8171-1386-2

ISBN 3-8171-1386-2

2. überarbeitete und erweiterte Auflage 1995

Druck: Fuldaer Verlagsanstalt GmbH

Arnold Zenkert: Faszination Sonnenuhr

"Blind ist, wer die Sonne nicht sieht, töricht ist, wer sie nicht kennt, armselig, wer ihr nicht dankt. Sie ist das Licht, sie ist das Gute, sie ist das Heil. Aus ihr strahlt, aus ihr wirkt, aus ihr sendet der Herr der Sinne, der Vater des Seins, der Lebenswirker." *(Giordano Bruno)*

Zum Geleit

Wirken die "Schönwetter-Zeitanzeiger" im Jahrhundert der Atom- und Quarzuhren, der Computer und der hochpräzisen Zeitangaben nicht ein wenig anachronistisch? Um ihre Genauigkeit ist es oft nicht weit her; ein prüfender Blick auf die Armbanduhr bestätigt mitunter nicht unerhebliche Differenzen. Andererseits gibt es Sonnenuhren, deren Genauigkeit uns überrascht. Stumm und oft kaum beachtet künden sie an Wänden - oft ohne Schattenstab - von einer vergangenen Zeit, als die Menschen noch allein auf Sonnenuhren angewiesen waren und mit ihnen sogar die mechanischen Räderuhren kontrollierten.

Historische, aber auch reich verzierte, farbenfrohe und kunstvoll gestaltete Objekte werden heute als wertvolle Dokumente der Zeitmeßkunst geschätzt und gepflegt. In unserer Zeit der hochentwickelten Technik haben manche Gegenstände und Errungenschaften vergangener menschlicher Kulturen keinen Gebrauchswert mehr, wir sind auf sie nicht mehr angewiesen. Als technisches Denkmal hat die Sonnenuhr aber auch heute noch ihre Daseinsberechtigung und geht von ihnen nicht ein Hauch von Altertümlichkeit - eine gewisse Faszination aus?

Erfreulicherweise besteht in der Gegenwart ein recht großes Interesse am Bau von Sonnenuhren. Ein weites Feld bietet sich hier dem Steinmetz, Bildhauer, Maler oder Kunstschmied, der sie als Schmuck- und Gestaltungselemente in das moderne Baugeschehen einbeziehen und mannigfaltig gestalten kann. Namentlich die großen Freiflächen und ausgedehnten Fassaden der Neubaugebiete bieten viele Möglichkeiten, dekorative und moderne Sonnenuhren zu schaffen. Mancher, der ein Haus, ein Wochenendgrundstück oder einen Garten besitzt, möchte mit Hilfe des wandernden Schattens die Zeit messen. Selbst kleine, selbstgebastelte Sonnenuhren in der Nähe des Fensters oder auf dem Balkon haben ihre Reize und sind durchaus brauchbare Zeitanzeiger.

Die fachgerechte Herstellung von Sonnenuhren ist ohne Zuhilfenahme der höheren Mathematik erlernbar und ohne große Schwierigkeiten zu bewältigen. Natürlich gilt es auch hier, eine Reihe von Kenntnissen und Gesetzmäßigkeiten zu beherrschen und anzuwenden. Ein Stab, der einfach in die Wand oder in die Erde gesteckt wird, um die Stundenlinien nach der Uhrzeit zu markieren, ist noch längst keine Sonnenuhr. Auf komplizierte mathematische Ableitungen wird verzichtet; die anschauliche Wissensvermittlung hat hier den Vorrang. Die nicht vermeidbaren Berechnungsformeln und Konstruktionsanweisungen bilden das notwendige "Handwerkszeug" für die Herstellung von Sonnenuhren. Die den Formeln folgenden Rechenbeispiele sollen der Selbstkontrolle dienen. Der Verfasser, der über drei Jahrzehnte in der astronomischen Volksbildungsarbeit tätig war, kennt aus Erfahrung Möglichkeiten und Grenzen der Thematik. Aus diesem Grunde wird auf seltene Arten von Sonnenuhren verzichtet, die komplizierte Berechnungen und Konstruktionen erfordern.

Das Buch hat hauptsächlich zwei Anliegen: Zum einen will es die kulturgeschichtliche Entwicklung verschiedener Arten von Sonnenuhren aufzeigen und zum anderen Anleitung und Hilfe für den Selbstbau geben. Darüber hinaus sollen Denkmalpfleger, Heimatforscher und Museologen befähigt werden, Sonnenuhren nach den Gesichtspunkten der Gnomonik zu beurteilen. Ihnen obliegt vorrangig die Aufgabe, die wertvollen Dokumente der Zeitmeßkunst der Nachwelt zu erhalten und zu pflegen.

In diesem Zusammenhang sei auf den im Literaturverzeichnis erwähnten Sonnenuhren-Katalog von H. Philipp und K. Schwarzinger mit fast 12.000 Objekten verwiesen. Sie sind das Ergebnis jahrelanger Forschungen der *Arbeitskreise Sonnenuhren* in Deutschland und Österreich.

Für die Unterstützung durch Anregungen und Hinweise sowie durch die Überlassung von Materialien sei den Herren W. Hanke (+), Dresden, W. Lübstorf, Burg Stargard, Dr. Ph. Orth, Landau i. Pf., J. Schardin, Dresden, K. Schwarzinger, Sistrans bei Innsbruck, Dr. H. Vilkner, Greifswald und H. Rau, Berlin ebenso auch den Mitgliedern des Arbeitskreises Sonnenuhren in der Dt. Ges. f. Chronometrie herzlichst gedankt.

Der Verfasser bedankt sich auch für die kritischen Hinweise und Verbesserungsvorschläge in der 1. Auflage. Die 2., überarbeitete Auflage enthält Erweiterungen des bisherigen Textes sowie einige neue Abschnitte für die praktische Arbeit.

Die Sonnenuhr ist Zeitanzeiger und Schmuck zugleich. Sie macht uns aber auch das Phänomen Zeit bewußt, die Vergangenes, Gegenwärtiges und Zukünftiges verbindet. Der sich über die Zifferblattfläche bewegende Schatten, der den Sonnenstand gleichsam in die Geometrie der Zifferblattfläche überträgt, stellt damit eine Verbindung zwischen Mensch und Kosmos dar.

Sonnenuhren gehören zwar nicht zu den lebensnotwendigen Dingen, doch können sie dazu beitragen, die uns umgebende Welt ein wenig schöner und kulturvoller zu gestalten - und auch über die Zeit nachzudenken, die uns hier auf Erden unter der Sonne gegeben ist. Nutzen wir sie deshalb zu unserem und aller Wohle!

Verlag und Verfasser wünschen allen Sonnenuhrenfreunden ein erfolgreiches und frohes Wandern durch das "Zaubergärtlein der Gnomonik", wie es in einem alten Sonnenuhrenbuch heißt - und vor allem recht viel Sonnenschein!

ARNOLD ZENKERT, POTSDAM IM MÄRZ 1995

Inhaltsverzeichnis

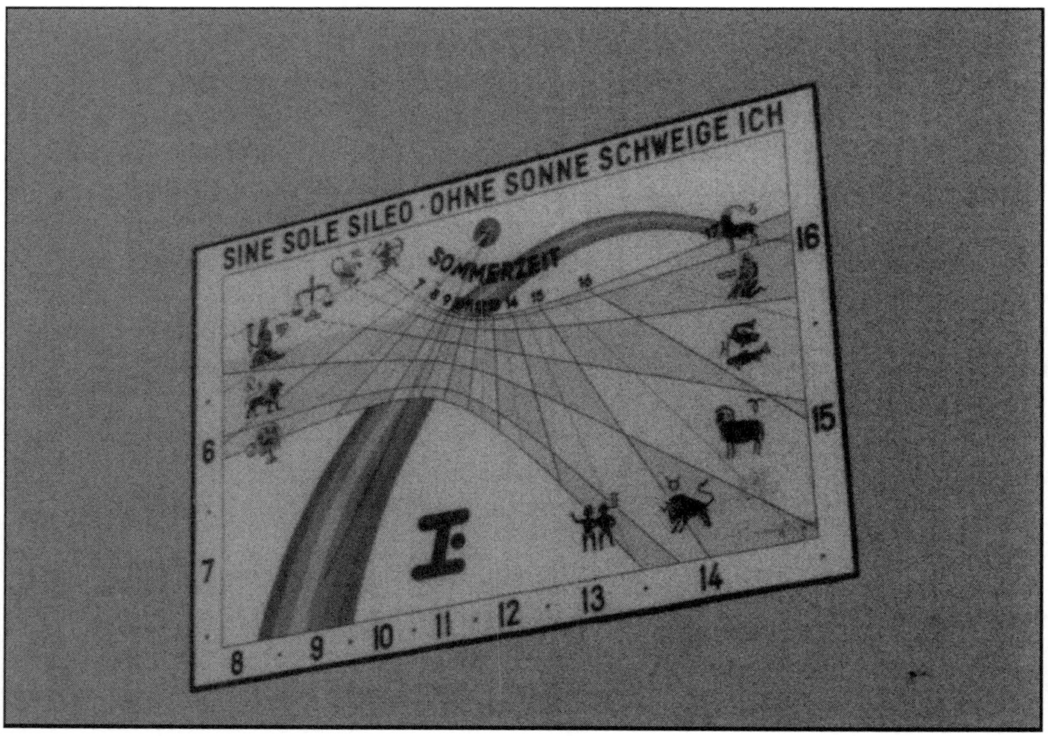

Nach Osten abweichende Vertikaluhr mit Datumslinien. Eisenstadt, Österreich (Foto: L. Bartha, Budapest)

1. Aus der Geschichte der Sonnenuhren

"Aber die alten Sonnenuhren
richten die Erde zum Weltall aus,
für die Zeit in das himmlische Haus
durch die zwölf, die Tierkreisfiguren,
und der Sonne mittägliche Reife
legt um das Jahr die unendliche Schleife." *(Walter Überwasser)*

1.1. Schatten und Schattenstab

ANDREAS SCHÖNER beginnt sein 1561 in Nürnberg erschienenes Büchlein "Gnomonike mechanike" mit einer Widmung an den "ehrwirdigen Herren Moritzen Weißhaubt/Dechant zu S. Gangolff inn Bamberg/meinem gütigsten Herrn" mit folgenden Worten:

> *"Es ist nie kein Volck so grob unnd viehisch gewest/welches nicht ein gewise ordnung der zeyt gehabt. Denn Gott hat ordnung der zeyt unnd zalen/ in die vernünfftige Creaturn/eingepflantzet/weyl er selbst ordnung in alle creaturen liebet/hat auch die schöne/herrliche Liechter des himels/Sonn/Mon und Sternen/zu unterschied der zeyt erschaffen. Unnd zwar darff es nicht viel wort/der löblichen edlen kunst Astronomie/welche solche ordnung lehret..."*

Für den Menschen wären Raum und Zeit leere Begriffe, hätten sie nicht durch das Messen Wesen und Gestalt bekommen. Den alten Kulturvölkern dienten die Gestirne zum Einteilen der Zeit: Die Sonne mit ihrem Wechsel von Tag und Nacht als Folge der Erdrotation. Ihr Jahreslauf mit den wechselnden Bögen und Höhen als Widerspiegelung der Erdrevolution und der Achsenneigung unseres Planeten. Ferner der Mond, dessen Umlauf um die Erde das Zeitmaß für den Monat schuf und nicht zuletzt die Woche, die auf die astrale Verehrung der 7 Himmelskörper zurückgeht, die als "wandelnde Gestirne" vor dem Sternhimmel ihre Positionen verändern: Sonne, Mond, Merkur, Venus, Mars, Jupiter und Saturn.

Bis in unsere Zeit hat sich daran eigentlich nichts geändert, und die große Weltenuhr geht ihren genauen Gang seit Anbeginn. Dieser beständige Kreislauf des Kosmos war den Menschen Grundlage für die Zeitmessung, dies konnte man sehen und erleben.

Der beständige Wechsel zwischen Tag und Nacht, die Veränderung des Sonnenstandes während des Tages und im Wechsel der Jahreszeiten waren gewiß die ersten Naturerscheinungen, welche die Menschen bewußt wahrgenommen und über die sie sich schon frühzeitig Gedanken gemacht haben. Von einer Zeiteinteilung im heutigen Sinne konnte damals noch keine Rede sein, eine Grobeinteilung des Tages (Morgen, Mittag, Abend) genügte den damaligen Ansprüchen vollauf. Nach PLINIUS war selbst noch im alten Rom bis um die Mitte des 5. Jahrhunderts v.Chr. der Tag nur in die zwei Zeitspannen Morgen und Abend eingeteilt.

Für frühgeschichtliche Naturbeobachtungen sprechen auch einige Steinsetzungen, wie die bekannte Anlage von Stonehenge im südlichen England aus der Zeit zwischen 2200 und 1400 v.Chr. Mittels einer aus großen Steinen gebildeten Visierlinie bestimmte man die Tage der Sonnenwenden, d. h. den größten und den kleinsten Tagbogen der Sonne. Wenngleich es sich dabei keineswegs um einen exakten Kalender oder gar um eine Sonnenuhr handelt, so zeigt dies doch, daß bereits die Menschen der Vorzeit einfache astronomische Zusammenhänge und die Grundlagen der Zeit- und Kalenderberechnung erkannt hatten.

Eine alte Art der Zeitbestimmung, die sogar bis in die Neuzeit praktiziert wurde, war die direkte Beobachtung der Sonne. Von einem bestimmten Standort aus wurde die Sonnenrichtung über markanten Landschaftspunkten in Beziehung zur Tageszeit gesetzt. Darauf verweisen heute noch in den Gebirgsgegenden Bezeichnungen, wie z.B. Elferkogel oder Mittagsberg (Mittagsloch).

Den Menschen wurde bald bewußt, daß bei Sonnenschein die Gegenstände Schatten warfen, der seine Richtung und Länge im Laufe des Tages veränderte. Sie erkannten, daß zwischen dem Stand der Sonne und der Beschaffenheit des Schattens Zusammenhänge bestehen. Vorerst genügte ihnen die Feststellung, daß der Schatten eines senkrechten Stabes in den Morgen- und Abendstunden länger war als während der Mittagszeit. Eine genaue Festlegung des wahren Mittags war damals nicht erforderlich und allein mit einem solchen Schattenstab auch nicht möglich.

Dennoch haben wir es hier mit den Anfängen der *Gnomonik*, der Wissenschaft von den Sonnenuhren zu tun. Die Bezeichnung für den Schattenstab, den *Gnomon* , geht auf das griechische Wort "gnomon" zurück. Übersetzt bedeutet das Kenner, Beurteiler, also Erkenner der Zeit. Der Gnomon, als der erste "Uhrzeiger", gehört somit zu den ältesten und einfachsten astronomischen Beobachtungsinstrumenten.

1.2. Frühzeit der Sonnenuhren

Die Sonnenuhr ist keineswegs das Ergebnis eines genialen Erfinders, auch ist ihre Entstehung nicht auf einen bestimmten Kulturkreis beschränkt. Die Gnomonik führt uns deshalb in die Wissenschafts- und Kulturgeschichte mehrerer Völker.

Zeugnisse über die Herstellung einfacher Sonnenuhren sind uns aus der Mitte des 3. Jahrtausends v.Chr. in China bekannt geworden, als in einigen Städten auf der Grundlage von Sonnenuhren Wächter die Zeit ausriefen. So waren um 1100 v.Chr. Schattenstäbe allgemein verbreitet, die auch astronomischen Messungen dienten. Von besonderer Bedeutung war damals und später zur Zeit der Griechen der mathematische Zusammenhang zwischen Schattenlänge und Mittagsschatten. Aus dem kürzesten und längsten Mittagsschatten bestimmten sie die Schiefe der Ekliptik zu 23° 54' 2" und die Dauer des Jahres zu 365 1/4 Tagen. Die Sonnenuhr hatte im alten China jedoch vorrangig astrologische Funktionen, die Zeitbestimmung war von zweitrangiger Bedeutung. Es war für die Menschen wichtig zu wissen, ob es sich um eine "gute" oder "schlechte" Stunde handle.

Der Zusammenhang zwischen Schattenlänge und Tageszeit war auch bereits den alten Ägyptern bekannt. Sie benutzten in der ersten Hälfte des 15. Jahrhunderts v.Chr. einfache tragbare Sonnenuhren, bei denen ein senkrechtes Brett als Schattenwerfer diente.

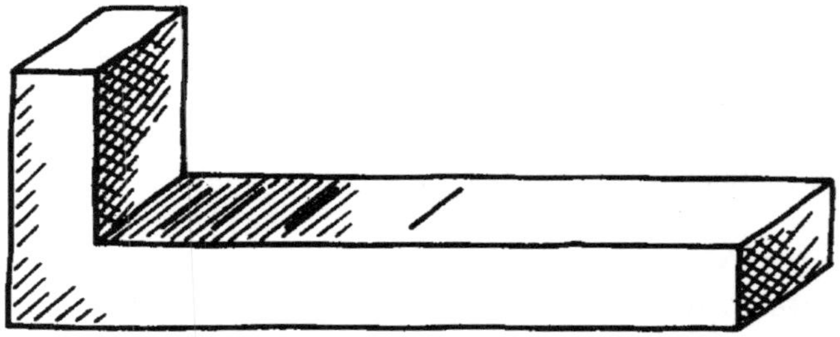

1.1. Ägyptische Ellensonnenuhr

Dies war auf einem waagerechten Brett befestigt, das sechs Markierungen hatte. Mit Hilfe dieser Markierungen wurde die Länge des Schattens gemessen, den das senkrechte Brett erzeugte. Zur Mittagszeit mußte die Vorrichtung um 180° gedreht werden, um auch in der zweiten Tageshälfte die Schattenlänge ablesen zu können. Die jeweilige Zeitangabe ermittelte man mit Hilfe einer Tabelle (Bild 1.1.).

Auch gab es Stufen- oder Treppensonnenuhren, die ebenfalls zu den Streiflicht-Sonnenuhren zu zählen sind. Bei höher steigender Sonne wanderte der Schatten von Stufe zu Stufe hinunter, bis er zur Mittagszeit unten angelangt war. Bei sinkender Sonne steigt der Schatten wieder aufwärts. Im Alten Testament (II Könige, XX, 8-11) finden wir einen Hinweis auf eine ähnliche Sonnenuhr, wenn es heißt, daß Gott "den Schatten am Sonnenzeichen des Achaz zehn Stufen zurückgezogen" haben soll. Achaz lebte in der Mitte des 8. vorchristlichen Jahrhunderts (Bild 1.2.).

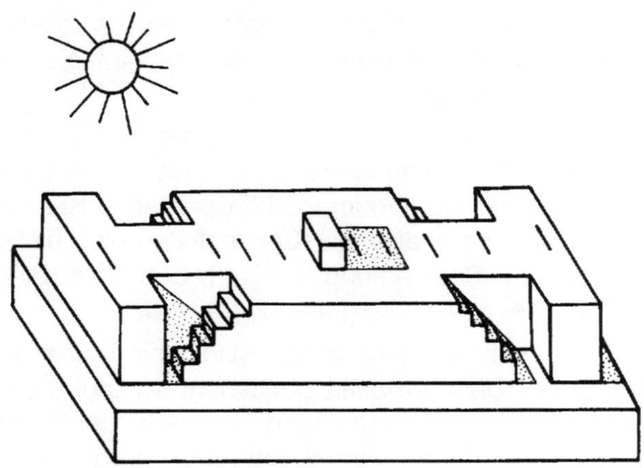

1.2. Treppen- oder Stufensonnenuhr

Auf öffentlichen Plätzen gab es schon um 1800 v.Chr. große Sonnensäulen (Obeliske), deren Schattenwurf der Zeitbestimmung diente. Verglichen mit den heutigen Sonnenuhren war die Ablesung der Zeit infolge der wechselnden Sonnenhöhe jedoch komplizierter. Bei Einbeziehung des Datums können recht genaue Ergebnisse erreicht werden.

Aus der Zeit des Königs Menephtha (*1323 † 1302 v.Chr.) wurde 1902 in Palästina eine Sonnenuhr mit einer senkrechten Anzeigefläche gefunden. Es handelt sich um eine halbkreisförmige Elfenbeinplatte, auf deren Rückseite ein Götterschiff mit einer Anbetungsszene vor dem Mondgott Thot gezeigt wird.

Erwähnt werden muß auch, daß es bereits sog. Wasseruhren gab, deren Bau eine hohe technische Perfektion erreichte. Der ägyptische König Amenophis III. (*1415 †1380 v.Chr.) besaß eine derartige Uhr, welche die Form eines abgestumpften Kegels hatte.

1.3. Sonnenuhren in der Antike

Aus der Antike kennen wir Beispiele dafür, daß auch der Schatten des eigenen Körpers die Funktion eines Gnomons übernehmen und damit als Zeitanzeiger dienen kann. Die Schattenlänge wurde dabei mit den Füßen ermittelt. Da die Fußlänge zur Körperlänge etwa im Verhältnis 1:7 steht, ist die Methode zur Bestimmung der Schattenlänge und damit der Zeit auch von verschieden großen Menschen durchführbar. War z.B. jemand größer, so wurde sein Schatten auch mit einem größeren Fuß gemessen.

Die antike Literatur berichtet in mehreren, z.T. erheiternden Beispielen über diese etwas seltsame Art der Zeitbestimmung:

In einem Brief schreibt ein gewisser Theodorus an Theophilus: "Du mußt also die Stunden bezeichnen, indem du deinen eigenen Schatten mit deinen Füßen abmißt, den einen vor den andern setzend bis zu dem Orte, wohin bei aufrechter Stellung durch den Schatten der oberste Punkt deines Kopfes traf."

In den Ekklesiazusen, die um 392 v.Chr. von Aristophanes verfaßt wurden, sagt Praxagora zu ihrem Manne: "Du kümmerst dich nur darum, gesalbt zum Essen zu gehen, wenn das stoicheion 10 Fuß lang ist." Im Griechischen bedeutet steicho in Reih und Glied oder in einer langen Reihe einhergehen, einherschreiten.

Der Grieche Philoxenes mußte sich aus dem Munde seines Arztes wenig erfreuliche Worte gefallen lassen: "Wenn du noch irgend eine Anordnung zu treffen hast, dann geh' ohne Aufschub daran, denn du wirst binnen sieben Fuß sterben."

Ein verliebter Jüngling hat damals seine Angebetete möglicherweise mit folgenden Worten zum Stelldichein geladen: "Wenn dein Schatten 16 Fuß lang ist, dann, geliebte Berenike, erwarte ich dich hinter dem großen Stein am Olivenhain." Ebenso bestand im alten Griechenland die Sitte, jemand zum Essen auf eine bestimmte Fußlänge einzuladen. Von einer Stundenangabe konnte dabei gewiß nicht die Rede sein, es war vielmehr nur ein bestimmter Zeitpunkt. Außerdem mußte man auch wissen, ob sich die Angabe der Schattenlänge auf die Vormittags- oder Nachmittagsstunden bezog.

Dieses an sich einfache Verfahren wurde auch außerhalb des antiken Kulturkreises praktiziert, worauf

MARCO POLO im 13. Jahrhundert in einem Bericht über die Bewohner der Provinz Maabar in Vorderindien verwies.

Aus dieser Praxis entwickelten sich die ersten Tabellen, die nur für eine bestimmte geographische Breite (Polhöhe) gültig waren. PALLADIUS verfaßte im 4. Jahrhundert v.Chr. ein Werk über die Landwirtschaft und gab darin für jeden Monat die Schattenlänge des menschlichen Körpers zu den einzelnen Tagesstunden an.

Abschließend sei erwähnt, daß diese Methode auch noch im ganzen Mittelalter bekannt war. Auch ANDREAS SCHÖNER veröffentlichte für jede Woche solche Stundentafeln, wobei die Größe des menschlichen Körpers mit 7 Fuß gleichgesetzt wurde. Kleineren Leuten wurde empfohlen, durch Anheben der Arme auf diese Höhe zu kommen. Infolge der inzwischen schon erreichten Genauigkeit der Sonnenuhren hatten diese Tafeln aber keine große praktische Bedeutung mehr.

Mögen wir heute über diese Praktiken zur Zeitbestimmung auch ein wenig lächeln und uns über die unzureichenden Genauigkeiten wundern, so sollten wir aber nicht vergessen, daß das Leben in der Antike und auch noch im Mittelalter in ganz anderen Zeitvorstellungen verlief als heute. Für die damaligen Verhältnisse reichte die Genauigkeit der damit erzielten Zeitangaben völlig aus.

Ende des 4. Jahrhunderts v.Chr. bestimmte PYTHEAS das Verhältnis der Gnomonlänge zur Schattenlänge für Massilia (Marseille) zur Tagundnachtgleiche sowie zu den Sonnenwenden. Daraus berechnete er ebenfalls die Schiefe der Ekliptik sowie die geographische Breite dieses Ortes.

Kaiser AUGUSTUS ließ einen Obelisken als *Großgnomon*, der aus dem 6. Jahrhundert v. Chr. stammte und in Heliopolis unweit des heutigen Kairo stand, nach Rom bringen und im nördlichen Teil des Marsfeldes aufstellen. Die Tageszeit konnte mit Hilfe von Stundenmarkierungen abgelesen werden, die zu ebener Erde angebracht waren. Auf der Meridianlinie befanden sich außerdem Markierungen, die den Wechsel der Sonne in ein anderes Tierkreiszeichen anzeigten. PLINIUS beschreibt diesen gigantischen Schattenwerfer, den Vorläufer unserer Normaluhr, wie folgt "Dem Obelisken, der auf dem Campus Martius steht, gab der vergöttlichte Augustus eine wunderbare Verwendung. Um die Schatten der Sonne und folglich die Länge der Tage und Nächte erfassen zu können, schuf er einen mit Steinplatten belegten Platz entsprechend der Größe des Obelisken. Am Tage der Vollendung der Wintersonnenwende zur sechsten Stunde (d.h. zum wahren Mittag; d. Verf.) sollte der Schatten der Größe des Obelisken gleich werden, und dann allmählich, wie es die eingetragenen Bronzelinien anzeigten, von Tag zu Tag abnehmen und schließlich wieder zunehmen: eine bemerkenswerte Erfindung, die dem Genie des Mathematikers FACUNDUS NOVIUS zu danken war." In einem späteren Abschnitt werden wir noch die Problematik eines senkrechten Schattenwerfers untersuchen.

Von den Indern wird berichtet, daß sie die Mittagslinie aus gleichen Schattenlängen bestimmten, indem sie um den Fußpunkt des Gnomons konzentrische Kreise zogen. Diese sog. indischen Kreise stellen eine einfache Methode zur Bestimmung der Nord-Süd-Linie dar, wie sie noch heute vielfach gehandhabt wird.

Eine gnomonische Großanlage ist in der indischen Stadt Jaypur bei Delhi erhalten geblieben. 16 große Instrumente zeugen hier von der jahrtausendelangen Entwicklung der indischen Zeitmeßkunst und Astronomie. Die prachtvollen Bauwerke sind allerdings zeitlich nicht dem Altertum zuzuordnen, sie wurden in der ersten Hälfte des 18. Jahrhunderts unter dem naturwissenschaftlich interessierten Maharadscha von Jaypur Sowei Jai Singh II. erbaut.

Mit der fortschreitenden Entwicklung der Technik wuchsen auch die Anforderungen an die Genauigkeit der Zeitanzeige. Für die Messung kleinerer Zeitspannen beispielsweise war die Anzeige eines Gnomons nicht geeignet. Wollte man die Redezeit oder die Dauer einer Audienz bemessen, so bedurfte es anderer Zeitmesser, die auch beweglich sein mußten. Diese Forderungen erfüllten sog. Wasseruhren, deren Bau in der Antike eine hohe technische Perfektion erreichte.

Der weitgereiste griechische Forscher HERODOT bezeichnet den chaldäischen Mathematiker und Astronomen BEROSOS (7. Jh. v.Chr.) als Erfinder der Sonnenuhr. Von dessen zahlreichen astronomischen Werken sind leider nur noch Teile erhalten geblieben. Berosos errichtete auf der griechischen Insel Kos eine Schule, von der aus die Griechen die Sonnenuhr kennenlernten. Der Einfluß der geographischen Breite auf die Konstruktion einer Hohlkugelsonnenuhr dürfte Berosos schon bekannt gewesen sein. Es ist auch anzunehmen, daß seine Vorstellung von der Gestalt der Erde bereits der Wahrheit nahe kam.

Zum Verständnis der Sonnenuhren des Altertums muß vorausgeschickt werden, daß sie sich in ihrer Mehrzahl von den Sonnenuhren der Neuzeit grundsätzlich unterscheiden. Dieser Unterschied hängt mit dem Grundproblem der Gnomonik zusammen. Im Gegensatz zur gleichförmigen scheinbaren Bewegung der Sonne bewegt sich der Schattenendpunkt auf ebenen Auffangflächen ungleichförmig. Dabei spielt es keine Rolle, ob die Fläche vertikal oder horizontal ist. Aus diesem Grunde wählte man in der Antike meist sphärische Auffangflächen, auf denen sich der Schattenendpunkt gleichförmig bewegt. So ist auch die Bevorzugung der sog. *Skaphe* (im Griechischen wurde jeder ausgehöhlte Körper so bezeichnet) verständlich, die ebenfalls auf Berosos zurückgeht.

Die Hohlkugel bildete den Grundkörper für eine Reihe von Sonnenuhrenarten in Griechenland und im Römischen Reich. Die Spitze des Gnomons befand sich im Kugelmittelpunkt und markierte mit ihrem Schatten den jeweiligen Tagbogen der Sonne auf der Innenfläche der Hohlkugel. Die Tagbögen der Sonne wurden in Auswahl konstruiert und bildeten gemeinsam mit den Stundenlinien ein Liniensystem, bei dem sowohl die Zeit als auch das Datum ablesbar waren. Wir können die Skaphe als ein verkleinertes Negativbild der Himmelshalbkugel bezeichnen.

Unter Kaiser Augustus befaßte sich der Baumeister und Kriegsingenieur VITRUVIUS unter anderem auch mit Fragen der Zeitmeßkunst. In seinem Werk "De architectura" ("Über die Architektur") beschrieb er nicht weniger als 13 Arten von Sonnenuhren. Damit dokumentierte er den hohen Stand der Gnomonik jener Zeit. Das von ihm beschriebene *Hemicyclium* in ist eine Hohlkugelsonnenuhr, die sich in einem abgeschrägten würfelförmigen Block befindet. Es besaß den Vorteil, daß die Zeit auch aus einer größeren Entfernung abgelesen werden konnte. Das halbkugelförmige Heliotropium hatte im Gegensatz dazu den Nachteil, daß man aus geringer Entfernung hineinschauen mußte. Von den Griechen wird berichtet, daß ARISTARCH von Samos um 250 v.Chr. derartige Sonnenuhren anfertigte, aus dieser Zeit stammt auch die Bezeichnung Skaphe.

Bild 1.3 zeigt ein in Velletri ausgegrabenes Hemicyclium mit einem horizontalen Gnomon. Die Schattenlänge kennzeichnet den Jahreslauf der Sonne, der hier nur in die beiden Wendekreise sowie in den Himmelsäquator unterteilt wird.

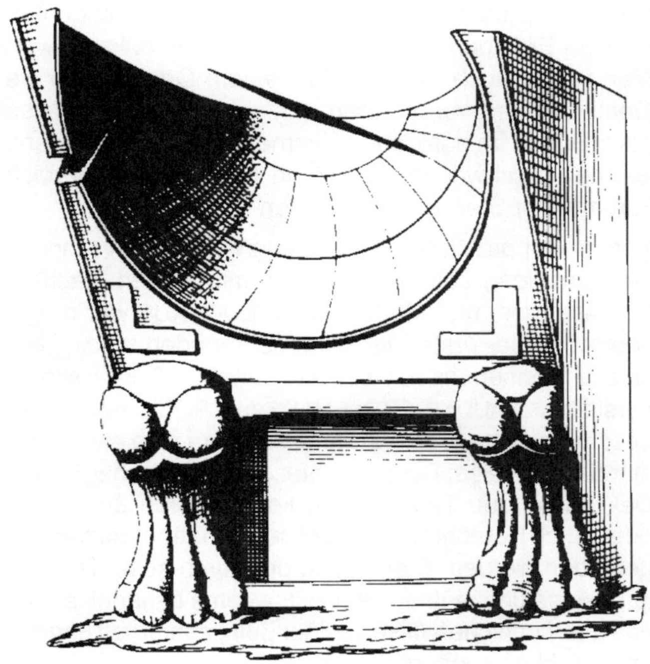

1.3. Altrömisches Hemicyclium, das in Velletri ausgegraben wurde

Eine Anzahl antiker Sonnenuhren wurde im 18. Jahrhundert ausgegraben. Sie sind durchweg aus widerstandsfähigem Stein (Marmor, Travertin u. dgl.) gefertigt und zeugen ebenfalls vom hohen Stand der Sonnenuhrenfertigung in der damaligen Zeit. Beliebt waren im Altertum auch kegelförmige Sonnenuhren, deren Uhrfläche ein hohler Kegelmantel darstellte. Nach Vitruvius handelt es sich um eine Erfindung des DIONYSIODOROS.

Der Anwendungsbereich der Skaphe erstreckt sich nicht nur auf die Zeitbestimmung, mit ihnen wurden auch Sonnenhöhen gemessen sowie Polhöhen und Polhöhenunterschiede bestimmt. Beispielsweise ermittelte ERATOSTHENES (*276 †195 v.Chr.) die Polhöhendifferenz zwischen Alexandria und Syene mit einer für die damalige Zeit hervorragenden Genauigkeit, um damit die Größe der Erde zu bestimmen.

Hierzu muß bemerkt werden, daß die kugelförmige Gestalt der Erde bereits vor rund 2000 Jahren bekannt war. Man wußte auch, daß sich bei einem Ortswechsel die Gestirnshöhen veränderten, d.h., daß bei einer Reise nach Süden im nördlichen Himmelsbereich zunehmend Sterne verschwanden, während im südlichen Bereich immer mehr Sterne emporstiegen.

Von großer praktischer Bedeutung waren auch schon in der damaligen Zeit Sonnenuhren mit ebenen Flächen. Der Astronom und Mathematiker EUDOXUS war möglicherweise der erste, der im 4. Jahrhundert v.Chr. eine solche Sonnenuhr mit eingezeichneten Tierkreislinien herstellte. CLAUDIUS PTOLEMÄUS (um 90 bis 160 n.Chr.) beschrieb diese Art der Zeitmessung auf eine etwas umständliche Weise: Bei bekannter geographischer Breite, Deklination und Tagesstunde konnte durch Zeichnung oder durch Berechnung der Ort des Schattenendpunktes gefunden werden. Ptolemäus, der durch seine Darstellung eines geozentrischen Weltsystems bekannt ist, hat das gnomonische Wissen seiner Zeit gesammelt und der Öffentlichkeit zugänglich gemacht.

An dem bekannten achteckigen Turm der Winde in Athen, der aus dem 1. Jahrhundert v.Chr. stammt, wurden später insgesamt 8 Sonnenuhren angebracht. Sie befanden sich unter den geflügelten Windgöttern. Wegen ihrer unterschiedlichen Lage zu den Himmelsrichtungen handelte es sich um verschiedene Arten von abweichenden sphärischen und vertikalen Uhren mit horizontalen Gnomonen.

Eine horizontale Sonnenuhr befindet sich auf einer im Jahre 1814 an der Via Appia gefundenen quadratischen Marmorplatte (Bild 1.4). Der die Uhr umgebende Kreisring enthält die griechischen Bezeichnungen der 12teiligen Windrose sowie einen Hinweis auf das Herkunftsland. Das "Zifferblatt" wird durch die gekrümmten Linien der Sonnenwendtage begrenzt. Die Stundenpunkte sind untereinander durch gerade Linien verbunden; die Äquinoktiallinie verläuft ebenfalls als Gerade. Das Fehlen von Stundenbezeichnungen darf nicht verwundern, da man auf den antiken Uhren die Stunden in den meisten Fällen einfach abzählte.

In seiner Komödie "Boeotia" läßt der römische Dichter PLAUTUS alle Sonnenuhren in Rom durch einen gefräßigen Nichtstuer verfluchen: "Einst war es sein Magen, der ihm die Essenszeiten anzeigte, heute dagegen müsse er sich nach den Sonnenuhren richten und oft lange warten, und die Stadt sei voll von solchen Zeitanzeigern." Plautus hat hier zweifellos stark übertrieben. Die Anzahl der Sonnenuhren in Rom war damals nicht sehr groß. Erst 293 v.Chr. wurde die erste Sonnenuhr aufgestellt, rund viereinhalb Jahrhunderte nach der Gründung der Stadt. Es handelte sich dabei um eine Skaphe. Über drei Jahrzehnte später gelangte eine weitere Sonnenuhr nach Rom, die der Konsul Valerius Messala als Kriegsbeute aus Catania auf Sizilien mitbrachte. Die unterschiedliche geographische Breite zwischen Catania und Rom bedingte zwar eine fehlerhafte Zeitanzeige, die jedoch nicht erheblich gewesen sein mag. Die Römer begnügten sich 99 Jahre mit diesen beiden Sonnenuhren. Erst Marcius Philippus ließ 164 v.Chr. eine für die Breite von Rom berechnete Sonnenuhr daneben aufstellen.

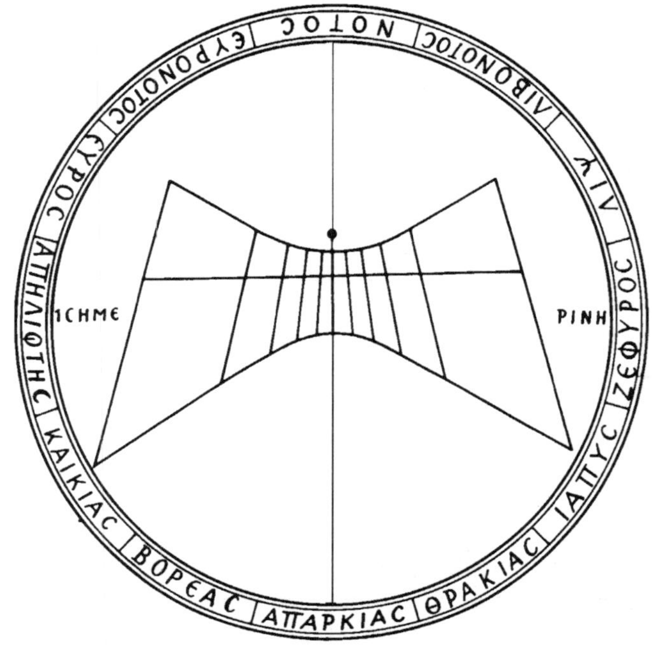

1.4. Zifferblatt einer römischen Horizontaluhr

In diese Zeit fällt der Bau zahlreicher Sonnenuhren. Vornehme Römer ließen diese Errungenschaft der Zeitmeßkunst in ihren Gärten aufstellen. In zunehmendem Maße wurden Sonnenuhren auch auf öffentlichen Plätzen aufgestellt, und wer sich keine eigene leisten konnte, mußte die Zeit von dort "holen" (Bild 1.5).

1.5. Ein römischer Sklave "holt" die Zeit

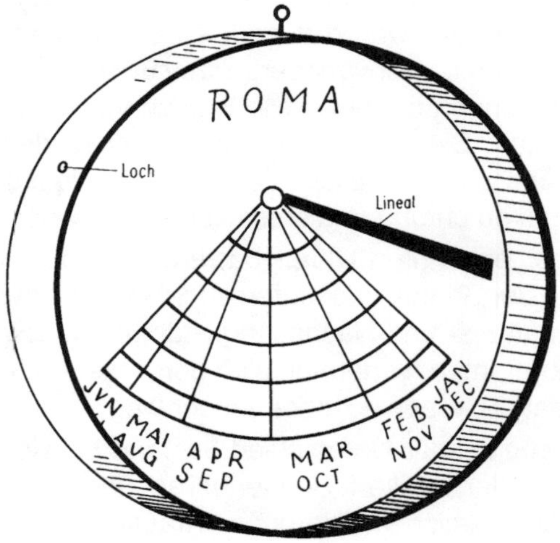

1.6. Kleine römische Taschensonnenuhr

Neben derartigen Groß-Sonnenuhren, die für die Öffentlichkeit bestimmt waren, verwendete man auch "Taschen-Sonnenuhren" im Kleinformat. Da der Magnetkompaß noch nicht bekannt war (er wird in Europa erst im 12. Jahrhundert erwähnt), war eine Ausrichtung nach dem Kompaß damals nicht möglich. Die Zeitbestimmung basierte deshalb auf dem Messen der Sonnenhöhe. Bild 1.6 zeigt eine dosenähnliche Sonnenuhr mit 7 strahlenförmigen Linien, die nur 5 cm groß ist. Nach dem Prinzip des Sonnenringes wird die Uhr so an der Öse gehalten, daß das Sonnenlicht durch die kleine Öffnung fallen kann. Das kleine drehbare Lineal im Mittelpunkt wird auf das entsprechende Datum gestellt. Auf dem Lineal bildet sich der Lichtfleck ab und zeigt an, durch welchen Stundenpunkt des betreffenden Datums der Sonnenstrahl verläuft.

Bei Ausgrabungen des durch den Vesuv verschütteten Portici wurde 1755 ein eigenartiger Fund gemacht, der mehr an ein Amulett als an eine Sonnenuhr erinnert. Diese, wegen ihrer Form als schinkenförmig bezeichnete Sonnenuhr ist an einem Ring so aufhängbar, daß der Schattenendpunkt des kleinen dornartigen Gnomons auf die betreffende Monatslinie der Einteilung fällt (Bild 1.7).

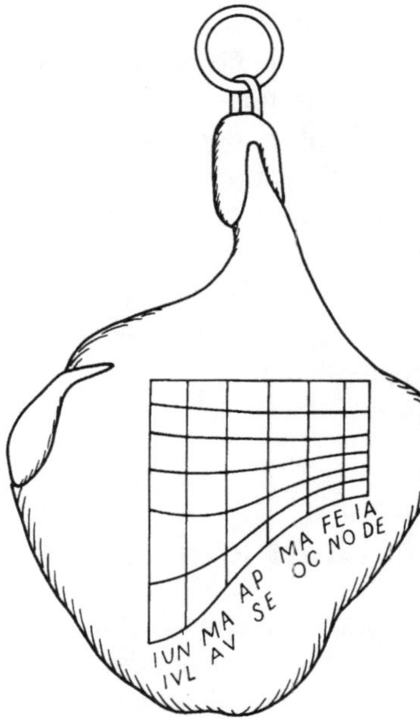

1.7. "Schinkenförmige" römische Sonnenuhr

Die bisher beschriebenen Reiseuhren bzw. Hängeuhren (viatoria, pensilia) waren nur für eine bestimmte geographische Breite verwendbar. Vitruvius erwähnte aber auch Sonnenuhren, die für alle Breiten verwendet werden konnten. Sie ähnelten in ihrem Aufbau dem sog. Universalring, einer kleinen äquatorialen Ringkugeluhr mit Hängevorrichtung und verstellbarer Polhöhe.

Die bisher erwähnten Uhren basieren auf der Höhenmessung der Sonne und unterscheiden nicht zwischen den Vormittags- und Nachmittagsstunden. In Zweifelsfällen mußte man warten, ob sich der Schatten in Richtung Mittagslinie bewegt oder von ihr weg.

Ein entscheidender Unterschied bestand bei der Stundenteilung der antiken Sonnenuhren gegenüber den heute gebräuchlichen: Die uns vertraute, von der Jahreszeit unabhängige Stundenlänge war damals nicht bekannt. Statt dessen unterteilte man die Zeitspanne des lichten Tages zwischen Sonnenaufgang und -untergang in 12 gleiche *Temporalstunden,* die in Abhängigkeit von der Tageslänge je nach Jahreszeit unterschiedlich lang ausfallen mußten.

Für die geographische Breite von Athen (38° n.Br.) ergab sich im Winter eine Tageslänge von 9 h 22 min, d. h. eine Stundenlänge von 47 min. Im Sommer lag die Tageslänge dagegen bei 14 h 38 min, die Stundenlänge demzufolge bei 73 min. Der Tag - und damit auch jede antike Stunde - war im Sommer somit um den Faktor 1,6 länger als im Winter. Nur zum Frühlings- und Herbstbeginn waren die Stunden je 60 min lang. In unseren geographischen Breiten waren die Unterschiede zwischen Sommer und Winter größer, der Faktor liegt bei 2 bis 2,4. Diese sog. Temporalstunden waren noch bis ins Mittelalter im Gebrauch, jedoch haben sie sich infolge ihrer unterschiedlichen Längen bei den mechanischen Räderuhren nicht mehr bewährt. Die von der Jahreszeit unabhängigen und gleich langen Äquinoktialstunden erwiesen sich als weitaus praktischer.

1.4. Gnomonik der Araber

In astronomiegeschichtlichen Abhandlungen wird in vielen Fällen nicht oder nur in geringem Maße auf die Bedeutung der Araber eingegangen. Es kann daher leicht der Eindruck entstehen, als gäbe es zwischen der Blütezeit der griechischen Astronomie, von Ptolemäus im 2. Jahrhundert bis Copernikus im 16. Jahrhundert, eine große "Pause" von beinahe eineinhalb Jahrtausenden. Dabei waren es gerade die Araber, die das Erbe der Antike durch ihre Übersetzungen wissenschaftlicher Werke weiterverbreitet und damit erhalten haben. Sie schlugen so die Brücke von der Wissenschaft der Antike zur Wissenschaft des abendländischen Mittelalters und vermittelten bereits mehreren vorkopernikanischen Wissenschaftlern Anregungen, sich mit dem Gedankengut der Antike zu beschäftigen. Dazu gehört das grundlegende Werk, das "Große Astronomische System" (he megiste syntaxis) des Ptolemäus, das 827 unter dem Titel "Kitab al magesti" ins Arabische und im 12. Jahrhundert ins Lateinische übersetzt wurde und heute allgemein unter "Almagest" bekannt ist.

Auch bereicherten die Araber die Gnomonik mit einer nicht unbedeutenden Anzahl eigener Werke. Im Reiche der Abassiden, die 500 Jahre regierten, kam es zu einer hohen Blüte von Wissenschaft und Kultur. Die Bedingungen für den kulturellen und wissenschaftlichen Aufschwung waren günstig: Der hohe Stand der Landwirtschaft mit ihren oft kunstvollen Bewässerungsanlagen, das hoch entwickelte Handwerk, der Fernhandel, aber auch gewisse religiöse Bedürfnisse förderten die Entwicklung der Naturwissenschaften, vor allem der Mathematik und Astronomie.

Der gläubige Mohammedaner mußte fünfmal am Tage seine Gebete mit Blickrichtung nach Mekka verrichten und war somit gehalten, diese Richtung wenigstens annähernd zu bestimmen. Aus dieser religiösen Vorschrift ergaben sich daher zwei mathematisch-astronomische Probleme, die mit Hilfe der Gnomonik gelöst werden konnten: Die Bestimmung der Zeit und die der Gebetsrichtung. Dies wirkte sich fördernd auf die Gnomonik jener Zeit aus. Hinzu kamen auch noch die günstigen Beobachtungsverhältnisse in diesem Erdteil.

AL-BATTANI (Albategnius, †929) erwähnt sowohl horizontale als auch vertikale Sonnenuhren, die einen Stab besitzen, der senkrecht auf der Zifferblattebene steht. Von ihm stammt auch eine Horizontaluhr (Bazitah), bei der der Fußpunkt des Gnomons im Mittelpunkt eines Kreises steht, so daß die Dauer des kürzesten und die des längsten Tages ermittelt werden konnte.

Von TABIT BEN QARRA (*826 †921) stammen mehrere

grundlegende Werke der Gnomonik, wie "Über die Sonnenuhren" und "Über die Konstruktion der Schattenlinien des Gnomons der Sonnenuhren". Ihm war bereits bekannt, daß die Spitze des Stabschattens täglich eine Kegelschnittkurve durchläuft. Große Verdienste erwarben sich auch ABU-WEFA, ABU-JUNI und ABUL-HASSAN mit ihren Konstruktionen und Berechnungen.

Einen großen Aufschwung der Gnomonik wurde durch IBN-JUNI († 1009 in Kairo) erreicht. Von ihm stammen zahlreiche praktische Arbeiten für die bekannten Hakemitischen Tafeln.

HASSAN VON MAROKKO († um 1270) faßte die Fülle der gnomonischen Berechnungen und Konstruktionen von Sonnenuhren zusammen. Er kann als der letzte große Gnomoniker der arabischen Wissenschaft bezeichnet werden. Mit Hilfe seines graphischen Verfahrens (Hafir) konnte man die Schattenlänge für jede Stunde eines Tages sowie des Jahres an einem gegebenen Ort mit einem Zirkel abgreifen.

Wie schon erwähnt, schrieb der Koran die Einhaltung der Gebetsrichtung nach Mekka vor, die sog. Qiblah (Kiblah, Kebla). Diese äußerst wichtige Vorschrift veranlaßte schon frühzeitig arabische Astronomen, sich mit der Ermittlung der Gebetsrichtung zu befassen und dabei auch die Gnomonik mit einzubeziehen. Bei vielen Moscheen wurden daher Sonnenuhren angebracht, um den Eintritt des Schattens in die Qiblah-Richtung zu beobachten und diesen Augenblick vom Minarett der Öffentlichkeit zu verkünden. Für jeden Mohammedaner war die Richtung nach Mekka eindeutig: Er brauchte nur das Gesicht seinem Eigenschatten zuzuwenden.

Die Einhaltung der fünfmaligen täglichen Gebetszeiten erforderte eine genaue zeitliche Festlegung. Für die Gebete vor Sonnenaufgang, zur Mittagszeit, zum Sonnenuntergang sowie nach dem Sonnenuntergang war die Festlegung nicht problematisch. Für das Nachmittagsgebet (Asr) allerdings war dies ohne eine Hilfe nicht möglich. Die Sonnenuhren enthielten daher Markierungen, so daß dieser Zeitpunkt mittels der Schattenlänge ermittelt werden konnte.

Unter König Alfons X. (dem Weisen) von Kastilien wurden wichtige Werke der arabischen Wissenschaft, darunter fünf über Zeitmesser, ins Kastilische übersetzt. Eine Reihe von Instrumenten wurde von den Arabern entwickelt bzw. weiterentwickelt. Eine besondere Bedeutung kommt dem *Astrolab*, als eine Art Universalinstrument, zu. Bei dem einfachen Astrolab (Planisphaerium) handelt es sich als der auf eine Ebene projizierte Sternhimmel, ähnlich einer drehbaren Sternkarte. Die drehbare Scheibe dient zur Ermittlung des sichtbaren Sternhimmels, der Stellung der Sterne in Azimut und Höhe und ihrer Auf- und Untergänge. Für die Positionsbestimmungen war das Astrolab für die Seefahrer unentbehrlich. Astronomische Uhren vom 15. bis 18. Jahrhundert zeigen das Prinzip des Astrolabs auf ihren Zifferblättern.

1.5. Mittelalterliche Sonnenuhren

Die Einhaltung der kirchlichen Gebetszeiten war im Mittelalter mit großen Schwierigkeiten verbunden. Um beispielsweise das erste Gebet (matutina) nicht zu versäumen, wurden in den Klöster Nachtwachen eingerichtet. Der "wachhabende" Mönch mußte eine entsprechend der Jahreszeit festgelegte Anzahl von Psalmen beten, den Lauf der Sterne beobachten sowie das Krähen der Hähne beachten, um die Brüder zur rechten Zeit wekken zu können. Kostspielige Räderuhren an Kirchen konnten sich nur einige Städte leisten, die Taschenuhren waren noch nicht erfunden und so waren die Menschen darauf angewiesen, sich eine auf der Sonne beruhende Zeitanzeige zu schaffen.

Schon frühzeitig wurden deshalb zur besseren Tageseinteilung an Kirchen und Klöstern einfache Sonnenuhren meist nahe der sog. Priesterpforte angebracht, auch wenn die Sonne im westlichen und mittleren Europa weitaus seltener scheint als im Mittelmeerraum.

Wer sich einmal die Zeit nimmt und die Wände von frühmittelalterlichen Kirchenbauten genauer betrachtet, wird Stellen mit eingeritzten Linien entdecken können. Diese wenig auffallenden Linien in Backstein oder Haustein sind selten länger als 20 cm und kaum jemand vermutet hier eine alte Sonnenuhr. Auf den ehemaligen Schattenstab verweist heute nur noch ein mehr oder weniger großes Loch; Reste von Zahlen sind in ganz seltenen Fällen erkennbar.

Da in der Zeit vor dem 15. Jahrhundert der polwärts gerichtete Schattenstab im westlichen und mittleren Europa noch unbekannt war, ragte bei den frühmittelalterlichen

Islamische Sonnenuhr an der Mauer der Mohammed-Ali-Festung in Kairo. 1920 unserer Zeitrechnung bzw. 1298nach der Hedschra (Foto: A. Zenkert)

Sonnenuhren der schattenwerfende Stab waagerecht aus der meist nach Süden gerichteten Wand. Von ihm gingen mehrere eingeritzte Linien aus, die den Halbkreis unterhalb des Schattenstabes in gleich große Sektoren teilten.

Die Herkunft dieser unterschiedlichen Zifferblattmarkierungen ist noch nicht endgültig geklärt. Vermutlich geht ein Teil von ihnen auf die altnordische Tageseinteilung zurück. Die Wikinger und Nordgermanen verfügten über eine achtteilige Tagesteilung nach den Himmelsrichtungen, die sie mit einer Sonnenscheibe (sólskifa) ermittelten. Dabei handelt es sich um ein waagerechtes Brett mit einem senkrechten Schattenwerfer, dessen Schatten den jeweiligen Tagesabschnitt anzeigt. In Anlehnung an diese Zeiteinteilung wurden möglicherweise an einigen frühmittelalterlichen Sonnenuhren acht gleich große Abschnitte markiert.

Der Schattenwurf bei einem waagerechten Stab bildet im Jahreslauf sehr unterschiedliche Winkel und ist von der Sonnendeklination abhängig (Bild 1.8), was für die

Mittelalterliche Sonnenuhr an der Nikolaikirche in Jürterbog (Brandenburg). (Foto: A.Zenkert)

Mittelalterliche Sonnenuhr an der Kirche in Redekin bei Genthin (Sachs.-Anh.) (Foto: A. Zenkert)

Zeitablesung überaus unpraktisch ist. Eine Anzeigegenauigkeit, wie wir sie heute auch von den Sonnenuhren fordern, können wir von den mittelalterlichen Uhren deshalb nicht erwarten, es sei, man veränderte in gewissen Zeitabständen die Stundeneinteilung. Lediglich die lotrechte Linie zeigt für das ganze Jahr 12 Uhr, den wahren Mittag, an. Streng genommen, trifft hier die Bezeichnung "Sonnenuhr" nicht zu.

Wer die Schattenlinien s berechnen oder diese an einem Objekt überprüfen möchte, kann die nachstehende Formel verwenden:

$$\tan s = \frac{\sin \tau}{\sin \varphi \tan \delta + \cos \varphi \cos \tau}$$

Diese Formel gilt nur für eine in Ost-West-Richtung verlaufende Wand. Es trifft in vielen Fällen nicht zu, daß die Lage alter Kirchen in dieser Richtung verläuft, Fehler bis zu 10° und mehr treten häufig auf. Ist die Wandabweichung α (s. Abschn. 3.4.4.) bekannt, gilt die Formel:

$$\tan s = \frac{\sin (a - \alpha)}{\tan h}$$

Hierfür müssen das Azimut a und die Höhe h der Sonne berechnet werden.

Die mittelalterlichen Sonnenuhren teilten lediglich den lichten Tag in bestimmte Zeitabschnitte - für die damaligen Bedürfnisse reichten diese Tagesanzeiger aus. Die mittelalterliche Gnomonik diente fast ausschließlich religiösen Zwecken, so daß man besser von kanonialen Sonnenuhren sprechen sollte. Es kam auch nicht auf den Zeitpunkt des Schattenwurfes an, sondern vielmehr auf den jeweiligen Tagesabschnitt, auf die Zeitspanne zwischen zwei Markierungen, die beachtlichen Schwankungen zwischen Sommer und Winter unterlagen.

Möglicherweise ist auch ein mehr oder weniger geneigter Schattenstab (kein Polstab) in Betracht zu ziehen. Für die an den kanonialen Sonnenuhren Interessierten bietet sich ein reiches Betätigungsfeld für Berechnungen und Konstruktionen. Man sollte jedoch dabei vorsichtig sein und den Herstellern nicht zuviel mathematische Überlegungen und Kenntnisse zugestehen und auch beachten, daß später von weniger Sachkundigen ähnliche Kratzungen sowie zusätzliche Striche angebracht worden sein können.

Bei der Herstellung der Zeiteinteilung wird man auf diese Weise bestimmte Zeitpunkte für liturgische Zwecke gekennzeichnet haben. So wurde z.B. beim Schattenwurf auf eine bestimmte Schattenlinie die Glocke "gestoßen" haben, oder es begann die Messe, woraus auch die Bezeichnung "Messuhr" zu erklären ist. Dabei ging es keineswegs um die genau Uhrzeit, die sich infolge des unterschiedlichen Schattenwinkels im Laufe des Jahres verändert. Es ist daher angebracht, von Schattenlinien und nicht von Stundenlinien zu sprechen.

Als im 14. Jahrhundert in zunehmendem Maße an Kirchen und Rathäusern Schlaguhren installiert wurden, wurde eine neue Tageseinteilung wirksam, welche die ungleich langen und unpraktischen Temporalstunden ablöste. Der volle Tag wurde in 24 gleich lange Stunden (Äquinoktialstunden) eingeteilt, deren Länge das ganze Jahr hindurch unveränderlich bleibt. Die bürgerlichen (deutschen, gallischen) Stunden wurden ab Mittag und ab Mitternacht von 1 bis 12 gezählt. Nur zum Frühlings- und Herbstbeginn stimmten sie in bezug auf Länge und Lage mit den antiken Stunden (Temporalstunden) überein.

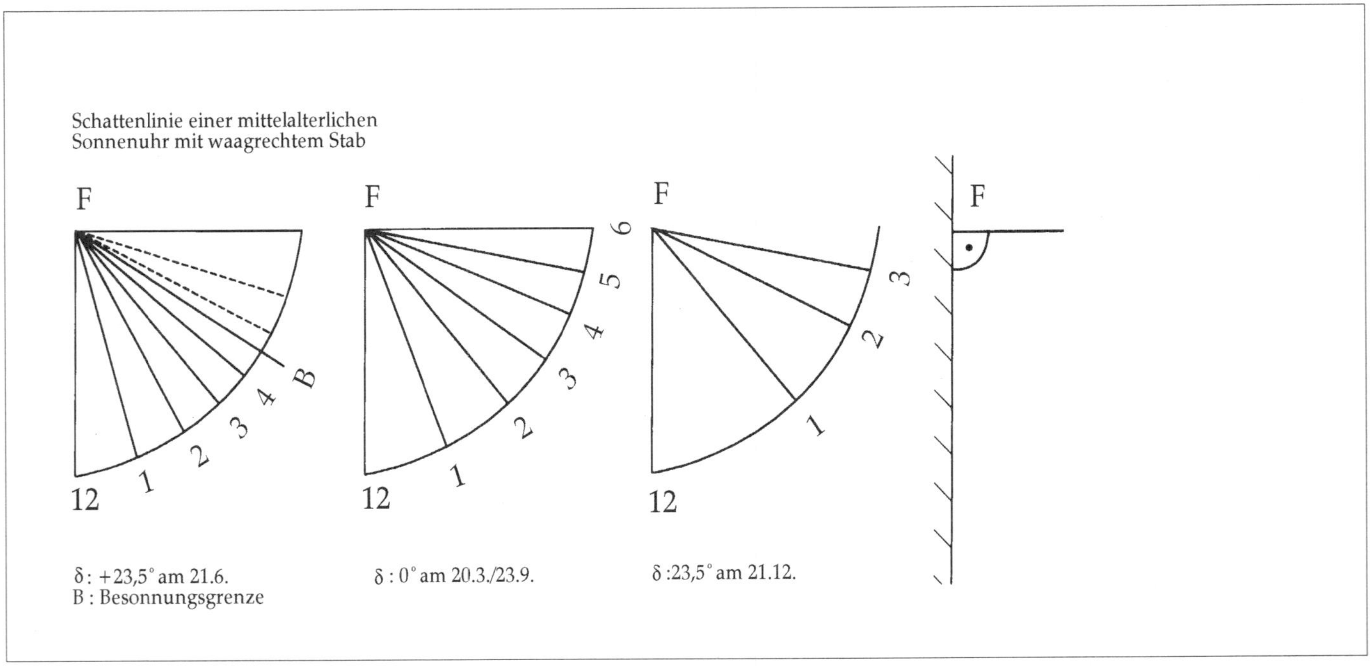

1.8. Schattenlinien einer mitttelalterlichen Sonnenuhr an einer Ost-West-Wand

Der Übergang von den ungleich langen Stunden zu den gleich langen Stunden der Neuzeit bedeutete eine einschneidende Änderung. Beide Stundenteilungen dürften noch eine Zeitlang nebeneinander bestanden haben, in Italien sogar bis ins 19. Jahrhundert. Darauf deuten die Angaben der Geschichtsschreiber hin, die zur Vermeidung von Mißverständnissen noch bis kurz vor 1900 sowohl die alte als auch die neue Teilung verwendeten.

Möglicherweise könnte der Übergang zu den Äquinoktialstunden die Erbauer von Sonnenuhren angeregt haben, die Stundenlinien nicht mehr gleichwinklig anzulegen, sondern die nach unten geöffneten Winkel größer als die nach Ost und West laufenden zu wählen. Die am St.-Blasius-Dom zu Braunschweig nach 1384 fertiggestellte Sonnenuhr gehört in die Kategorie der äquinoktialen, zwölfteiligen vertikalen Südsonnenuhren, die als "verbesserte" mittelalterliche Sonnenuhren bezeichnet werden können und eine Übergangsform darstellen.

Die Geschichte der "gekratzten" Sonnenuhren (scratched dials) geht weit zurück in das 1. Jahrtausend. Die älteste kanoniale Sonnenuhr dürfte die an einer Säule auf dem Friedhof in Bewcastle in England aus dem Jahre 670 sein. Eine der ältesten dieser Art auf deutschem Boden zeigt die Vierteleilung des Tages auf einer runden Steinplatte an der Südseite der Michaeliskirche zu Fulda. Die kurz nach 822 datierte Fertigstellung der Uhr ist umstritten, vermutlich dürfte diese erst aus dem 14. Jahrhundert stammen. Eine Reihe kanonialer Sonnenuhren befinden sich in Chartres, Strasburg (bei Pasewalk), Kolmar, Freiburg i.Br., Homberg, Hameln, Rufach.

Zahlreicher sind alte achtteilige Sonnenuhren aus England bekannt, so die am besten erhaltene und geschützte am Münster zu Kirkdale (Yorkshire) aus der Mitte des 11. Jahrhunderts. Eine viel ältere befindet sich an der Kirche zu Bishopstone (Sussex). Bereits aus dem 10. Jahrhundert ist eine zwölfteilige Sonnenuhr über dem Südportal der Weaverthorpe-Kirche in Yorkshire bekannt.

Zwei bekannte Objekte mit deutlich erkennbarer Achtteiligkeit befinden sich an der Walpurgiskirche in Alsfeld (Hessen) aus der Zeit um 1400, und zwar eine gut erhaltene am Turm und eine stark beschädigte am Chor. Eine achtteilige aus dem Beginn des 15. Jahrhunderts ist ebenfalls am Turm der St. Laurentius-Kirche in Roßtal bei Nürnberg zu finden. Mit dem Jahr 1500 ist die Zeit der mittelalterlichen Sonnenuhr zu Ende, doch gibt es auch hier einige Ausnahmen.

Die bisherige Bestandsaufnahme der mittelalterlichen Sonnenuhren in den neuen deutschen Bundesländern ergab 128 Objekte. Anzahl und Anordnung der eingeritzten Linien weisen bei ihnen starke Unterschiede auf. So gibt es neben drei-, vier-, acht- und zehnteiligen Sonnenuhren auch rosettenähnliche Linienbilder mit sogar 22 Linien. Von ganz wenigen Ausnahmen abgesehen, ist die Mittagslinie stets angegeben. Eine halbkreisförmige Begrenzung ist nicht immer vorhanden. Der größte Teil der mittelalterlichen Sonnenuhren aus der Zeit vor 1500 befinden sich in den nördlichen Gebieten, wo man erst 1966 in Neubrandenburg an der St. Georgs-Kapelle eine mittelalterliche Uhr entdeckte. Bis dahin waren solche Zeitmesser nur aus Thüringen bekannt. Ohne jeden Sinn ist die an der Kirche zu Kampehl (Brandenburg) Mitte der 80er Jahre "restaurierte" mitteltalterliche Sonnenuhr, bei der Stundenbezeichnungen sowie Stundenlinien eingeritzt wurden. Die davor stehenden Menschen blicken ratlos auf diese Pseudo-Sonnenuhr, die niemals die Zeit anzeigen kann.

In gewisser Beziehung gehören auch die im Mittelalter gebräuchlichen Mond- und Sternuhren, wie man sie auf alten Stichen sehen kann, zu unserer Thematik. Die Monduhr enthält zwei bewegliche Scheiben, wobei eine mit einer 24-Stunden-Teilung, die andere mit einer Teilung in 29 1/2 Abschnitte (synodischer Monat) versehen ist. Man stellte die erste Scheibe auf das Mondalter ein, das bei Neumond mit 0 beginnt und sucht dann die durch den Mondschatten auf der Sonnenuhr ermittelte Zeit. Auf der anderen Scheibe findet man an gleicher Stelle die ungefähre Uhrzeit.

Die Sternuhr (Nocturnal) berücksichtigt das bekannte Sternbild Großer Bär (Wagen), das als zirkumpolares Sternbild in der Nähe des Himmelspoles kreist. Die Vorrichtung wird zuerst auf das Datum gestellt, dann über den Mittelpunkt zum Polarstern gerichtet und der Visierarm so lange gedreht, bis seine Kante mit den beiden hinteren "Kastensternen" des Wagens richtungsmäßig übereinstimmt. Die Lage der Visierkante zeigt dann die Uhrzeit an.

Zeitbestimmung mit einem Strohhalm. Aus "Eyn künstliche sonn Uhr..." von Jakob Köbel, Mainz, 1532

Leonhard Zublers Gerät zur Konstuktion von Sonnenuhren, um 1600

1.6. Einführung des Polstabes

In der 2. Hälfte des 15. Jahrhunderts wurde die Sonnenuhr entscheidend verbessert, in der Geschichte der Gnomonik begann ein neuer Abschnitt: Der Schattenseite wurde nicht mehr waagerecht angebracht wie bisher, sondern zum Himmelspol ausgerichtet. Ein solcher erdachsenparalleler Schattenseite wird deshalb als Polstab (*Polos)* bezeichnet. Er bildet mit der Horizontebene einen Winkel, der der Polhöhe, d.h. der geographischen Breite des betreffenden Ortes entspricht.

Genauere Angaben über die Herkunft des Polstabes können leider nicht gemacht werden; das trifft ebenso für seinen "Erfinder" zu. Nach den Kreuzzügen traten in Europa immer mehr Sonnenuhren mit erdachsenparallelen Schattenwerfern auf. Vermutlich lernten die Pilger und Kreuzfahrer im Orient arabische Sonnenuhren kennen, bei denen bereits Polstäbe verwendet wurden. Der zum Himmelspol gerichtete Schattenstab entstammt somit keineswegs dem späten Mittelalter; er dürfte wesentlich früher bekannt gewesen sein. Ob bereits die Armillarsphäre (Ringkugel), mit deren Hilfe Ptolemäus den Eintritt der Sonne in den Himmelsäquator bestimmte, einen Polstab hatte, ist nicht nachweisbar.

Der erdachsenparallele Polstab bot eine völlig neue Möglichkeit der Zeitdarstellung: Sein Schatten verläuft genau auf den Stundenlinien für die Äquinoktialstunden. Die Richtung des Schattens hängt hier nur von der Tageszeit ab; sie wird nicht - dies ist das Entscheidende - durch den Jahresverlauf (Sonnendeklination) beeinflußt. Für die Zeitanzeige ist somit allein die Richtung des Schattens von Bedeutung und nicht mehr dessen Länge. Damit kennzeichnet der Schattenwinkel - gleich bei welcher Sonnenuhrenart - unabhängig von der Sonnenhöhe (Deklination) immer eine ganze bestimmte Uhrzeit.

Es ist daher verständlich, daß sich diese neue Art der Zeitanzeige rasch verbreitete. Einen Vergleich zwischen einer Polstabuhr und einer mittelalterlichen Sonnenuhr zeigt Bild 1.9. Man beachte die unterschiedlichen Winkel der Schattenlinien zu Mittag und in den Morgen und Abendstunden! Bei der mittelalterlichen Uhr liegen die großen Stundenlinienwinkel um die Mittagszeit, während dies bei der Polstabuhr für die Morgen- und Abendstunden zutrifft.

Eine vertikale Süduhr mit Polstab aus der Zeit um 1445 befindet sich am Wiener Stephansdom. Bald darauf entstand in Klosterneuburg eine abweichende Süduhr, und bereits 1451 gab es Reisesonnenuhren mit waagerechtem Zifferblatt, Polfaden und eingebautem Kompaß. Aus der ersten Hälfte des 15. Jahrhunderts sind nur verhältnismäßig wenig Polstabuhren bekannt.

REGIOMONTANUS (JOHANNES MÜLLER) aus Königsberg in Franken (*1436 †1476), der als einer der Vorläufer von COPERNICUS angesehen werden kann, war damals führend auf dem Gebiet der Herstellung von Beobachtungsgeräten und Sonnenuhren. Von GEORG PEUERBACH lernte er die Polstabsonnenuhr und auch die magnetische Mißweisung kennen.

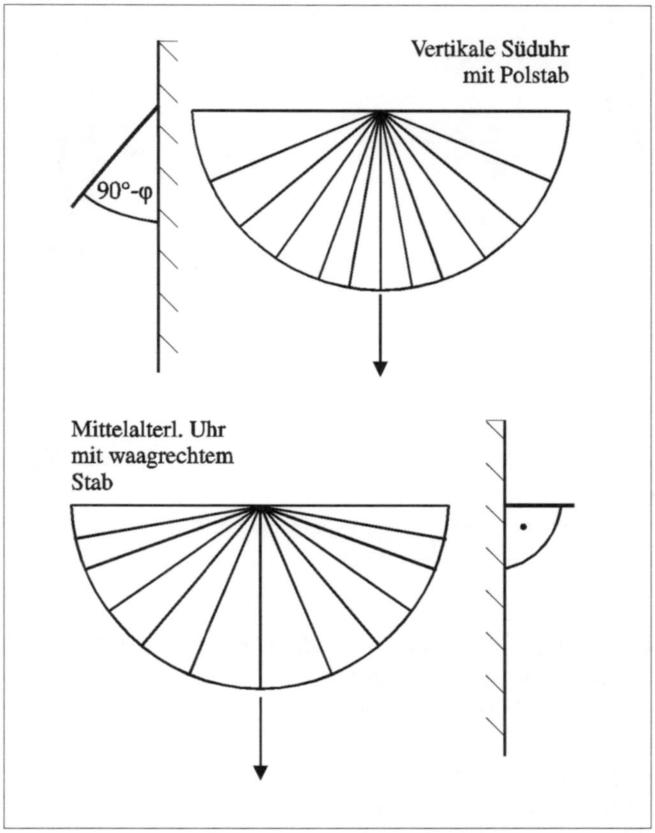

1.9. Vergleich der Schattenlinien bei einer Polstabuhr und einer mittelalterlichen Sonnenuhr

Man beachte die Winkel der Stundenlinien:
Bei der vertikalen Polstabuhr sind diese in der Nähe der senkrechten Mittagslinie (12:00 Uhr WOZ) kleiner und werden in Richtung Morgen bzw. Abend größer. Bei der mittelalterlichen Uhr verhält es sich umgekehrt.

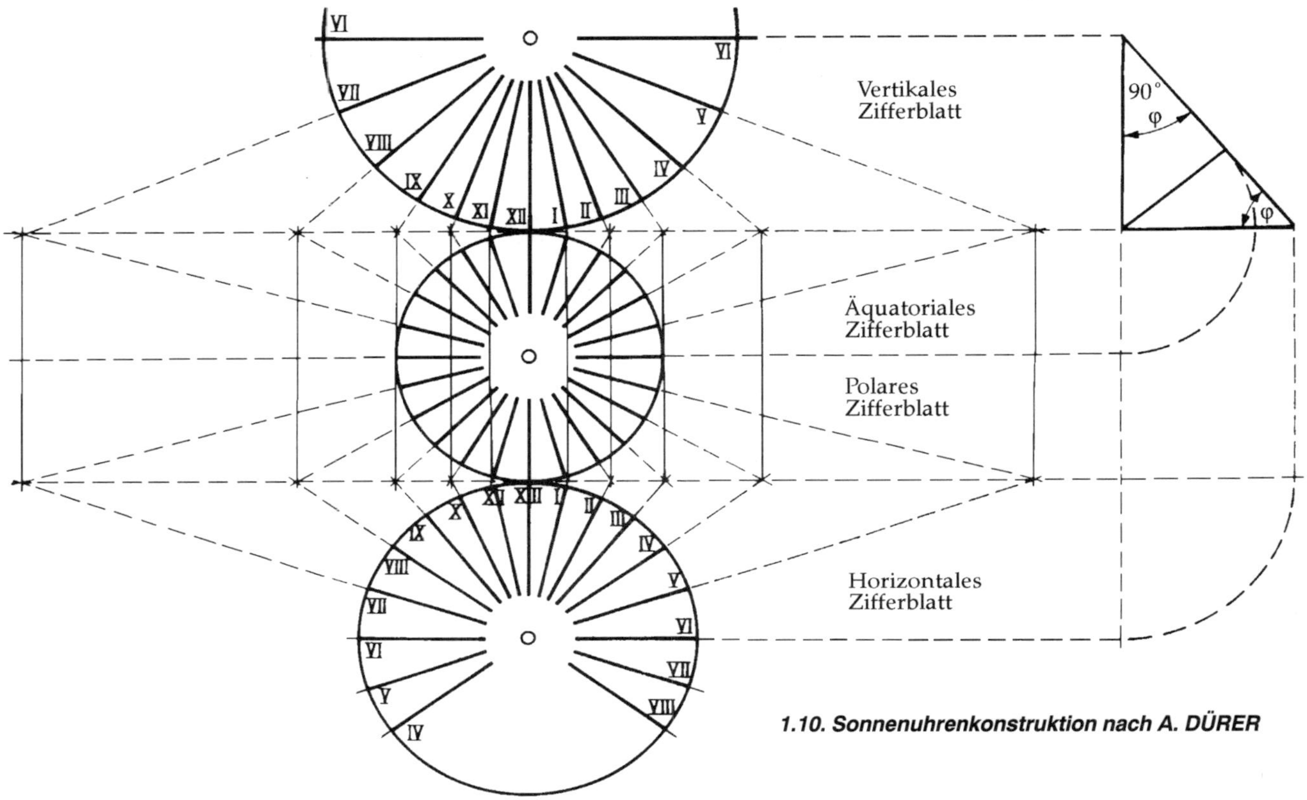

1.10. Sonnenuhrenkonstruktion nach A. DÜRER

Mit der Polstabsonnenuhr setzt ein enormer Aufschwung im Bau von Sonnenuhren ein. Die Handelsmetropolen Nürnberg, Augsburg, Paris, Antwerpen u. a. boten die wirtschaftlichen Voraussetzungen sowohl für die Herstellung als auch für den Absatz von Sonnenuhren, da hier Angehörige verschiedener Berufe (Uhrmacher, Schlosser, Künstler) vereint waren. Das allgemeine Interesse sowie der Bedarf an Sonnenuhren müssen damals sehr groß gewesen sein. Namhafte Künstler und Kupferstecher befaßten sich mit der Gnomonik und der Herstellung von Sonnenuhren. Von A. DÜRER stammt der klassische Entwurf für die Konstruktion mehrerer Arten von Sonnenuhren, wie er heute noch angewendet werden kann (Bild 1.10).

Auch der Reformator des astronomischen Weltbildes, NICOLAUS COPERNICUS (*1473 †1543), hat sich mit Entwürfen und Ausführungen von Sonnenuhren beschäftigt.

So soll er Sonnenuhren in Allenstein (Olsztyn), Frauenburg (Frombork) und Thorn (Torun) entworfen haben, wozu auch einige komplizierte Reflexsonnen-Uhren gehören.

Allerorts entstanden an Kirchen, Rat- und Bürgerhäusern vertikale Sonnenuhren, die nicht nur der Zeitanzeige dienen, sondern auch für das Bauwerk einen Schmuck bilden sollten. Nach 1500 wurden die Sonnenuhren immer reicher verziert und mit einer Vielzahl zusätzlicher Anzeigen versehen.

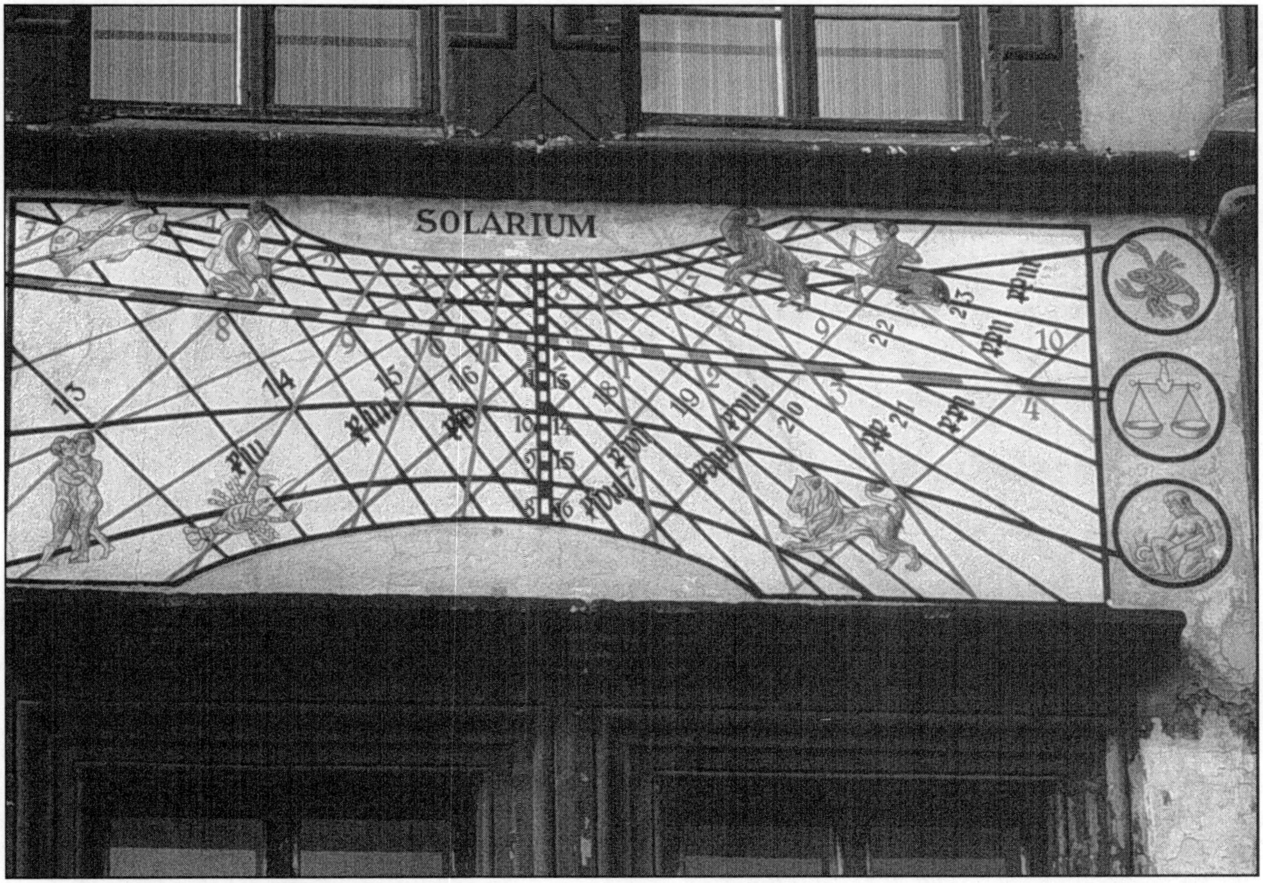

Historische Sonnenuhr an der alten Ratsapotheke in Görlitz von Zacharias Scultetus, 1550
Das Bild zeigt die linke Anzeigenfläche, das Solarium (Sonnenuhr) ***(Foto: A.Zenkert)***

Eine Sehenswürdigkeit bildet eine der bedeutendsten historischen Sonnenuhren an der alten Ratsapotheke in Görlitz. Sie wurde 1550 von ZACHARIAS SCULTETUS geschaffen und besteht aus zwei rechteckigen Zifferblättern. Das linke (Solarium) wird senkrecht durch die Mittagslinie und der Länge nach von der schräg verlaufenden Äquatorlinie mit den Stundenangaben geteilt. Die gekrümmten schwarzen Datumslinien dienen zum Ablesen des Sonnenstandes im Tierkreis. Der Schattenwerfer ist verhältnismäßig kurz, da sein Schatten auch noch bei hohem Sonnenstand auf die Anzeigefläche fallen muß. Auf der rechten Seite befindet die Arachne, ein vielfach verzweigtes Liniennetz zum Messen des Sonnenstandes im Horizontsystem (Höhe, Azimut) sowie zum Ablesen der Planetenstunden und "Häuser", was für die damals noch in Blüte stehenden Sterndeuterei wichtig war (s. Abschn. 5.5. mit Bild auf Seite 121). Für den Betrachter sind die Zifferblätter mancher Sonnenuhren mit ihrer verwirrenden Fülle von Stundenlinien oft nicht leicht verständlich. Da gibt es neben den schon genannten bürgerlichen Stunden noch die italischen (italienischen) oder böhmischen Stunden, die vom Sonnenuntergang aus gezählt wurden, ferner die babylonischen oder griechischen Stunden, deren Zählung bei Sonnenaufgang begann, sowie auch die Nürnberger Stunden, die vom Sonnenaufgang und vom Sonnenuntergang aus gezählt wurden (s.Abschn. 5.5). Man muß aber viel Geduld und Sachkenntnis haben, um die zahlreichen Linien zu verstehen.

Selbst der Tagesbeginn war keineswegs einheitlich festgelegt. Die Einteilung des Tages von Mittag bis Mittag ist alt und hat den Vorteil, daß während astronomischer Beobachtungen in der Nacht das Datum nicht gewechselt werden muß. Bereits im Altertum war aber auch die Zählung von Mitternacht bis Mitternacht bekannt, so z. B. bei den Chinesen. Die Völker des Altertums handhabten die Zählung unterschiedlich: Die Juden und Ägypter begannen mit dem Sonnenuntergang, die Babylonier, Chaldäer und Perser mit dem Sonnenaufgang, was auch später für die Griechen und Römer zutraf.

1.7. Blütezeit des Sonnenuhrenbaues

Im 16. Jahrhundert erlebte der Bau von Sonnenuhren einen Höhepunkt. Mit der Herstellung von Sonnenuhren befaßte sich der achtbare Berufsstand der Kompaßmacher. Wer vermutet heute hinter dieser Berufsbezeichnung einen Hersteller von Sonnenuhren? Die Geschichte der Sonnenuhr ist mit der des Kompasses eng verknüpft. Die Verwendung des Kompasses ist in Europa seit dem 12. Jahrhundert belegt. Für ortsfeste Sonnenuhren war das Anbringen eines Kompasses nicht erforderlich, jedoch aber für die beweglichen Reise- und Tischsonnenuhren. Bei ihnen ist der Kompaß zwar nur eine Hilfseinrichtung, ohne die aber eine derartige Sonnenuhr nicht funktionstüchtig sein kann. Aus dieser Zeit stammt auch die Bezeichnung "Sonnenkompaß", die noch lange danach gebräuchlich war.

Vom 16. bis 18. Jahrhundert kam es zu einer großen Verbreitung solcher Sonnenuhren, und die Bezeichnung "Massenproduktion" dürfte für einige Herstellungszentren durchaus gerechtfertigt sein. Die kleinen und handlichen Taschensonnenuhren wurden als Zeitanzeiger von Reisenden und Seeleuten verwendet, später waren sie als Reiseandenken sehr begehrt.

In Nürnberg, Augsburg und Erfurt hatten sich bedeutende Zentren des Baues von astronomischen sowie mathematisch-physikalischen Geräten gebildet. Sonnenuhren und Meßinstrumente fanden in den großen Handelszentren gute Absatzmöglichkeiten und einen weiten Abnehmerkreis in Mittel- und Westeuropa. Die Kompaßmacher von Nürnberg waren sogar in einer eigenen Zunft zusammengeschlossen, und bereits im ausgehenden 15. Jahrhundert wurden dort 8 Kompaßmacher namentlich erwähnt.

Äquatoriale Tischsonnenuhr mit Minutenanzeige um 1760
Signatur: "I.G. Zimmer A. Reinhartz",
Schloß Reinharz, um 1760

Tragbare Zeitanzeiger, auch als Klappsonnenuhren bekannt, bilden in jeder Sammlung Schmuckstücke und Raritäten besonderer Art. Auf den Innenflächen befinden sich eine horizontale und eine vertikale Sonnenuhr. Ein kleiner Kompaß ermöglicht die Ausrichtung nach dem Meridian. Bisweilen sieht man auch ein kleines Lot, um die horizontale Lage der Uhr zu gewährleisten. Der Schattenzeiger wird von einem Polfaden gebildet, der beim Aufklappen gestrafft wird.

Horizontal-Sonnenuhr. Signatur: "C+T+M+D+1611", Christoph Trechsler, Dresden. Bodenplatte 11,5 x 11,5 cm, Höhe 18 cm Staatl. Mathem.-Physikal. Salon Dresden
(Foto: Staatl. Mathem.-Physikal. Salon Dresden.)

Hohlflächensonnenuhr (Skaphe). Hersteller unbekannt signiert 1561, deutsche Arbeit, messingvergoldet, Höhe 9,7 cm Staatl. Mathem.-Physikal. Salon Dresden (Zwinger)
(Foto: Ebenda)

Jede tragbare Sonnenuhr besitzt jedoch den Nachteil, daß sie eigentlich nur für die geographische Breite verwendet werden kann, für die sie berechnet worden ist. Berücksichtigt man aber die Anforderungen, die damals an die Genauigkeit gestellt wurden, so ergibt sich immerhin ein Bereich von mehr als 2° in der geographischen Breite für die Verwendung solcher Sonnenuhren. Durch Einzeichnen verschiedener Zifferblätter und durch Verstellen des Polfadens konnte man den Anwendungsbereich sogar von Jütland bis Oberitalien ausdehnen.

Neben dieser Nürnberger Art gab es die Augsburger Taschen- oder Reiseuhren, die im 17. und 18. Jahrhundert über ganz Europa und weit darüber hinaus verbreitet waren. Auch sie wurden in großer Stückzahl produziert und fanden in Frankreich und England Nachahmer. In Form, Aufbau und verwendetem Material unterschieden sie sich erheblich von der Nürnberger Art. Es handelte sich um zusammenlegbare äquatoriale Sonnenuhren, die mit Kompaß und Lot ausgestattet waren. Ihr großer Vorteil gegenüber der einfachen Klappsonnenuhr bestand in der universellen Verwendbarkeit für alle geographischen Breiten. Für See- und Handelsleute, die lange Reisen zu Lande und zu Wasser unternehmen mußten, war dies der ideale Zeitmesser. Ein Viertelkreis ermöglichte die Einstellung eines nadelförmigen Polstabes auf die gewünschte Breite, die man einem Atlas oder einem Tabellenwerk entnehmen konnte.

Der Prototyp für diese kleinen und praktischen äquato-

Klappsonnenuhr aus Süddeutschland, um 1780 Die Polfadenhalterung ist für die geographischen Breiten von 40° ... 56° n.Br. verstellbar.

rialen Sonnenuhren ist die bereits in der Antike bekannte Armillarsphäre (Ringkugel) mit dem Grundgerüst der scheinbaren Himmelskugel. Hipparch und Ptolemäus verwendeten die Armillarsphäre als astronomisches Beobachtungsgerät. Diese Art von Sonnenuhren ist in vielfach abgewandelter Form anzutreffen, wobei die Gestalt der Ringkugel nicht immer leicht zu erkennen ist.

Die Verwendbarkeit der Klappsonnenuhren wird durch kleine Quadranten, Kalendertäfelchen, Hilfen zur Bestimmung der Mondphasen usw. erweitert, die auf den Außenflächen angebracht sind. Verkleidungen aus Elfenbein oder Metall sowie mit buntem Pergamentpapier überzogene Holzteile verleihen diesen kleinen Sonnenuhren ein ansprechendes Äußeres und einen großen künstlerischen Wert.

Auf den Seiten sind einige sehenswerte Objekte aus der Sammlung des Staatlichen Mathematisch-Physikalischen Salons im Zwinger zu Dresden abgebildet. In diesem Zusammenhang seien vier hervorragende Meister erwähnt, von denen künstlerisch besonders wertvolle Instrumente stammen, die sich durch ihre vielseitigen Verwendungsmöglichkeiten auszeichneten: CHRISTOPH SCHISSLER D. Ä. († 1609), ERASMUS HABERMEL († 1606) sowie JOHANN und ANTON ENGELBRECHT aus Beraun (Beroun) in Mittelböhmen. Von ihnen sind auch mehrere beachtenswerte Objekte im Nationalen Technischen Museum in Prag zu bewundern. Sehenswert ist auch die 141 Objekte umfassende Sammlung der Stiftung Huelsmann in der Kunstgewerbesammlung der Stadt Bielefeld.

Uhrensammlungen zeigen oft eine Fülle von Sonnenuhrenarten. Ihre handwerkliche und künstlerische Ausgestaltung dokumentiert den hohen Stand beim Bau der Sonnenuhren. Die Räderuhren hatten zwar bereits zu dieser Zeit ihren Siegeszug als Zeitmesser angetreten, sie waren aber noch relativ ungenau. Noch Ende des 17. Jahrhunderts waren Tagesfehler von 15 min keine Seltenheit, so daß die Räderuhr nach der Sonne, d. h. der Sonnenuhr, gestellt werden mußte.

Sehr beliebt waren damals zylinderförmige Sonnenuhren mit ihrer auf das Datum verstellbaren, waagerechten Schattenseite. Diese Säulchensonnenuhren gehören nicht zu den Polstabsonnenuhren. Zur Stundenangabe haben sie ein Kurvensystem, wobei der Schattenzeiger auf das betreffende Datum einzurichten ist. Die Zeitmessung beruht hier auf der Messung der Sonnenhöhe; ein Ausrichten nach dem Meridian bzw. das Verwenden eines Kompasses sind deshalb nicht erforderlich.

Eine Sonnenuhr besonderer Art befindet sich in der kleinen thüringischen Gemeinde Gorsleben im Kreis Artern. Über dem Friedhofseingang erblickt man eine figürliche

"Der Tod von Gorsleben" Ecksonnenuhr über dem Fiedhofeingang in Gorsleben bei Artern (Thüringen) aus dem Jahre 1698 (Foto: A. Zenkert)

Darstellung des Todes, der eine Sense sowie einen Spieß in der Hand hält. Das Blatt der Sense und der eiserne Spieß sind die Schattenwerfer für eine polare Ostuhr und eine schmale vertikale Süduhr. Zwei Sprüche erinnern die Vorübergehenden an die rasche Vergänglichkeit des Lebens. Der "Tod von Gorsleben" wurde 1698 von dem Steinmetz ANDREAS BORNS geschaffen

1.8. Die kunstvolle Sonnenuhr

Sonnenuhren wurden lange Zeit nicht durch die mechanischen Uhren verdrängt, ihre Bedeutung als Zeitmesser währte noch bis in das 17. und 18. Jahrhundert. Die dekorative Großsonnenuhr mit ihrem Formenreichtum gewinnt immer mehr an Bedeutung. Besonders an Schlössern und Prunkfassaden sowie an Kirchen und Klöstern, die in der Zeit der Gegenreformation errichtet wurden, entstanden große und oft überaus kunstvoll gestaltete Sonnenuhren. In Gärten und Parkanlagen wurden phantasievolle und plastisch wirkende Kombinationen verschiedener Arten von Sonnenuhren errichtet. Das Zeitalter des Barock hatte eine Vorliebe für derartige Gestaltungen sowie für eine gewisse mathematische Verspieltheit.

Die Flächen geometrischer Körper boten sich förmlich dafür an, verschiedene Sonnenuhrenarten anzubringen. Dadurch entstanden mitunter die ausgefallensten Kombinationen von Sonnenuhrengruppierungen. Würfel, mehrflächige Körper, Zylinder und Hohlkörper wurden mit Sonnenuhren geschmückt, der Ideenreichtum schien keine Grenzen zu haben. Selbst Gebrauchsgegenstände, wie Trinkgefäße, Kerzenhalter, aufgeschlagene Gebetbücher und selbst Kruzifixe erhielten Liniensysteme für die Zeitablesung. Es scheint, als wäre kaum noch ein Gegenstand sicher gewesen, um nicht als Sonnenuhr verwendet zu werden. Selbst der Pfeil, der auf einer bildlichen Darstellung den Leib des hl. Sebastian durchbohrt, wird zum Schattenwerfer einer vertikalen Sonnenuhr.

Auf Freiflächen bilden die Polyedersonnenuhren mit ihren mannigfaltigen Kombinationen verschiedener Sonnenuhren attraktive Anziehungspunkte und sehenswerte Kunstwerke. Der Reliefreichtum erzeugt bei wechselndem Sonnenstand eine eindrucksvolle Licht-Schatten-Plastik. Aus den Parkanlagen des 18. Jahrhunderts sind mehrere solcher Kunstsonnenuhren bekannt, von denen die im Park von Sanssouci in Potsdam eine eingehendere Beschreibung verdient:

An der Weggabelung bei den Römischen Bädern

Polyeder-Sonnenuhr aus dem 18. Jahrhundert im Park von Sanssouci, Potsdam. Links: Südseite, rechts: Nordseite (Foto: A. Zenkert)

(1829 bis 1835 von L. Persius erbaut) trifft man auf einer 80 cm hohen Sandsteinsäule auf einen 33 cm großen polyedrischen Körper. Beim näheren Betrachten bemerkt man bald ein Vielzahl von Auffangflächen (Zifferblätter) sowie Kanten, die als Schattenwerfer wirken. Die geometrische Grundform bildet ein Würfel, der auf einer seiner Kanten steht, so daß die erforderlichen Winkel von 52,5 bzw. 37,5 gebildet werden. Damit sind die Voraussetzungen für verschiedene Arten von Sonnenuhren gegeben, die auch reichlich genutzt wurden. Hinzu kommt auf der Nordseite ein zwölfzackiger Stern als Auflage für das Monogramm FW (Friedrich Wilhelm). Dadurch wird der ganze Körper in viele Flächen und Kanten gegliedert, die Gestaltung von kleinen und winzigen Sonnenuhren erreicht eine fast verwirrende Fülle. Die Dauer der Zeitanzeige für die einzelnen Sonnenuhren ist unterschiedlich und reicht von 2 bis 12 Stunden. Je nach der Tageszeit wechseln sich die einzelnen Sonnenuhren in der Zeitanzeige ab.

27 Sonnenuhren sind als Einzeluhren genügend groß und daher leicht auffallend. Es sind dies:

- 2 vertikale Süduhren,
- 2 vertikale Norduhren,
- 6 horizontale Uhren,
- 7 äquatoriale Uhren (Sommeruhren) auf der Nordseite,
- 6 polare Süduhren, davon 4 in Hohlformen (Zylinder, Viertelkugel)
- 2 polare Ostuhren, davon eine in einer Hohlform,
- 2 polare Westuhren, davon eine in einer Hohlform.

Daneben gibt es zahlreiche kleine Sonnenuhren, die als Teiluhren von größeren aufzufassen sind und nur 2 bis 3 h die Zeitablesung ermöglichen. Allein um den zwölfzackigen Stern gruppieren sich 18 solcher kleiner Teilsonnenuhren. Das gespiegelte Monogramm FW umschließt die bereits erwähnten äquatorialen Uhren. Aufgrund der Vielzahl an Kanten und kleinen Flächen sind verschiedene Sonnenuhren so kombiniert, daß das Ineinanderlaufen der Stundenlinien deren Harmonie veranschaulicht.

Bei der hier beschriebenen Kunstsonnenuhr von Sanssouci handelt es sich um eine Kopie des in Schwedt befindlichen Originals, worauf die Jahreszahl 1740 verweist. Die Widmungsinschrift auf der Nordseite lautet: "Friedrich Wilhelm, Kronprinz von Preußen, geb. den 15ten October 1795". Die Potsdamer Polyedersonnenuhr wurde erst im 19. Jahrhundert in diesem erweiterten, im englischen Landschaftsstil gestalteten Teil des Parks von Sanssouci aufgestellt.

Ein sehenswertes Objekt ist auch die vor einigen Jahren von E. Pollähne restaurierte Kunstsonnenuhr aus dem 18. Jahrhundert, die an über 120 Stellen die Zeitablesung ermöglicht und sich jetzt in Wennigsen bei Hannover befindet.

Figürliche Darstellungen, dekorative Schmuckelemente, Bilder und Sinnsprüche verleihen den Sonnenuhren des 18. Jahrhunderts eine gewisse künstlerische Eigenständigkeit und Schönheit. Besonders reich an Sonnenuhren aus dieser Zeit sind der Süden Deutschlands, Österreich sowie Böhmen. An dem im 18. Jahrhundert umgestalteten Barockschloß in Molsdorf bei Arnstadt befinden sich zwei prachtvolle und sehr repräsentative

Vertikale Sonnenuhr am Rathaus zu Stolberg (Harz). Der lateinische Spruch lautet übersetzt: Glückliche Eintracht herrscht, wenn wir gemeinsam streben, wenn Phoebus, der Sonnengott, die Zeiten weist und Minerva die Rede leitet und wenn schließlich altes, gutes Recht durch Themis und ihre Jünger verkündet wird. Die hervorgehobenen Buchstaben stellen ein Chronogramm dar, das die Jahreszahl 1724 ergibt. (Foto: A. Zenkert)

Giebelsonnenuhren. Auch das aus dem Ende des 17. Jahrhunderts stammende Schloß Oranienbaum bei Dessau hat zwei ansprechende abweichende vertikale Sonnenuhren. Eine ovale und farblich gestaltete Vertikaluhr am Rathaus zu Stolberg im Harz von 1724 gehört mit zu den sehenswerten Objekten.

Horizontal-Sonnenuhr "Mittagskanone" um 1780, Hersteller unbekannt   Staatl. Mathem.-Physikal. Salon Dresden (Foto Staatl. Mathem.-Physikal. Salon Dresden)

Eine besondere Sehenswürdigkeit in jeder Sammlung bilden die *Mittagskanonen* aus dem 18. Jahrhundert. Auf einer horizontalen Sonnenuhr wird beim Höchststand der Sonne über ein Brennglas von der Zündvorrichtung einer Miniaturkanone ein Schuß ausgelöst. Das Brennglas ist entsprechend der Sonnendeklination verstellbar.

In zunehmendem Maße wurde die Sonnenuhr auch zu einer Art Datumsanzeiger. Neben den gerade verlaufenden Stundenlinien gibt es die gekrümmten Datums- oder Tierkreislinien, welche die Stellung der Sonne im Tierkreis widerspiegeln. Um das Jahr 1800 war die Blütezeit der Sonnenuhren, waren die "drei goldenen Jahrhunderte der Gnomonik" vorüber.

Dennoch hat uns das 19. Jahrhundert eine Reihe ansprechender Sonnenuhren hinterlassen. An den Hauswänden in der Oberlausitz sowie im Erzgebirge finden wir die Ecksonnenuhren (Kombinationen von zwei Sonnenuhren), die oft relativ klein und schlicht in der Ausführung sind. Sie drücken das Kunstempfinden der ländlichen Bevölkerung aus. Auch in der Gründerzeit hatte man eine Vorliebe für dekorative Sonnenuhren an den Häuserfassaden. Leider hat nur noch ein Teil von ihnen die "Modernisierung" des Hauses überlebt.

Die heute noch vorhandenen Sonnenuhren geben kein richtiges Bild über die wirkliche Anzahl der damals vorhandenen einfachen Sonnenuhren. Infolge der Industrialisierung und der baulichen Umgestaltung der Städte und Dörfer sind viele Objekte verlorengegangen, ein Vorgang, der auch heute leider noch anhält.

Ecksonnenuhr in Sohland/Spree mit Darstellung der Kirche und des Marktes (Foto: F. Ihlow)

Doppelpyramide mit 5 Sonnenuhren als Kunstsonnenuhr im Stadtpark zu Dessau aus dem Jahre 1976.
Hersteller: A. Kühn, Berlin-Grünau (Foto: A. Zenkert)

1.9. Sonnenuhren heute

Unser Jahrhundert bedeutet keineswegs das Ende für die Schönwetter-Zeitanzeiger, wenngleich auch ihre Funktion mehr dem Schmuck und der Gestaltung als der Zeitmessung dient. Bei der Bestandsaufnahme war man überrascht, wie viele Sonnenuhren in den letzten fünf Jahrzehnten entstanden sind. Es ist dies immerhin rund ein Drittel der ortsfesten Sonnenuhren, was uns durchaus berechtigt, von einer kleinen Sonnenuhren-Renaissance zu sprechen.

Sonnenuhren können in unserer modernen Zeit durchaus brauchbare und ansprechende Schmuck- und Gestaltungselemente sein. Für die Gestaltung bietet sich hier ein weites Betätigungsfeld. Es muß nicht immer die vertikale Hauswand sein, wozu über 70% aller Sonnenuhren zählen. Gärten, Parkanlagen und die großen Freiflächen der Neubaugebiete eignen sich vorzüglich für die Gestaltung von Sonnenuhren.

Immer mehr wird die Großplastik als Sonnenuhr genutzt bzw. mit ihr kombiniert. Oft bemerkt der Betrachter erst aus der Nähe die Zeitanzeige als Zweckbestimmung des Kunstwerkes.

Ein Beispiel hierfür ist die überaus modern gestaltete kombinierte Kunstsonnenuhr im Stadtpark zu Dessau. Die Großplastik mit einer Höhe von 2 m verrät mit ihren vier gewaltigen Stahlarmen vorerst noch nicht die technische Funktion. Erst beim Näherkommen bemerkt man in ihrer Mitte eine 60 cm große Doppelpyramide aus Edelstahl sowie zahlreiche 4 mm dicke Stäbe, die teils

Zeitmesser und Chronik des Hauses. Ecksonnenuhr in Taubenheim (Oberlausitz) am Haus der einstigen Niedrmühle (um 1980)
(Fotos: F. Ihlow)

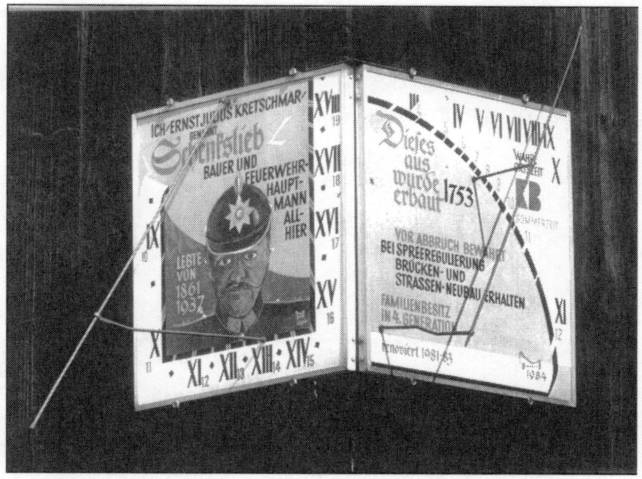

Ecksonnenuhr in Taubenheim am Haus, in dem bis 1937 der Bauer und Feuerwehrhauptmann, genannt der "Schenkslieb", wohnte. Hersteller: Martin Hölzel, Taubenheim (um 1980)

der Halterung, teils aber auch als Schattenstäbe für die verschiedenen Sonnenuhren dienen.

Die Doppelpyramide enthält fünf Sonnenuhren: zwei äquatoriale (Sommer- und Winteruhr), eine inklinierte Süduhr sowie je eine inklinierte Ost- und Westuhr.

Die Zeitablesung ist außerdem noch auf einer 1,2 m großen horizontalen Sonnenuhr auf dem Boden möglich. Die Zeitangaben werden durch 30 Städtebezeichnungen ergänzt, die auf den jeweiligen wahren Mittag der betreffenden Orte verweisen. Eine Besonderheit ist der Mittagskalender auf der Nordseite der Bodenfläche. Der Schatten einer Kugel markiert hier die unterschiedlichen Mittagshöhen der Sonne sowie die Zeitgleichung in den einzelnen Monaten.

Erfreulicherweise werden auch an den Fassaden von Schulen oder auf den Plätzen davor in zunehmendem Maße Sonnenuhren angebracht, die mithelfen können, Fragen aus der mathematischen Geographie oder der Astronomie zu beantworten sowie Denkanstöße zu vermitteln. Vor der Copernicus-Schule in Bützow (Mecklbg.-Vorp.) befindet sich beispielsweise eine monumentale Würfelsonnenuhr oder am Stephania-Gymnasium Augsburg eine außergewöhnliche Sonnenuhr.

Unweit des Tollensesees steht im Stadtpark von Neubrandenburg eine 2 m große Äquatorialuhr aus Metall, die einem, seine Flügel weit ausbreitenden Wasservogel nachgebildet wurde und so eine Beziehung zur Tierwelt des nahen Sees herstellt. Mit einem 8 m langen Schattenwerfer zählt die horizontale Sonnenuhr auf dem Gelände der einstigen Bundesgartenschau in Berlin-Britz zu den gnomonischen Giganten unserer Zeit.

Wer in das Sonnenuhrendorf Taubenheim, einen Ortsteil der Gemeinde Sohland/Spree, in der Oberlausitz kommt, kann eine überaus originelle Art von Sonnenuhren kennenlernen. Der Grafiker MARTIN HÖLZEL hat 22 Sonnenuhren hinterlassen, von denen die sehr geschmackvoll gestalteten Ecksonnenuhren nicht nur Zeitanzeiger sind, sondern auch über die Geschichte des betreffenden Hauses und dessen Bewohner berichten. So erfährt der Besucher aus der Sonnenuhren-Chronik, wo z.B. einst die Wäschebleiche ("Bleeche") des Ortes war, der Feuerwehrhauptmann, der "Schenkslieb" wohnte oder der berühmte Räuberhauptmann Karaseck, der "böhmische Hansl", eine "amouröse Unterkunft" fand.

Auf dem Dorfanger der kleinen Gemeinde Silberhausen im

thüringischen Eichsfeld sieht man seit April 1990 ein Segment der Berliner Mauer, das Sonnenuhr und zugleich Mahnmal ist. Neben der vertikalen Süduhr sind Inschriften angebracht, die über die Grenzbefestigungen und die jahrzehntelange Trennung des deutschen Volkes berichten.

War bei den Sonnenuhren ursprünglich die zeitmessende Funktion vorrangig, so ist dies heute mehr die Gestaltung, die Verschönerung von Gebäuden und Freiflächen.

Zeitmesser und Mahnmal
Sonnenuhr an einem Segment der Berliner Mauer in Silberhausen bei Dingelstädt (Thür. Eichsfeld)
Hersteller: M. Spitzenberg
(Foto: A. Zenkert).

2. Kleiner mathematisch-astronomischer Kurs

"Mit 'Köpfchen' und mit einem Stecken läßt sich der Meridian entdecken." (H. Schumacher)

Sowohl für das Verständnis der Zeit- und Kalenderrechnung als auch für das Kennenlernen der Lehre von den Sonnenuhren (Gnomonik) ist es notwendig, sich mit einigen astronomischen Vorgängen und Erscheinungen zu beschäftigen. Ohne ein Minimum an Kenntnissen aus der mathematischen Geographie und Astronomie, kommen wir in der Gnomonik nun einmal nicht aus. Dabei verzichten wir aber auf langwierige mathematische Ableitungen und ausführliche geometrische Darstellungen. Statt dessen wollen wir uns auf wenige Formeln beschränken, die wir als "Handwerkszeug" für die Berechnung von Sonnenuhren unbedingt benötigen.

2.1. Scheinbare Himmelskugel

Unsere Beobachtungsplattform im Weltall ist der Planet Erde. Eigentlich ein recht sonderbarer Standort, wenn man bedenkt, daß wir zwei verschiedenartige Bewegungen ausführen, nämlich die tägliche Drehung um die eigene Achse (Rotation) und die jährliche Bewegung um die Sonne (Revolution). Das Verständnis für die Positionen und Bewegungen der Himmelskörper wird durch diese beiden Bewegungen zusätzlich erschwert. Die mathematische Astronomie verwendet deshalb eine Hilfsvorstellung, die als *scheinbare Himmelskugel* bezeichnet wird, wobei stets nur eine Halbkugel sichtbar ist. Es handelt sich aber um kein wirkliches, sondern um ein fiktives Gebilde. Wir stellen uns vor, im Mittelpunkt dieser scheinbaren Himmelskugel zu sein, da wir alles von der Erde aus beobachten und messen.

Unsere mathematische Vorstellungshilfe hat nicht das Geringste mit dem geozentrischen (ptolemäischen) oder dem heliozentrischen (copernicanischen) Weltbild zu tun. Wir beschäftigen uns auch nicht mit den Entfernungen oder den physikalischen Verhältnissen der Himmelskörper. Sämtliche Sterne (Fixsterne) befinden sich in gleichweiten Entfernungen, gleichsam als Projektion an die Himmelskugel.

Zur Orientierung wird das Gradnetz der Erde auf die scheinbare Himmelskugel projiziert. Die gedachte Verlängerung unserer Erdachse weist zum Himmelsnordpol bzw. zum Himmelssüdpol. Die verlängerte Ebene des Erdäquators kennzeichnet den Himmelsäquator, dessen Ebene senkrecht auf der Polachse steht. Der mathematische Horizont wird auf der scheinbaren Himmelskugel von einer Tangentialebene gebildet, die die Erdoberfläche im Beobachtungsort berührt. Der Vertikalkreis, der von Norden durch den Zenit (den Punkt senkrecht über uns) nach Süden verläuft, wird als Meridian (Mittagslinie) bezeichnet und ist in der Gnomonik von Bedeutung.

Nach der Größe der scheinbaren Himmelskugel zu fragen ist müßig. Den Radius dieses Gedankengebildes kann man sich beliebig groß vorstellen, so bei einem Himmelsglobus mit z.B. 16,5 cm. Am besten ist die scheinbare Himmelskugel in einem Planetarium vorstellbar, wo wir uns im Zentrum befinden und die Himmelskörper sowie Linien an die Innenseite der Kuppel, die scheinbaren Himmelskugel, projizieren können. Bei einem Himmelsglobus scheitert diese Vorstellung an der geringen Größe des Objekts; wir müßten uns hier gedankenakrobatisch betätigen, um als eine Art "nulldimensionales Wesen" in das Innere des Globus zu kriechen.

Bei dieser Art der Himmelsbetrachtung verstehen wir möglicherweise unsere Vorfahren etwas besser, die von der zentralen Stellung einer ruhenden Erde überzeugt waren. Für sie bewegte sich der gesamte Himmel mit Sternen, Planeten, der Sonne und dem Mond. Als überzeugte Anhänger von Copernicus wissen wir aber, daß diese Bewegungen nur scheinbar sind und daß wir sie von den wirklichen Bewegungen zu unterscheiden haben.

Einst war der Himmel mit seinen zahlreichen Sternen ein

großes Bilder- und Sagenbuch. Bereits vor 3000 bis 4000 Jahren dürften die ersten Sternbilder in der Phantasie der Menschen entstanden sein: Menschliche Gestalten, Tiere und Gegenstände, wie sie dem Erfahrungsschatz der Menschen jener Zeit entsprachen.

Der gestirnte Himmel war aber auch ein großer Kalender, welcher der Landbevölkerung Hinweise für Tätigkeiten auf dem Feld gab. Schon frühzeitig hatte man erkannt, daß sich der Sternhimmel im Laufe des Jahres veränderte und so im Sommer andere Sterne zu sehen waren als im Winter. Einen Beweis dafür finden wir bei dem Dichter HESIOD (um 700 v. Chr.), wenn er in seinen "Tagen und Werken" schreibt:

"Wenn das Gestirn der Plejaden, der Atlastöchter, emporsteigt,
Dann beginne die Ernte, doch pflüge, wenn sie hinabgehen..."

2.2. Astronomische Koordinatensysteme

Die Orientierung an der scheinbaren Himmelskugel erfolgt mit Hilfe mathematischer Koordinatensysteme, die jeweils zwei senkrecht zueinander stehende Winkel verwenden (Bild 2.1). Zur Festlegung eines Punktes sind ein *Höhenwinkel* und ein *Richtungswinkel (Seitenwinkel)* erforderlich.

Im *Horizontsystem* definieren wir den Höhenwinkel als *Höhe h* eines Gestirns den Winkelabstand vom mathematischen Horizont (0°). Die Zählung erfolgt bis zum Zenit mit 90°.

Der Richtungswinkel wird als *Azimut a* bezeichnet. Es ist der Winkel zwischen dem Meridian und dem Vertikalkreis, auf dem der Stern liegt. Das Azimut wird von Süd über West, Nord, Ost von 0° bis 360° gezählt. Im weiteren wollen wir jedoch von dieser sonst üblichen Definition des Azimuts abweichen und statt dessen das Azimut von Süd bis Nord von 0° bis 180° zählen, und zwar sowohl über West (+) als auch über Ost (–). Infolge der täglichen Bewegung des gestirnten Himmels ändern sich Höhe und Azimut beständig, die Koordinaten im Horizontsystem sind ortsabhängig oder erdgebunden. Verglichen mit dem Gradnetz der Erde entspricht die Höhe der geographischen Breite und das Azimut der Länge.

Im *Äquatorsystem* heißen die Koordinaten Deklination und Stundenwinkel. Unter der *Deklination* δ verstehen wir den Höhenwinkel, konstanten Abstand eines Gestirns vom Himmelsäquator. Die Deklination wird von 0° (Äquator) bis +90° (Himmelsnordpol) bzw. –90° (Himmelssüdpol) gemessen und kann mit der geographischen Breite auf dem Gradnetz der Erde verglichen werden.

Die zweite Koordinate, der *Stundenwinkel* τ hier der Richtungswinkel, ist vergleichbar mit der geographischen Länge. Er wird ebenfalls vom Meridian beginnend über West von 0° bis 360° auf dem Himmelsäquator gemessen. In den meisten Fällen wird der Stundenwinkel vom Gradmaß durch Division von 15 in das Zeitmaß (Stundenmaß) verwandelt. Auch hier wollen wir jedoch von der sonst üblichen Definition des Stundenwinkels abweichen und statt dessen den Stundenwinkel vom Meridian ausgehend sowohl über West (+) als auch über Ost (–) von 0° bis 180° zählen.

Beim Stundenwinkel der Sonne handelt es sich stets um den *Ortsstundenwinkel*, der nur für den betreffenden Längenkreis (Ortszeit) gilt und damit ortsabhängig oder erdgebunden ist. Infolge der täglichen Bewegung ändert sich nunmehr nur noch eine der beiden Koordinaten, der Stundenwinkel, und zwar im Gegensatz zum Azimut

Überblick und Vergleich der Winkel

Vergleich der Koordinatensysteme			
	Gradnetz der Erde	Horizontsystem	Äquatorsystem
Höhenwinkel Seitenwinkel (Richtung)	geogr. Breite geogr. Länge	Höhe Azimut	Deklination Stundenwinkel

gleichmäßig um 15° je Stunde. Die nicht ortsabhängige oder himmelsgebundene Deklination eines Gestirns nehmen wir für unsere Zwecke als konstant an. Infolge der Präzessionsbewegung der Erdachse unterliegt auch die Deklination der Veränderung, die aber für unsere Belange unberücksichtigt bleiben kann.

h Höhe; a Azimut; δ Deklination; τ Stundenwinkel; φ geographische Breite; Z Zenit; B Beobachter; *N, O, S, W* Himmelsrichtungen (mathemat. Horizont)

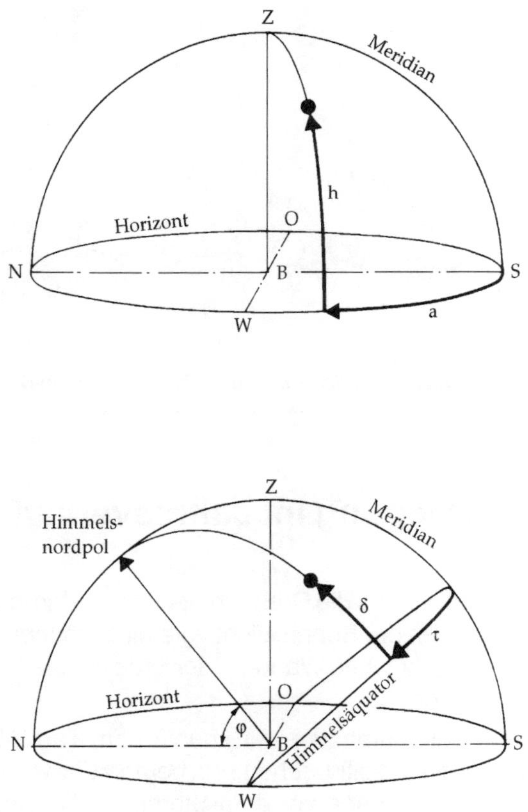

2.1. Astronomische Koordinatensysteme oben: Horizontsystem, unten: Äquatorsystem

Für die praktische Arbeit ist der Stundenwinkel der Sonne wichtig. Dieser ist der folgenden Übersicht zu entnehmen.

Uhrzeit (WOZ)	Stundenwinkel in °
12	0°
11 bzw. 13	15°
10 bzw. 14	30°
9 bzw. 15	45°
8 bzw. 16	60°
7 bzw. 17	75°
6 bzw. 18	90°
5 bzw. 19	105°
4 bzw. 20	120°

WOZ: Wahre Ortszeit. + für den Nachmittag, – für den Vormittag.

Für die Halbstunden gelten: 7,5°, 22,5° 37,5°..., für die Viertelstunden: 3,75°, 11,25°, 18,75°... Es handelt sich hier um die "normale" Stundenwinkelfolge, die - wie später noch zu erörtern sein wird - für die Korrektur der Ortszeit verändert werden muß.

2.3. Bewegung im Tagesverlauf

Täglich können wir beobachten, wie sich die Sonne und alle übrigen Gestirne am Himmel von Ost nach West weiterbewegen. Sie beschreiben dabei verschieden große Bögen, die in östlicher Richtung aufsteigen, im Süden (Meridian) ihre *Kulmination* (höchste Stellung) erreichen und in westlicher Richtung untergehen. Bereits nach 1 h können wir dabei eine deutliche Ortsveränderung am Himmel feststellen.

Eine Ausnahme bilden die Sterne in der Nähe des Himmelsnordpols (Polarstern). Sie bewegen sich wie die Zeiger einer Uhr in verschieden großen konzentrischen Kreisen um diesen scheinbaren Drehpunkt des Himmels, weshalb sie weder auf- noch untergehen können und daher als zirkumpolare Sterne bezeichnet werden. Hierzu gehören die Sternbilder Großer und Kleiner Bär (Wagen), Kassiopeia und Drachen.

Beim Anblick eines Globus werden wir an die Neigung der Erdachse um 23,44° (rund 23,5°) gegenüber der

Senkrechten auf der Erdbahn erinnert. Diese allgemein bekannte Tatsache ist für die Beleuchtungs- und Wärmeverhältnisse auf der Erde von großer Wichtigkeit. Die Neigung der *Erdachse* ist im Zusammenwirken mit der Bewegung der Erde um die Sonne auch die Ursache für die Entstehung der Jahreszeiten. Die Sonne steht infolge der Erdachsenneigung im Sommer wesentlich höher am Himmel als im Winter. Wir können daher von einem großen *Tagbogen* im Sommer, einem kleinen im Winter sowie von einem mittelgroßen Tagbogen im Frühling und Herbst sprechen (Bild 2.2).

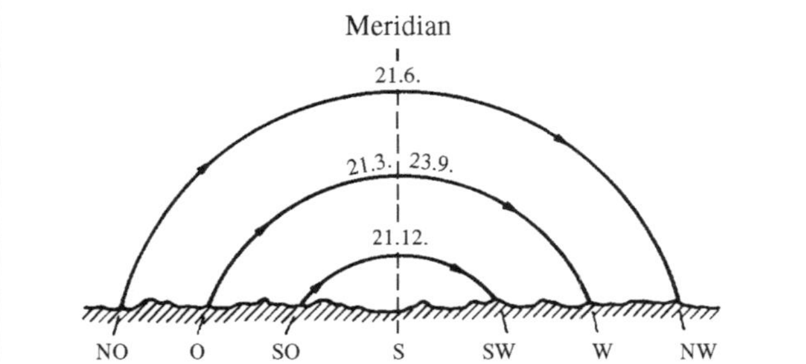

2.2. Tagbögen der Sonne in den Jahreszeiten

Mit der Veränderung des Tagbogens wechseln nicht nur Tageslänge und Höhe der Sonne, sondern auch der Punkt am Horizont, wo die Sonne auf- bzw. untergeht. Nur am 21. 3./23. 9. geht die Sonne genau im Osten auf und im Westen unter. Man beobachte einmal über einen Zeitraum hinweg diese Auf- und *Untergangspunkte* und trage sie in eine einfache Horizontskizze ein (Bild 2.3)! Es genügt, die Beobachtungen in Abständen von etwa einer Woche vorzunehmen. Auf diese Weise können wir uns eine Art Sonnenkalender erarbeiten, der für jedes Jahr gültig ist.

Für den Sonnenuhrenfreund ist die Tageslänge wichtig. Die Dauer des lichten Tages hängt von der Sonnendeklination sowie von der geographischen Breite ab. Die nachstehende Berechnungsformel gilt für den sogenannten halben Tagbogen (ohne Refraktion):

$$\cos \tau = -\tan \varphi \cdot \tan \delta$$

Um den Stundenwinkel für die gesamte Tageslänge zu erhalten, ist das Ergebnis mit 2 zu multiplizieren und durch 15 dividiert vom Gradmaß ins Zeitmaß umzurechnen. Man beachte das negative Vorzeichen für φ!

Beispiel :

Zu berechnen ist die Tageslänge für den 6. Mai (δ: 16° 23'= 16,38°) für die Breite von 50° (Mainz). Länge des halben Tagbogens: τ = 110,50567° mal 2 = 221,01135°, Gradmaß: 221,0113 : 15 = 14,734 h = 14 h 44 min (Zeitmaß). Infolge der Refraktion (Strahlenbrechung) wird die Tageslänge um rund 10 Minuten verlängert.

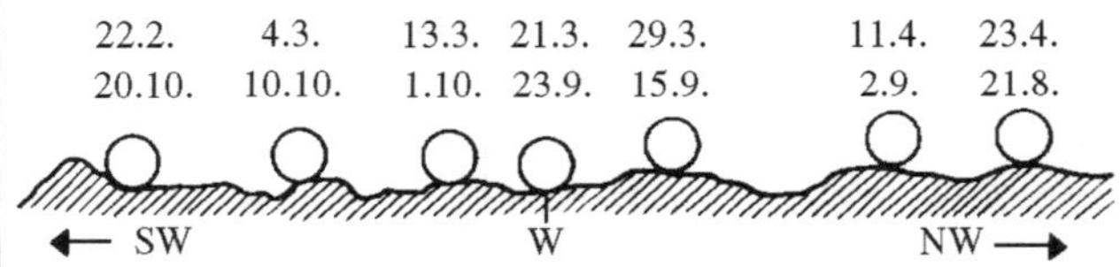

2.3. Untergangspunkte der Sonne in Abhängigkeit vom Datum

2.4. Bewegung im Jahresverlauf

Während wir uns die Drehung der Erde aufgrund der Tagbögen der Sonne leicht vorstellen können, fällt uns das beim jährlichen Wandern der Erde um die Sonne etwas schwerer.

Stellen wir uns einmal vor, wir könnten am Tag Sonne und Sterne gleichzeitig sehen, so bemerkten wir z. B. Anfang Juni die Sonne vor dem Sternbild Stier und im September vor dem Sternbild Löwe. Auch hier müssen wir wiederum zwischen der wirklichen und der scheinbaren Bewegung unterscheiden: Die wirkliche Bewegung der Erde um die Sonne verursacht ein scheinbares Wandern der Sonne entlang der 12 bekannten *Tierkreissternbilder* um täglich rund 1° von West nach Ost (am Himmel von rechts nach links) - entgegen der täglichen Sonnenbewegung (Bild 2.4). Somit befindet sich die Sonne in jedem Monat vor einem anderen Sternbild des Tierkreises. Diese scheinbare Jahresbahn der Sonne wird als *Ekliptik* bezeichnet. In unmittelbarer Nähe der *Ekliptik* bewegen sich auch der Mond sowie die Planeten.

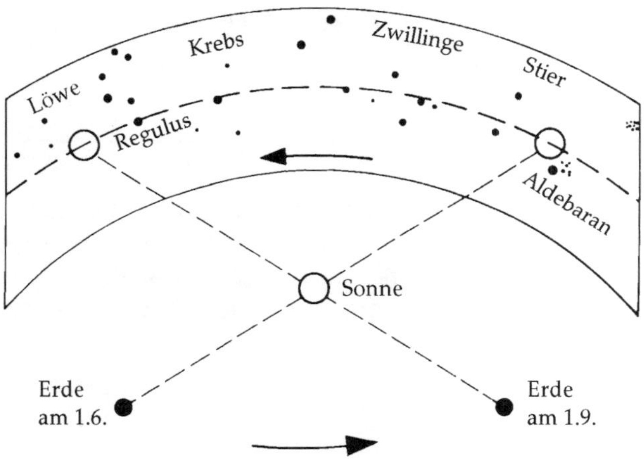

2.4. Scheinbare Bewegung der Sonne im Tierkreis

In dem Zusammenhang bedarf der Begriff des *Tierkreiszeichens* einer Erwähnung, die in der Astrologie (Sterndeuterei) eine große Rolle spielten. Zwischen den Tierkreissternbildern und Tierkreiszeichen ist aber heute deutlich zu unterscheiden, sie sind nicht mehr wie vor 2000 Jahren festgelegt wurde, identisch. Diese Verschiebung ist auf die sog. Präzessionsbewegung der Erdachse zurückzuführen, die in rund 26000 Jahren einen Vollkreis beschreibt und damit das Wandern der Himmelspole sowie die Veränderung der astronomischen Koordinaten zur Folge hat. So befindet sich heute das Zeichen Widder im Sternbild Fische und wird in ungefähr 600 Jahren das Sternbild Wassermann erreichen (Tafel 2.1). Im Zusammenhang mit den Datumslinien (Deklinations- oder Tierkreislinien) findet man bei manchen Sonnenuhren die Tierkreiszeichen abgebildet.

Bezeichnung deutsch	lateinisch	Symbol
Widder	aries	♈
Stier	taurus	♉
Zwillinge	gemini	♊
Krebs	cancer	♋
Löwe	leo	♌
Jungfrau	virgo	♍
Waage	libra	♎
Skorpion	scorpius	♏
Schütze	sagittarius	♐
Steinbock	capricornus	♑
Wassermann	aquarius	♒
Fische	pisces	♓

Tafel 2.1. Tierkreiszeichen und ihre Symbole

Verweilen wir noch etwas bei der Ekliptik, deren Verlauf am Himmel den Schattenwurf bei den Sonnenuhren maßgeblich bestimmt: Die Helligkeit der Sonne ermöglicht es uns nicht, ihren Jahresweg auf der Ekliptik zu beobachten. Was wir jedoch beobachten können, ist die Veränderung des Sternhimmels, die zwar pro Tag nur 4 min. beträgt, in 2 Wochen aber schon eine Veränderung von rund 1 Stunde zur Folge hat. Aus diesem Grunde sehen wir je nach Jahreszeit bestimmte Sternbilder, die wir z. B. als Sommersternbilder bzw. als Wintersternbilder bezeichnen. Nur im nördlichen Bereich des Himmels, wo die Sterne zirkumpolar sind und nicht den Horizont erreichen, sehen wir immer dieselben Sternbilder, allerdings in jeweils einer anderen Stellung.

Die Lage der Ekliptik wird durch die Neigung der Erdachse bestimmt. Sie verläuft deshalb unter einem Winkel von 23,44° gegenüber dem Himmelsäquator und schneidet ihn in zwei Punkten, welche die Sonne zum Frühlings- und Herbstanfang durchläuft. An diesen beiden Tagen befindet sich die Sonne genau auf dem Himmelsäquator. Am 2l. 6. steht sie dagegen 23,44° oberhalb (nördlich) des Himmelsäquators (Bild 2.5). Sie hat an diesem Tag den nördlichen Maximalabstand vom Himmelsäquator und damit den *Sommerpunkt* vor dem Sternbild Zwillinge erreicht. Am 21. 12. befindet sich die

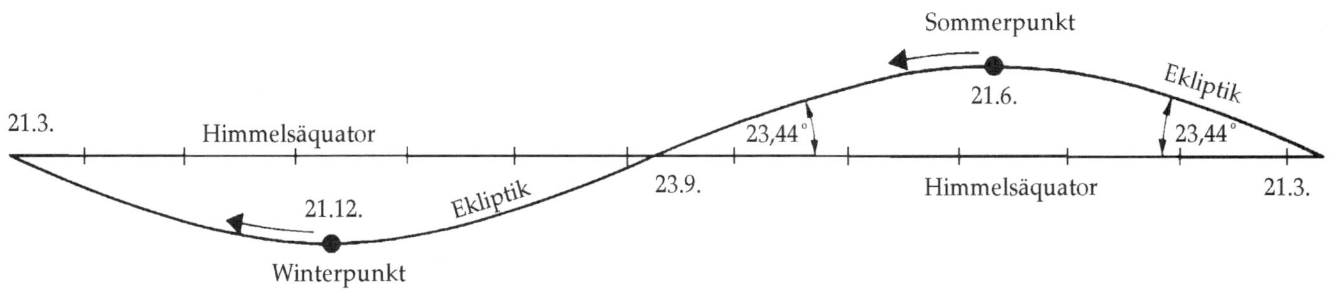

2.5. Scheinbare jährliche Sonnenbahn (Ekliptik)

Sonne im Winterpunkt vor dem Sternbild Schütze 23,44° unterhalb (südlich) des Himmelsäquators. Zwischen Sommer- und Winterpunkt besteht somit die beachtliche Differenz von fast 47°.

Bei einer bestimmten geographischen Breite ist die Größe der Tagbögen der Sonne von der Deklination abhängig (s. Tafel 10.1.) Je größer die Deklination, desto größer ist der Tagbogen was übrigens auch für die Sichtbarkeitsbögen vom Mond, den Planeten und Sternen gilt.

Die Deklination der Sonne ändert sich im Laufe des Jahres unterschiedlich schnell. Im Frühjahr bzw. im Herbst können wir eine rasche Zunahme bzw. Abnahme der Tageslänge beobachten, in den Wochen um die Sonnenwenden fällt die Veränderung der Tageslänge dagegen kaum ins Gewicht. Das bedeutet aber auch, daß bei gleicher Sonnendeklination die Tagbögen gleich sind. So betrachtet hat jeder Tag seinen "Doppelgänger" - vom 21.6. und 21.12. abgesehen. So sind z.B. Tagbögen und Tageslänge am 26. April und 16. August (δ = 10,6°) einander gleich.

Ein kleines Gedankenexperiment soll noch einmal den Zusammenhang zwischen Erdachsenneigung und Sonnendeklination verdeutlichen: Was wäre, wenn die Erdachse gegenüber der Senkrechten auf der Erdbahn keine Neigung hätte? Die Ekliptik verliefe dann auf dem Himmelsäquator, die Deklination der Sonne bliebe mit 0° unverändert und die Sonne ginge täglich im Osten auf und im Westen unter. Wir hätten für alle Orte der Erde das ganze Jahr hindurch Tagundnachtgleiche. Welche Auswirkungen dies auf das Klima und das Leben auf der Erde hätte und ob dann vielleicht der "ewige Frühling" wäre, wissen wir natürlich nicht. Für die Berechnung und Konstruktion von Sonnenuhren bedeutete dies aber eine enorme Vereinfachung.

2.5. Einfluß der geographischen Breite

Bisher haben wir unsere Überlegungen und Beobachtungen von einer bestimmten geographischen Breite aus durchgeführt. Eine Veränderung der geographischen Breite hat mehr oder weniger große Auswirkungen auf die Lage der Gestirnsbögen, die Sichtbarkeit des Sternhimmels sowie auf die Tageslänge. Charakteristisch für die hohen Breiten sind die sehr flachen Sonnenbögen, währenddessen sich die Sonne in den Tropen steil über den Himmel bewegt. Der langen Dämmerungsdauer in hohen Breiten ("weiße" Nächte) stehen die sehr kurzen Dämmerungszeiten am Äquator gegenüber (Bild 2.6).

Darüber hinaus verändern sich auch die Lagen der Polachse und des Himmelsäquators. Ein fundamentaler Satz aus der mathematischen Astronomie lautet: Die *Polhöhe entspricht stets der geographischen Breite* (Bild 2.7). Wer die Höhe des Polarsterns bei einer Reise in südliche Gebiete einmal aufmerksam vergleicht, wird einen deutlichen Unterschied bemerken.

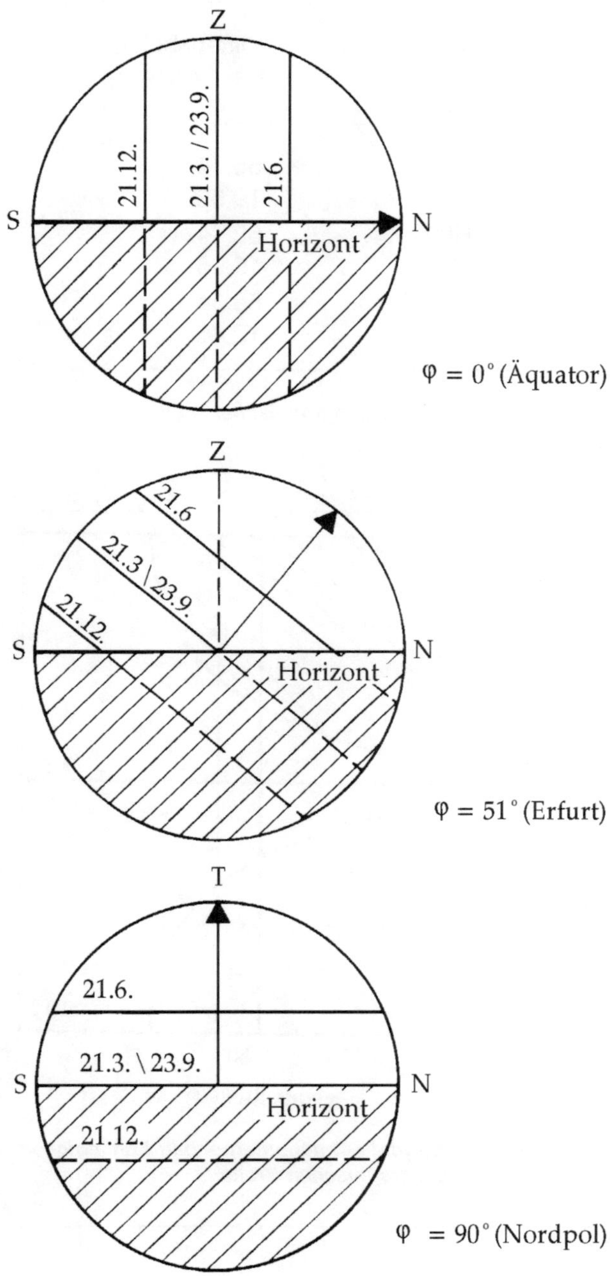

2.6. Lage der scheinbaren Himmelskugel in Abhängigkeit von der geographischenBreite

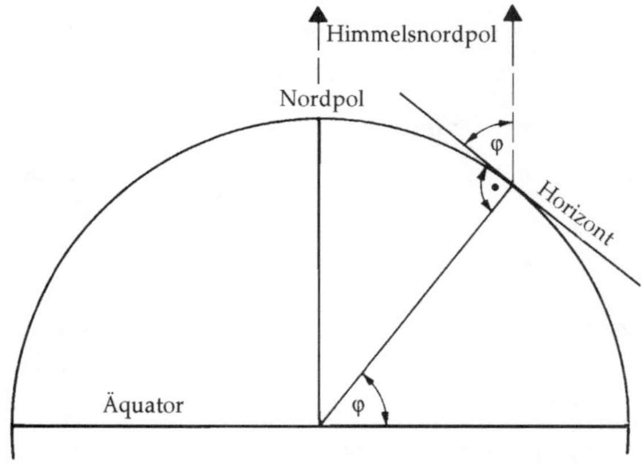

2.7. Zusammenhang zwischen Polhöhe und geographischer Breite

Eine Ortsverlagerung in Richtung Süden zeigt auch mehr von der südlichen Himmelshalbkugel; neue, uns nicht bekannte Sternbilder werden sichtbar. Eine Reise in Richtung Norden dagegen zeigt immer weniger südliche Sterne; der Bereich der zirkumpolaren Sterne wird jedoch größer. Auf dem nördlichen Polarkreis wird sogar die Sonne am 21.6. zu einem "zirkumpolaren Stern", eine Erscheinung, die wir als Mitternachtssonne bezeichnen.

Am Pol steht die Polachse senkrecht, die Bögen der Gestirne verlaufen konzentrisch zum Horizont, der mit dem Himmelsäquator zusammenfällt. Am Äquator wiederum liegt die Polachse waagerecht, die Gestirnsbögen verlaufen senkrecht zum Horizont, und der Himmelsäquator geht durch den Zenit. Die beiden Sonderfälle Pol und Äquator werden hier nur zum besseren Verständnis erwähnt, für den Bau von Sonnenuhren sind sie für uns aber kaum von Bedeutung.

Mitteleuropa liegt nahezu in der Mitte zwischen Äquator und Pol. Im weiteren wollen wir uns auf eine geographische Breite von 47° (Bern, Brenner, Graz) bis 55° (Sylt, Flensburg) beschränken. Im Verhältnis zur Größe unserer Erde ist die Entfernung zwischen den genannten

Ort	Geogr. Breite °	Datum d	Tageslänge h	min	Mittagshöhe der Sonne °
Bern	47,0	21.06.	15	41,7	66,44
		21.12.	8	18,3	19,56
Erfurt	51,0	21.06.	16	19,0	62,44
		21.12.	7	41,0	15,56
Rostock	54,1	21.06.	16	54,4	59,34
		21.12.	7	5,6	12,46

Tafel 2.2 Vergleich zwischen den Tageslängen und den Mittagshöhen von Orten verschiedener geographischer Breite

Breiten mit rund 900 km gewiß nicht groß. Die mathematisch-geographischen Verhältnisse weisen allerdings beachtliche Unterschiede und interessante Zusammenhänge auf. So ist eine für Bern (47,0°) berechnete Sonnenuhr in Rostock (54,1°) nicht verwendbar, wenn nicht die veränderte Aufstellung beachtet wird, wie später noch zu behandeln ist. Das ist ausschließlich eine Folge der geographischen Breite φ, die zwischen den genannten Orten einen Unterschied von 7,1° aufweist. Tafel 2.2 zeigt die unterschiedlichen Tageslängen und Mittagshöhen der Sonne. Zum besseren Vergleich sind auch die Werte für einen mittleren Bereich (51,0°) angegeben.

Auch die Länge des lichten Tages weist zwischen Bern und Rostock beträchtliche Unterschiede auf (Bild 2.8). Dieser Unterschied ist mit ±73 min zur Zeit der Sonnenwenden am größten. An den übrigen Tagen des Jahres ist er geringer und am 21.3./23.9. gleich Null. Bei einer geringen Sonnendeklination von ±5° beträgt der Unterschied beispielsweise nur noch ±12 min. Zu beachten ist auch, daß die Sommertage im Norden länger als im Süden sind, im Winter verhält es sich umgekehrt.

Beachtliche Unterschiede sind aber auch bei den Auf- und Untergangspunkten der Sonne festzustellen. Ihr Abstand W vom Ost- bzw. Westpunkt wird in der mathematischen Astronomie als *Morgen- bzw. Abendweite* der Sonne bezeichnet. Er kann mit einem Taschenrechner in Sekundenschnelle ermittelt werden:

$$\sin W = \frac{\sin \delta}{\cos \varphi}.$$

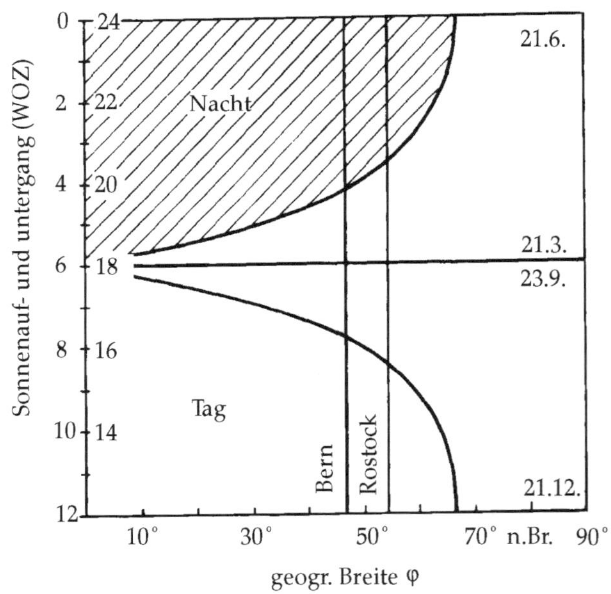

2.8. Sonnenauf- und Sonnenuntergang in Abhängigkeit von der geographischen Breite

Für die beiden Tage der Sonnenwenden ergeben sich für Rostock 42,7° und für Bern 35,7° (Bild 2.9). Im Norden holt der Sommerbogen weit aus, wird aber im Winter verkürzt.

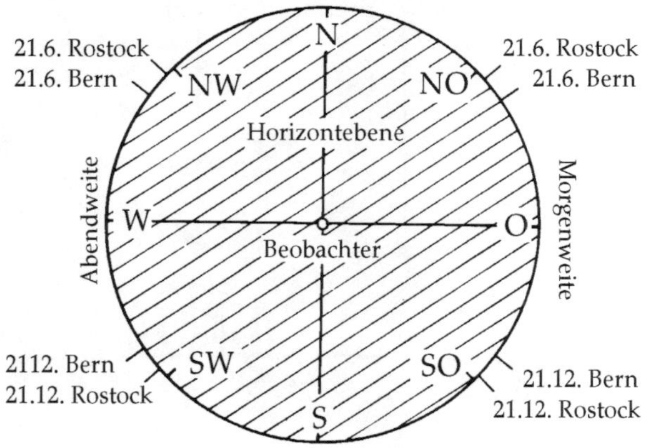

2.9. Vergleich der Aufgangs- und Untergangspunkte der Sonne von Bern (47,0° n. Br.) und Rostock (54,1° n. Br.)

2.6. Mittagshöhe der Sonne

Die Berechnung der Mittagshöhe oder Kulminationshöhe (lat. culmen: Gipfel) der Sonne veranschaulichen wir uns am einfachsten durch einen Schnitt entlang der Meridianebene der scheinbaren Himmelskugel, den sogen. Meridianschnitt. Dabei bildet der Horizont eine Gerade. Als Beobachter befinden wir uns in der Mitte, Ost- und Westpunkt müssen wir uns räumlich versetzt vorstellen (Bild 2.10). Für unsere Zwecke genügt die

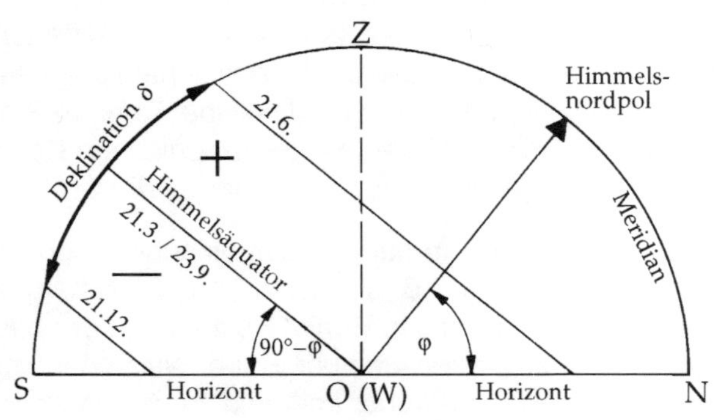

2.10. Meridianschnitt durch die scheinbare Himmelshalbkugel für 51° n. Br.

über dem Horizont befindliche Himmelshalbkugel.

Von der bekannten geographischen Breite φ ausgehend, entspricht der Neigungswinkel des Himmelsäquators gegenüber dem Horizont stets der Ergänzung zu 90°. Auf einer Breite von 51° hat der Äquator somit eine Neigung von 39°. In dieser Höhe kulminiert die Sonne mit einer Deklination von 0° am 21. 3./23. 9. An den übrigen Tagen befindet sich die Sonne nördlich bzw. südlich des Äquators, so daß wir die entsprechende Deklination δ addieren müssen.

Berechnung der Kulminationshöhe: $h = (90° - \varphi) + \delta$

Beispiele

Wie groß ist auf einer Breite φ von 51° die Mittagshöhe der Sonne an den Tagen der Sonnenwenden (δ : ±23,44°)? Für die Mittagshöhen ergeben sich demzufolge 62,44° am 21. 6. und 15,56° am 21. 12.

Auf welcher geographischen Breite befindet man sich, wenn am 1.5. (δ = 15°) die Sonne in einer Höhe von 65° kulminiert? Durch Umstellung der Berechnungsgleichung erhält man: Auf der Breite von 40°.

Mit der obigen Formel lassen sich selbstverständlich auch die Kulminationshöhen für alle Gestirne berechnen. Die Sonnendeklinationen finden wir in der Tafel 10.1 bzw. in jedem astronomischen Kalender oder Jahrbuch.

Die beste Vorstellungshilfe für die Demonstration der Koordinatensysteme und der damit verbundenen Grundbegriffe ist ein Planetarium, wo die Linien und Winkel an die Kuppel projiziert und damit sichtbar gemacht werden können. Ein großer Vorteil ist, die Zeitraffung und Wiederholbarkeit der Bewegungsvorgänge und Erscheinungen.

2.7. Wahre Ortszeit

Die Beobachtung des Sonnenstandes im Tagesverlauf liefert uns der Ortsstundenwinkel der Sonne, die *wahre Ortszeit* (WOZ) . Sie wird von den meisten Sonnenuhren angezeigt. Wahrer Mittag (12h WOZ) ist, wenn die Sonne den Meridian passiert (kulminiert). Die wahre Ortszeit gilt nur für die Orte, die auf dem gleichen Längenkreis liegen. Diese Tatsache wird verständlich, wenn man bedenkt, daß die Sonne zu jedem Zeitpunkt des

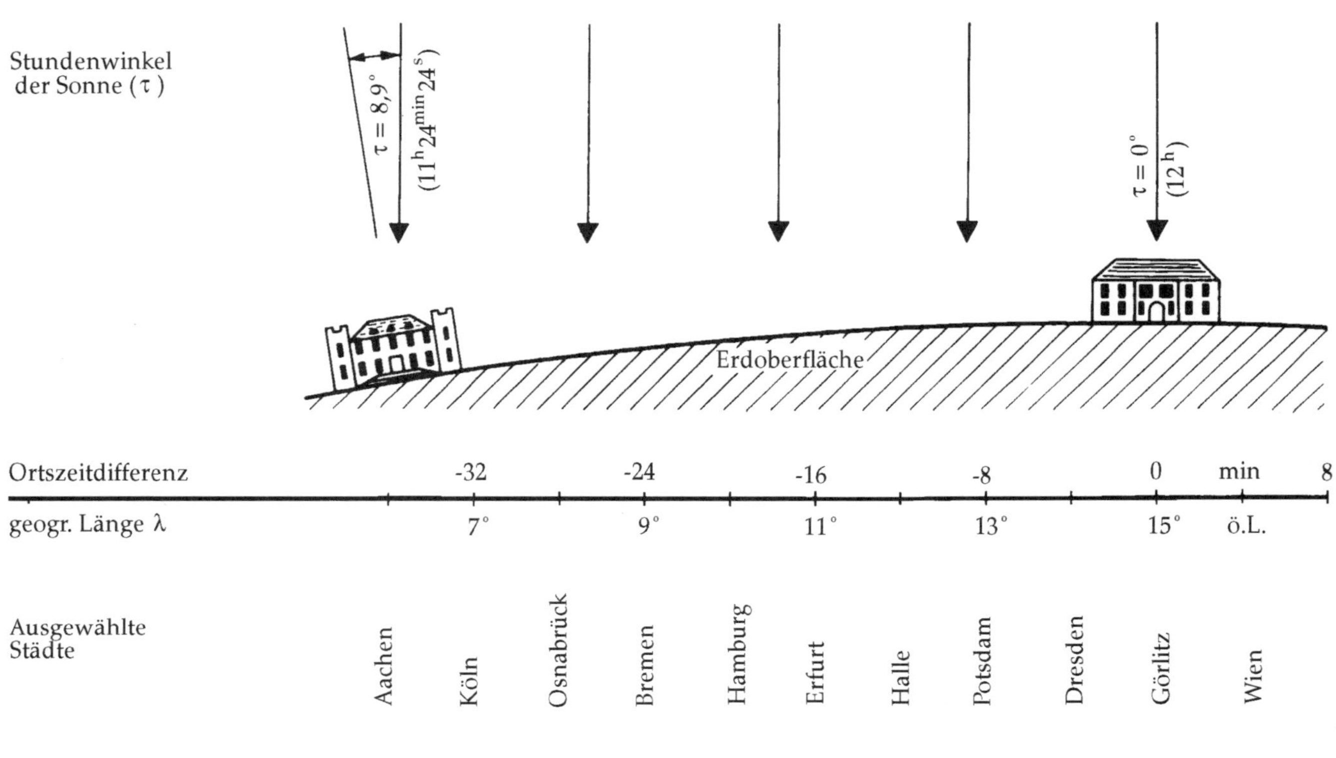

2.11. Ortszeitdifferenzen

Tages an einem anderen Ort der Erde kulminiert, d.h. im Süden steht.

Wen interessiert es aber schon z. B. in Aachen (6,1° ö.L.), wie groß die Differenz seiner wahren Ortszeit zu der von Görlitz (15° ö.L.) ist? Schließlich sei - so hört man nicht selten - diese Differenz so gering, daß man sie ohne weiteres vernachlässigen könne. Diese Ansicht trifft aber nicht zu!

Da sich die Sonne an der scheinbaren Himmelskugel in 24 h um 360° weiterbewegt, haben zwei Orte mit den geographischen Längen λ_1 und λ_2 nicht nur eine Längendifferenz, sondern auch eine *Ortszeitdifferenz*:

$$\text{Ortszeitdifferenz} = 4\,(\lambda_1 - \lambda_2).$$

In dieser Gleichung sind λ_1 und λ_2 in Grad anzugeben; die Ortszeitdifferenz erhält man dann in Minuten. Die wahren Ortszeiten von Aachen und Görlitz differieren daher um fast 36 min. Bild 2.11 veranschaulicht diesen Sachverhalt. Die im Anhang befindliche Tafel 10.2 gibt für eine Reihe von Städten die geographischen Koordinaten und die Zeitdifferenz gegenüber Görlitz an.

Selbst auf kleine Entfernungen gibt es schon merkliche Ortszeitdifferenzen. Z.B. zwischen der östlichen und westlichen Stadtgrenze in Berlin: So sieht ein Beobachter am Ufer des Flakensees bei Erkner die Sonne um 2 Minuten 44 Sekunden früher im Meridian stehen als sein Mitbeobachter auf der Glienicker Brücke. Wir können die Entfernungen aber noch kürzer wählen. Auf dem Breitenkreis von Berlin beträgt der Unterschied schon I Minute, wenn zwei Orte nur 17 km auseinanderliegen. Ein Abstand von 284 m hat immerhin noch eine Zeitdifferenz von I Sekunde zur Folge. Mit dieser Geschwindigkeit "rast" die Zeit auf dieser Breite über den Erdball. Würden wir daher z. B. im Verkehrswesen für die verschiedenen geographischen Längen die jeweiligen Ortszeiten angeben, gäbe es ein perfektes Durcheinander.

2.8. Mittlere Ortszeit und Zeitgleichung

Die wahre Ortszeit hat nicht nur den schon erwähnten Nachteil, daß sie nicht für Orte anderer geographischer Längen gültig ist, sie verläuft auch nicht gleichmäßig. Wenn wir über einen längeren Zeitraum hinweg den Zeitpunkt des Meridiandurchganges der Sonne notierten, so würden wir schon bald Unterschiede von mehreren Minuten bemerken können. Aufmerksame Beobachter werden schon festgestellt haben, daß Sonnenuhren vor- und nachgehen können. Die Sonne geht mitunter um mehrere Minuten früher durch den Meridian, dann wieder später.

Ursache für diese Ungleichmäßigkeit der Sonnenbewegung an der scheinbaren Himmelskugel ist die elliptische Bahn der Erde um die Sonne sowie die um 23,44° zum Himmelsäquator geneigte Ekliptik. So bewegt sich die Erde in Sonnennähe (Perihel) Anfang Januar mit 30,3 km/s rascher als in Sonnenferne (Aphel) Anfang Juli mit 29,3 km/s.

Um ein vom Jahresverlauf unabhängiges Zeitmaß zu bekommen, müssen wir deshalb die wahren Ortszeiten eines Jahres mitteln. Wir führen gewissermaßen eine fiktive (mittlere) Sonne ein, die gleichmäßig auf dem Himmelsäquator läuft. Auf diese Weise erhalten wir eine *mittlere Ortszeit (MOZ). Die Abweichung der wahren Ortszeit von der mittleren Ortszeit* wird als *Zeitgleichung* bezeichnet:

$$\text{WOZ} = \text{MOZ} + \text{Zeitgleichung}.$$

Bild 2.12 zeigt, daß die Zeitgleichung nur viermal im Jahr (am 16. 4., 14. 6., 2. 9. und 26. 12.) gleich Null ist. Wahre und mittlere Ortszeit sind dann identisch. Zweimal im Jahr erreicht die Zeitgleichung verhältnismäßig große Beträge: um den 12. 2. mit -14,3 min und um den 4. 11. mit +16,4 min. Zwei weitere, aber bedeutend kleinere Extrema treten um den 15. 5. mit +3,7 min und um den 27. 7. mit -6,5 min auf.

Die Zeitgleichung, die in der Gnomonik für bestimmte Belange wichtig ist, kann der Tafel 10.1 im Abstand von 5 Tagen entnommen.

Die allgemein verbreitete Bezeichnung "Zeitgleichung" wird in der Gnomonik zurecht kritisiert. Es handelt sich hierbei um keine mathematische Gleichung, sondern lediglich um die Differenz zwischen der wahren und mittleren Ortszeit. Im Arbeitskreis Sonnenuhren wird dafür die Bezeichnung "*Zeitausgleich*" bevorzugt verwendet.

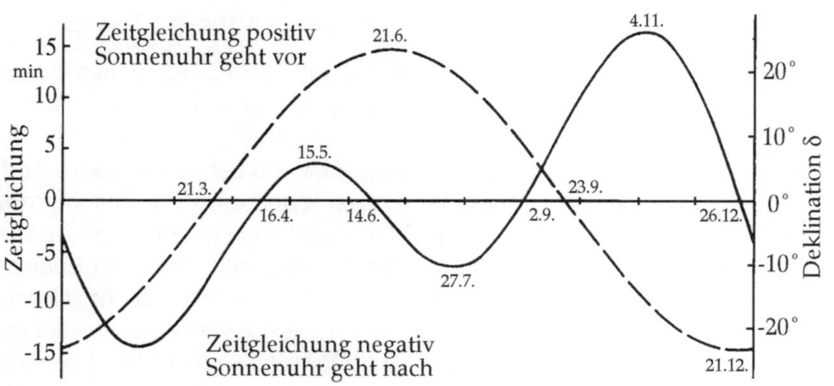

2.12. Sonnendeklination (Strichlinie) und Zeitgleichung (Vollinie)

Datum	Zeitgleichung	12h WOZ in Aachen (6,1° ö.L.)	12h WOZ in Görlitz (15° ö.L.)
12.02.	-14 min 18 s	12 h 49 min 54 s	12 h 14 min 18 s
16.04.	0 min 0 s	12 h 35 min 36 s	12 h
04.11.	+16 min 24 s	12 h 19 min 12 s	11 h 43 min 36 s

Tafel 2.3. MEZ des wahren Mittags in Aachen und Görlitz

2.9. Mitteleuropäische Zeit

Die Entwicklung des Eisenbahnverkehrs im 19. Jahrhundert beschleunigte die Abschaffung der vielen Ortszeiten und damit die Schaffung von 24 *Zeitzonen* (Normalzeiten). Dies geschah in Deutschland im April 1893 und bedeutete eine große Vereinfachung im modernen Verkehr. Die jeweilige Zonenzeit ist gleich der mittleren Ortszeit der Längenkreise, deren Länge ein ganzzahliges Vielfaches von 15° beträgt. Zu diesen Längenkreisen gehören z. B. die von Greenwich (0°), Görlitz (15°) und St. Petersburg (30°). Die *Mitteleuropäische Zeit (MEZ)* ist somit gleich der mittleren Ortszeit von Görlitz.

Wie hängen nun die Mitteleuropäische Zeit und die wahre Ortszeit eines Ortes mit beliebiger geographischer Länge λ zusammen? Kann man die WOZ dieses Ortes aus der MEZ berechnen? Die Beantwortung dieser Fragen dürfte uns eigentlich nicht mehr schwerfallen. Wir müssen nur sowohl die Ortszeitdifferenz als auch die Zeitgleichung berücksichtigen

$$\text{WOZ} = \text{MEZ} + 4\,(\lambda - 15) + \text{Zeitgleichung}.$$

In dieser Gleichung ist λ wiederum in Grad anzugeben. Betrachten wir einige Beispiele:

Beispiel 1:

Wie lautet die WOZ am 1. 11. auf einer geographischen Länge von 16,5° Ost (Wien) um 11h MEZ? Die Zeitgleichung ist entsprechend Tafel 10.1 gleich + 16 min 23 s (Sonnenuhr geht vor), hinzu kommt die Ortszeitdifferenz von 6 min. Zu dem angegebenen Zeitpunkt ist es daher 11h 22min 23s WOZ.

Beispiel 2:

Wann kulminiert die Sonne am 21. 2. für eine geographische Länge von 11° Ost (Erfurt, Fürth)? Die Zeitgleichung beträgt in diesem Fall -13 min 40 s (Sonnenuhr geht nach), hinzu kommt die Ortszeitdifferenz von 16 min, die zur Zeitgleichung zu addieren ist. Die Sonne kulminiert daher erst um 12h 29min 40s MEZ.

Beispiel 3:

Wann kulminiert die Sonne in Köln (7° ö. L.) am 1.11.? Die Zeitgleichung beträgt 16 min 23 s, die Ortszeitdifferenz 32 min. In diesem Falle geht die Sonnenuhr vor, die Zeitgleichung ist von der Ortszeitdifferenz zu subtrahieren. Die Sonne kulminiert um 12h 15min 37s MEZ.

Die Berechnung der WOZ aus der MEZ kann man jedoch umgehen, wenn man sich des praktischen Nomogramms nach Tafel 10.4 im Anhang bedient. Verbindet man die bekannte geographische Länge mit dem betreffenden Datum, dann kann man sofort die Zeitdifferenz ablesen, die zur MEZ addiert werden muß. Zum besseren Verständnis sollte man die berechneten Ergebnisse der letzten beiden Beispiele noch einmal mit dem Nomogramm kontrollieren. Für unsere Zwecke ist in den meisten Fällen das mit dem Nomogramm erzielte Ergebnis ausreichend.

Weit im Westen liegende Orte (Rheinland) können auf Grund ihrer großen Ortszeitdifferenzen mitunter sehr späte Meridiandurchgänge der Sonne haben. Das ist der Fall, wenn die Zeitgleichung Mitte Februar den Wert von -14,3 min erreicht. Dann steht die Sonne beispielsweise in Aachen (6,1° ö. L.) erst um etwa 12h 50min MEZ im Süden (Tafel 2.3). Die große Ortszeitdifferenz hat den Vorteil der längeren Abendhelligkeit in den westlichen Gebieten.

Positive Zeitgleichungsbeträge wirken sich dagegen auf die Abweichung der WOZ von der MEZ reduzierend aus, da sich Ortszeitdifferenz und Zeitgleichung teilweise gegenseitig kompensieren. Es kann sogar vorkommen, daß auch in westlich von 15° ö.L. gelegenen Orten bei positiven Zeitgleichungsbeträgen die Sonne vor 12h MEZ kulminieren kann. Westlich der Linie Halberstadt, Erfurt, Fürth, Ansbach (etwa 10,9° ö.L.) steht die Sonne allerdings immer nach 12h MEZ im Meridian, weil die Ortszeitdifferenz ständig größer als die Zeitgleichung ist. Es kann z.B. auch vorkommen, daß trotz Zeitgleichung und Ortszeitkorrektur auf einer bestimmten geographischen Länge der wahre Mittag um 12h MEZ ist. Dies trifft z. B. zu bei einer Zeitgleichung von 16 min am 26. 10. für die Länge von 11° zu. Bei positiver Zeitgleichung (Sonnenuhr geht vor) kann sich diese mit der Ortszeitdifferenz, die westlich von Görlitz stets nachgeht, aufheben. Bei negativer Zeitgleichung summieren sich die Beträge, so daß der wahre Mittag sehr spät eintritt.

Eine weitere Auswirkung der Zeitgleichung ist weniger bekannt: Die rasche Abnahme der Tageslänge am Abend im Herbst ist ebenso wie die rasche Zunahme der Tageslänge am Abend im Frühjahr eine Folge der Zeitgleichung. Infolge der großen Zeitgleichungsbeträge von rund 15 min verschiebt sich der wahre Mittag und liegt im Herbst vor 12h MEZ (Verkürzung des Nachmittags), im Frühjahr nach 12h MEZ (Verlängerung des Nachmittags).

Die Kenntnis der Zeitgleichung ist für die Gnomonik sehr wichtig. Sie ermöglicht es, verschiedene Probleme zu lösen:

- Für den Zeitpunkt des wahren Mittags, des Meridiandurchganges der Sonne, kann die MEZ für einen bestimmten Ort berechnet werden.
- Mit Hilfe eines senkrechten Stabes oder eines Lotes kann zu diesem Zeitpunkt die Nord-Süd-Richtung exakt ermittelt werden, ohne einen Kompaß verwenden zu müssen.
- Eine Sonnenuhr kann dann ohne Kompaß auf die Meridianlinie ausgerichtet, ein Zifferblatt nach der Sonne "geeicht" oder ein verlorengegangener Schattenwerfer neu eingesetzt werden.

2.10. Mitteleuropäische Sommerzeit

Mit der Einführung der *Sommerzeit (MESZ)* wurde das Schema der Zeitzonen ein wenig durcheinandergebracht. Wenn wir unsere Uhren um eine Stunde vorstellen, wechseln wir gewissermaßen von der MEZ in die Osteuropäische Zeit (OEZ) und sind der Sonne um eine Stunde voraus. Oder anders ausgedrückt: Die Sonnenuhren gehen zusätzlich zu allen schon erläuterten Abweichungen um eine Stunde nach. Während der Sommerzeit kulminiert die Sonne bei Zeitgleichung 0 in Görlitz um 13h MESZ, Mitternacht ist um 1h MESZ. Durch diese Zeiterscheinung soll bekanntlich eine größere Ausnutzung des Tageslichtes und damit zusammenhängend eine Energieeinsparung erreicht werden.

Da es sich um eine konstante Zeiterscheinung handelt, sind die Sonnenuhren auch während der Gültigkeitsdauer der Sommerzeit in vollem Umfange verwendbar. Um Fehler zu vermeiden, können die Stunden auf dem Zifferblatt doppelt angegeben werden, einmal für die MEZ und zum anderen für die MESZ. Auf keinen Fall ist es zulässig, den Schattenwerfer zu verstellen oder das Zifferblatt zu verdrehen. Eine Ausnahme bildet, wie wir noch sehen werden, die äquatoriale Sonnenuhr. Andererseits kann wohl jedem zugemutet werden, während der halbjährigen Gültigkeitsdauer der Sommerzeit in Gedanken eine Stunde hinzuzuzählen.

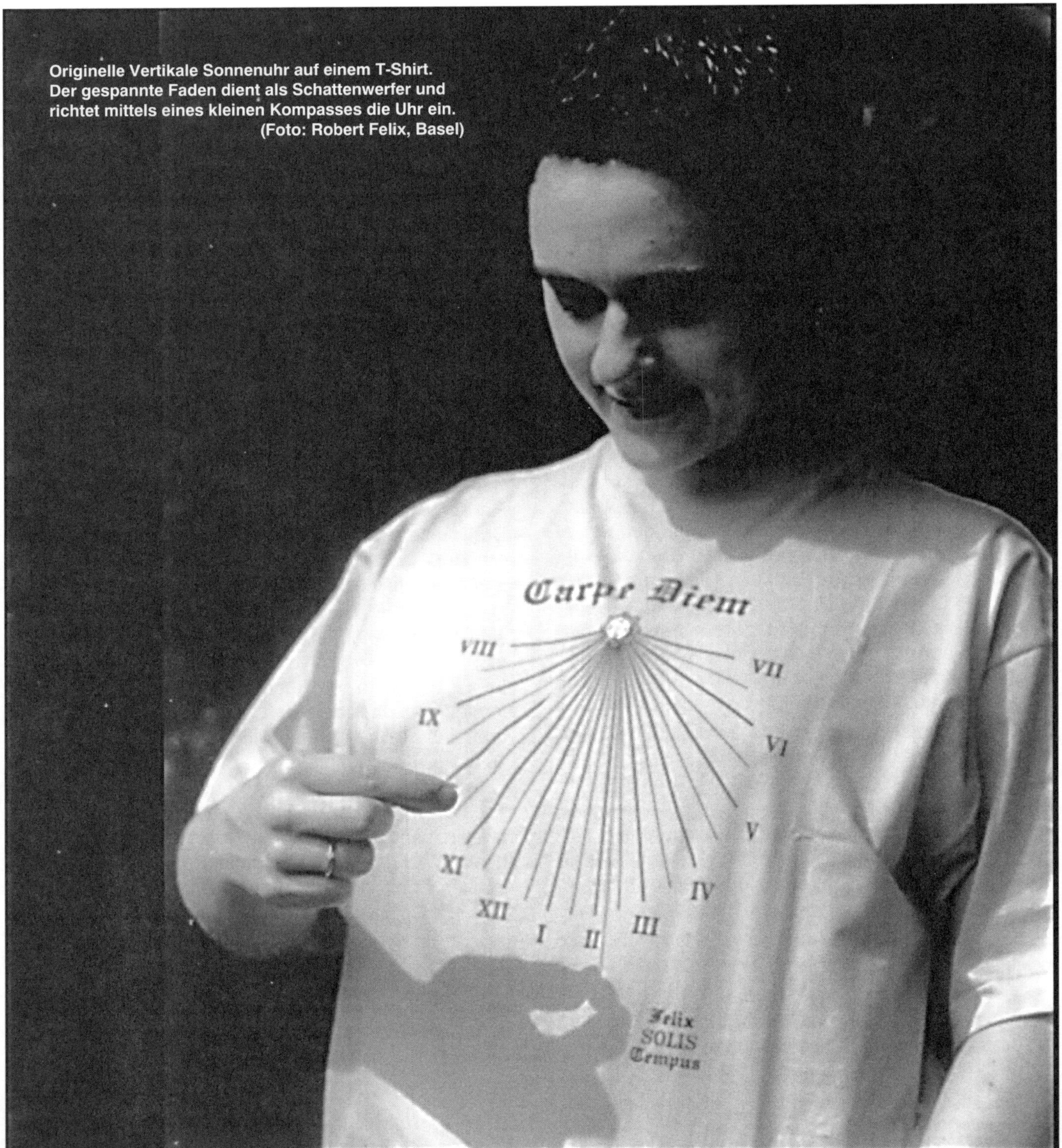

Originelle Vertikale Sonnenuhr auf einem T-Shirt. Der gespannte Faden dient als Schattenwerfer und richtet mittels eines kleinen Kompasses die Uhr ein.
(Foto: Robert Felix, Basel)

3. Berechnung und Konstruktion von Sonnenuhren

"Ein Mensch sieht eine Sonnenuhr
Und frägt sich selbst: 'Wozu denn nur?'
Ein and'rer Mensch bleibt sinnend stehn
Und überlegt im Weitergeh'n:
'Wieso, warum mißt man die Stunde
An eines Schattens Wegesrunde
Mit einem Zeiger, welcher schief
Geneigt ist?' -
Dies bewegt ihn tief." (Heinz Schumacher)

3.1. Überblick über die wichtigsten Sonnenuhrenarten

Mit dem Rüstzeug der mathematischen Astronomie ausgestattet, können wir uns jetzt mit der Konstruktion bzw. Berechnung von Sonnenuhren befassen und das weite Feld der Sonnenuhren-Geometrie betreten.

Zuvor sei noch eine vergleichende Betrachtung gestattet: Wir verwenden für die Sonnenuhr eine Bezeichnung, die mit einem Chronometer, einer richtigen Uhr, eigentlich keine Gemeinsamkeiten hat. Dies trifft weder für den "Zeiger", den Schattenwerfer, noch für das "Zifferblatt", die Auffangfläche für den Schattenwurf, zu. Bei der Sonnenuhr handelt es sich, genau betrachtet, um einen *Winkelmesser des Sonnenstandes.*

Bei den meisten Sonnenuhren wird die Zeit mit einem erdachsenparallelen Schattenwerfer, dem Polstab (Polos), angezeigt. Diese Tatsache erleichtert das Verständnis für die Zusammenhänge in der Gnomonik.

Die Sonnenuhren unterscheiden sich durch Lage und Form der den Schatten auffangenden Fläche bzw. des Zifferblattes. Es ist hier eine Vielzahl von Varianten

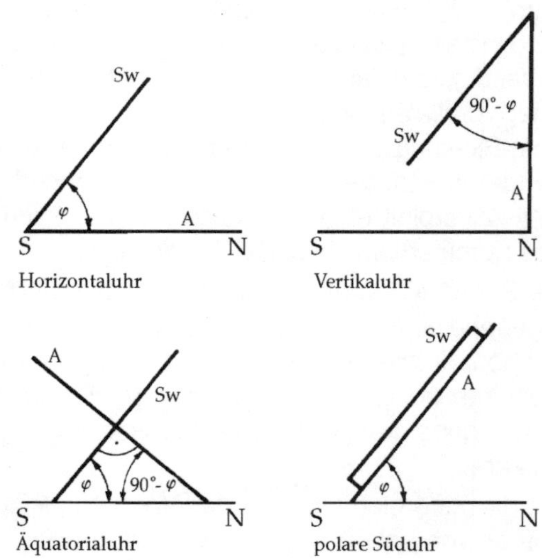

3.1. Sonnnuhrenarten mit ebenen Auffangflächen

denkbar. Von besonderer Bedeutung sind Sonnenuhren mit ebenen Auffangflächen (A). Diese kann man zu einigen wenigen Arten zusammenfassen (Bild 3.1).

Eine *horizontale Sonnenuhr* hat eine horizontale (waagerechte) Auffangfläche (Zifferblatt) für den Schattenwurf. Bei einer *vertikalen Sonnenuhr* befindet sich das Zifferblatt auf einer vertikalen Fläche, beispielsweise an einer senkrechten Wand. In jedem Fall entspricht die Neigung des Polstabes gegenüber der Horizontalen der geographischen Breite des Aufstellungsortes der Sonnenuhr. Der Winkel zwischen Schattenwerfer und einer vertikalen Wand entspricht somit der Ergänzung zu 90° (90° - φ). Die Länge des Schattenwerfers ist für die Zeitanzeige nicht bindend, wohl aber für die Datumsanzeige.

Das Zifferblatt kann aber auch in der Ebene des Himmelsäquators verlaufen. Das ist bei der äquatorialen Sonnen*uhr* der Fall, die als Prototyp für alle anderen Sonnenuhrenarten aufgefaßt werden kann. Weniger bekannt ist, daß das Zifferblatt auch in der Richtung zum Himmelsnordpol, d. h. parallel zum Schattenwerfer verlaufen kann. Bei einer solchen *polaren Sonnenuhr* ragt der Schattenwerfer als Steg oder als Schattenwerferfläche aus dem Zifferblatt.

Sw Schattenwerfer; A Auffangfläche; φ geographische Breite; S Süden; N Norden

Die Anzahl der Sonnenuhrenarten mit ebenen Auffangflächen wird durch die möglichen Orientierungen der vertikalen Wand in bezug auf die Himmelsrichtungen vergrößert. Ist die Wand genau nach Süden ausgerichtet, spricht man von einer *vertikalen Süduhr*. Weicht die Wand von der Ost-West-Richtung ab, handelt es sich um eine abweichende (deklinierte) *Vertikaluhr.* Selbst das nach Norden gerichtete Zifferblatt einer vertikalen *Norduhr* kann während des Sommerhalbjahres die Zeit anzeigen.

Weitere Sonnenuhrenarten entstehen dadurch, daß die Auffangebene einer Horizontaluhr in Nord-Süd-Richtung von der horizontalen Lage abweicht. Dadurch entsteht eine geneigte (inklinierte) Horizontaluhr, die auch wiederum als geneigte (inklinierte) *Vertikaluhr* aufgefaßt werden kann.

Verläuft die Zifferblattfläche in der Nord-Süd-Richtung, spricht man von *polaren Ost- bzw. Westuhren.*

Die Strahlenbrechung durch die Erdatmosphäre (Refraktion), die in der Gnomonik nur eine untergeordnete Rolle spielt, bleibt in allen Fällen unberücksichtigt.

3.2. Äquatoriale Sonnenuhr

3.2.1. Äquatorialuhr mit ebenem Zifferblatt

Die einfachste Art ist unbestritten die *Äquatorialuhr mit ebenem Zifferblatt.* Sie besteht aus einer parallel zum Himmelsäquator geneigten Fläche, die von der polwärts gerichteten Schattenseite rechtwinkelig durchbohrt wird. Dabei treten zwei Winkel auf: Die Stabneigung, die der geographischen Breite φ entspricht und die Neigung des Himmelsäquators von (90° - φ). Polachse und Ebene des Himmelsäquators bilden miteinander einen rechten Winkel und stellen das "Grundgerüst" der scheinbaren Himmelskugel dar (Bild 3.2).

Da sich die Sonne im Sommerhalbjahr bei positiver Deklination nördlich (oberhalb) des Himmelsäquators befindet, scheint die Sonne in dieser Zeit auf das obere Zifferblatt. Im Winterhalbjahr bei negativer Deklination muß die Zeit vom unteren Zifferblatt abgelesen werden. An den Tagen des Frühlings- und Herbstbeginns erhalten beide Zifferblätter streifendes Sonnenlicht, die Sonnenuhr ist außer Funktion.

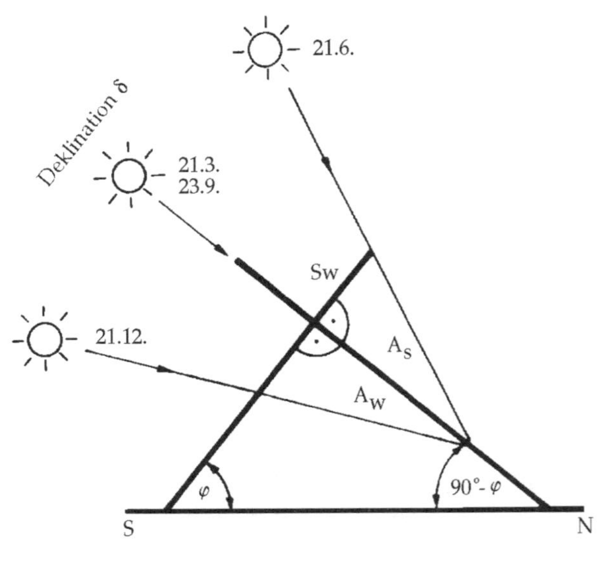

3.2. Prinzip der Äquatorialuhr

Äquatorialsonnenuhr mit ebenem Zifferblatt vor der Bürgel-Sternwarte in Sohland/Spree. Das Bild zeigt das Sommerzifferblatt. Hersteller: M. Hölzel, um 1975 ***(Foto: Seifert)***

As Auffangfläche für das Sommerhalbjahr; Aw Auffangfläche für das Winterhalbjahr; Sw Schattenwerfer

Da das Zifferblatt in der Äquatorebene verläuft, in der auch der Stundenwinkel gemessen wird, ist der Stundenlinienwinkel z auf dem Zifferblatt immer gleich dem jeweiligen Stundenwinkel der Sonne τ, woraus sich die einfache Beziehung ergibt:

$$z = \tau.$$

Die Winkel für die Stundenlinien brauchen daher bei einer äquatorialen Sonnenuhr nicht berechnet zu werden, was die Herstellung dieser Art besonders erleichtert.

Der Stundenwinkel der Sonne ändert sich um jeweils 15° je Stunde. Beide Zifferblätter werden deshalb mit Winkelteilungen von je 15° pro Stunde versehen. Eine weitere Erleichterung ist, daß die Halbstunden in der Mitte der Vollstunden (7,5°) und die Viertelstunden in der Mitte der Halbstunden (3,75°) liegen. Die Stundenlinien der Vor- und Nachmittagsstunden verlaufen wie auch bei den WOZ-Anzeigen anderer Sonnenuhren spiegelbildlich zu der in Nord-Süd-Richtung verlaufenden 12h-Linie.

Beim Bezeichnen der Stunden ist darauf zu achten, daß beim Zifferblatt für die Sommeruhr die Laufrichtung des Schattens im Uhrzeigersinn erfolgt, beim Zifferblatt für die Winteruhr jedoch entgegengesetzt. Es ist ferner zu berücksichtigen, daß die Sonneneinstrahlung im Sommer von 4h bis 20h reicht (im Norden sogar noch etwas länger), im Winter dagegen nur von 8h bis 16h. Der von den Stundenlinien ausgesparte Sektor zeigt die Dauer der Nachtstunden an (Bild 3.3).

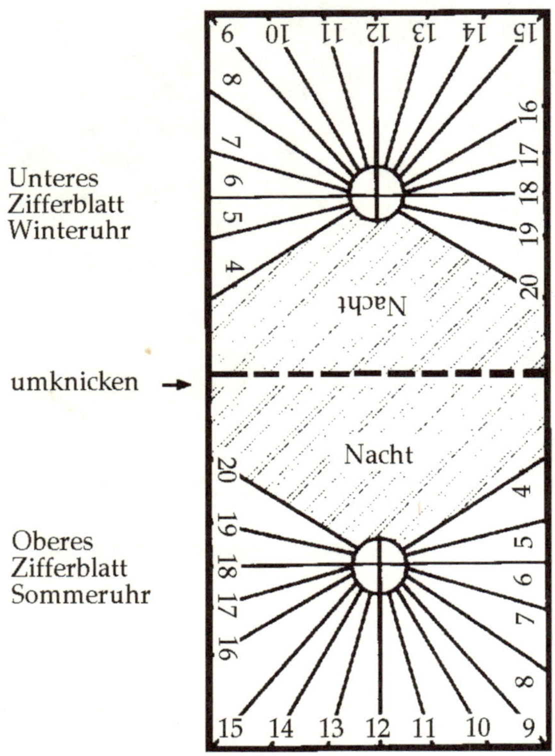

3.3. Zifferblätter für die Sommer- und Winteruhr

Eine Empfehlung, die für alle Sonnenuhrenarten gilt: Die Stundenlinien werden - auch aus ästhetischen Gründen - wegen der dichten Scharung nicht bis zum Fußpunkt F durchgezogen. Die Linien für die Halbstunden zeichne man kürzer. Die Länge des Schattenwerfers sollte der Größe der Uhr angepaßt sein, auf die Zeitanzeige hat sie keinen Einfluß.

Die eben beschriebene Variante der äquatorialen Sonnenuhr finden wir bevorzugt bei tragbaren Sonnenuhren; als ortsfeste Objekte sind sie verhältnismäßig selten. Die äquatoriale Sonnenuhr mit ebenem Zifferblatt kann vereinfacht als Gartensonnenuhr gestaltet werden, indem nur das obere Sommerzifferblatt angebracht wird. Dafür eignet sich auch eine in Ost-West-Richtung verlaufenden Böschung.

3.2.2. Äquatorialuhr mit ringförmigem Zifferblatt

In diesem Falle ist das Zifferblatt ringförmig und verläuft in der Richtung des Schattenwerfers erdachsenparallel. Die auch als *Ringkugeluhr* bezeichnete Art findet man infolge ihrer ansprechenden Form häufig auf Freiflächen, in Gärten und Parkanlagen. Die Gestaltung zeigt viele Möglichkeiten, jedoch erfordert ihre Herstellung gewissen Kenntnisse in der Metallgestaltung und -verarbeitung.

Anstelle der scheibenartigen Auffangfläche hat die Ringkugeluhr einen mehr oder weniger breiten Ring, auf dessen Innenfläche die Zeit abgelesen wird (Bild 3.4).

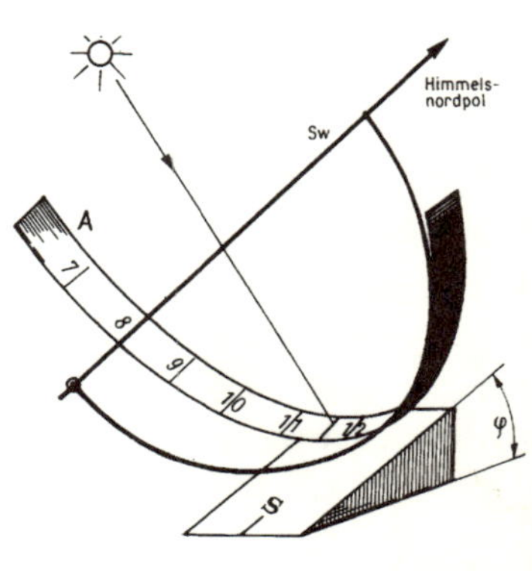

3.4. Äquatoriale Sonnenuhr mit ringförmigem Zifferblatt

WEST
NORD
OST
SÜD

Würfel-Sonnenuhr

1. Teile der Würfelsonnenuhr ausschneiden; alle Falzste
2. Schattenwerfer für die 5 Sonnenuhren ausschneiden u
3. Beim Anbringen der Schattenwerfer ist auf die genaue
   Bei der Ost- und Westuhr (4, 5) wird der Schattenwerfe
   angebracht. Hierbei ist zu beachten, daß die Stundenli
4. Grundfläche und Norduhr werden so an den übrigen Te
   Der Schattenwerfer der Norduhr ragt hier wie eine Fah

Bei dieser Würfelsonnenuhr entfallen die Ritzungen der Zi
Flächen der Stundenlinien geklebt (1, 2 und 3). Es ist dara
stehen. Die Ausrichtung der Sonnenuhr erfolgt mit einem

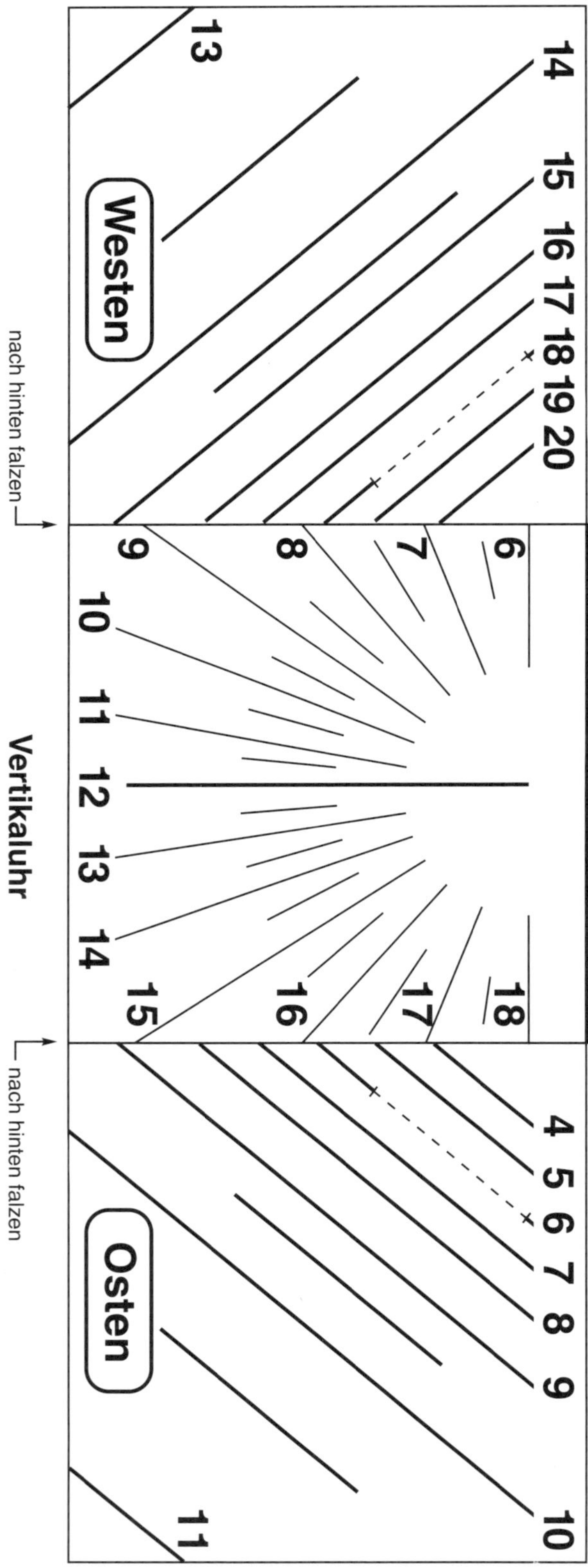

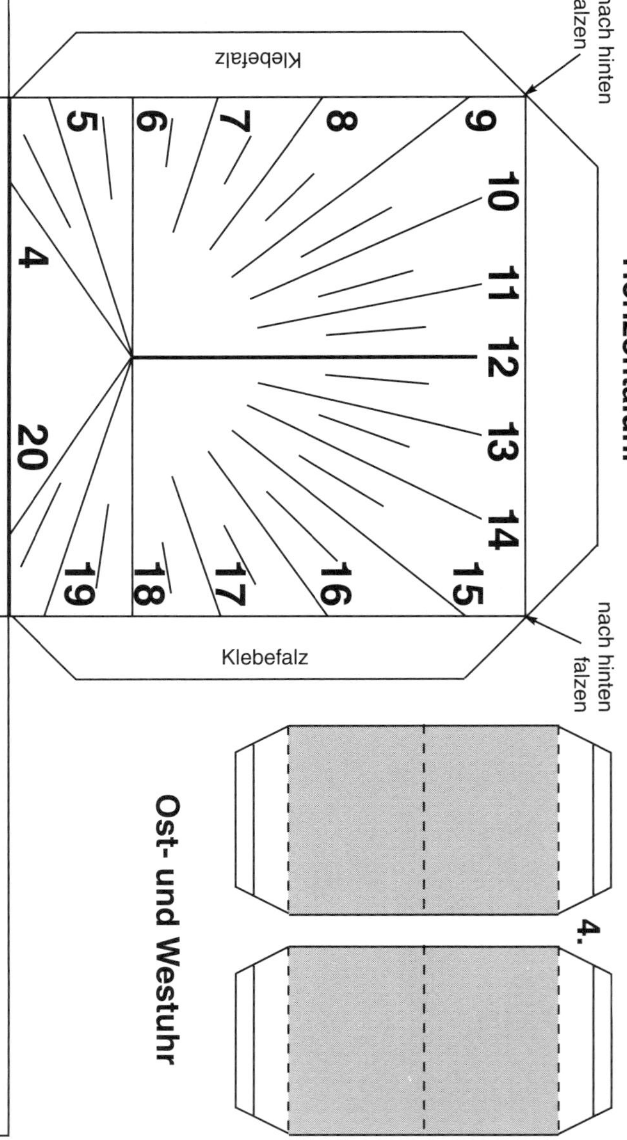

…t ritzen und falzen.
…den gestrichelten Linien ritzen und falzen.
…es Fußpunktes F zu achten, der bei 1, 2 und 3 gekennzeichnet ist.
…chen den beiden kleinen Markierungen auf der 6h- bzw. 18h-Linie
…r Klebefläche mit denen auf dem Zifferblatt übereinstimmen.
…eklebt, daß damit der Würfel geschlossen wird.
…nge empor.

…attflächen. Die Schattenwerfer werden hier auf die ausgesparten
… achten, daß die Schattenwerfer senkrecht auf den Zifferblattflächen
…aß oder mit der Uhrzeit. Die Zeitangabe erfolgt in WOZ.

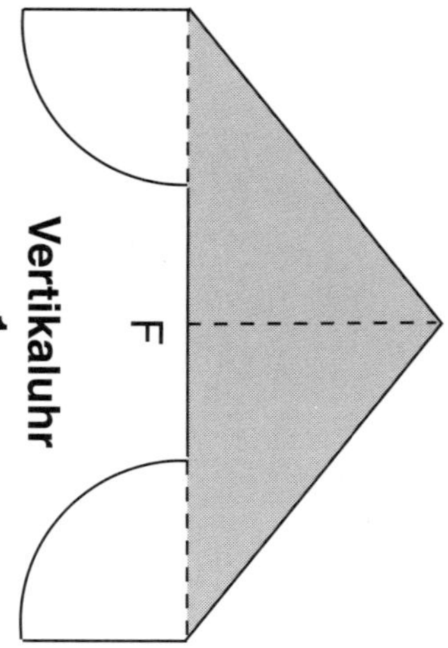

Vertikaluhr
1.

Nordduhr

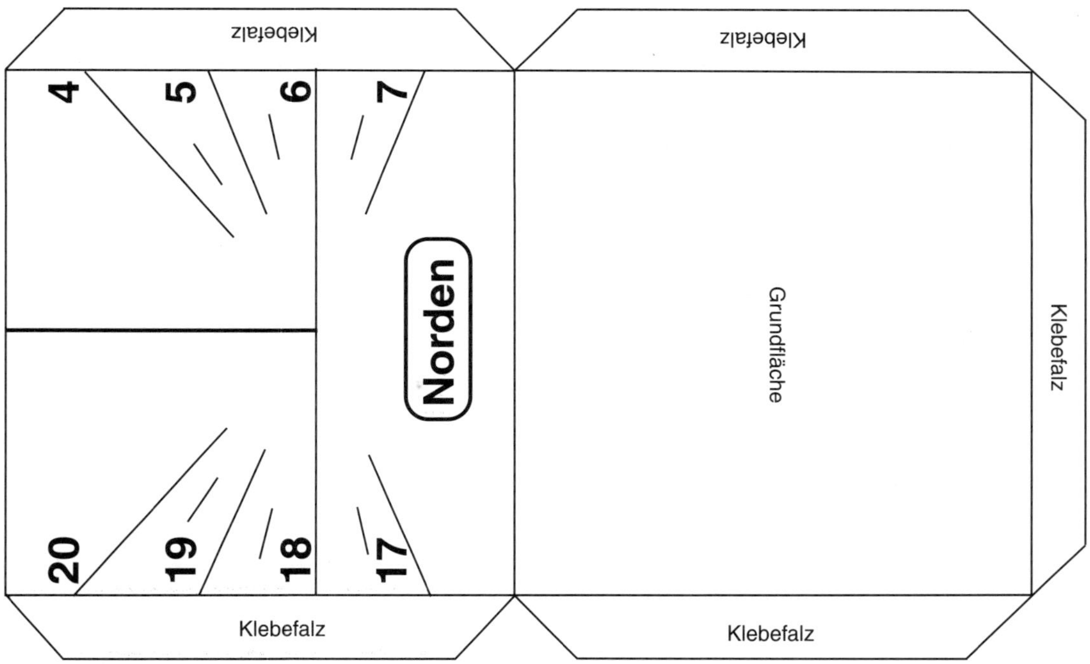

Horizontaluhr
2.

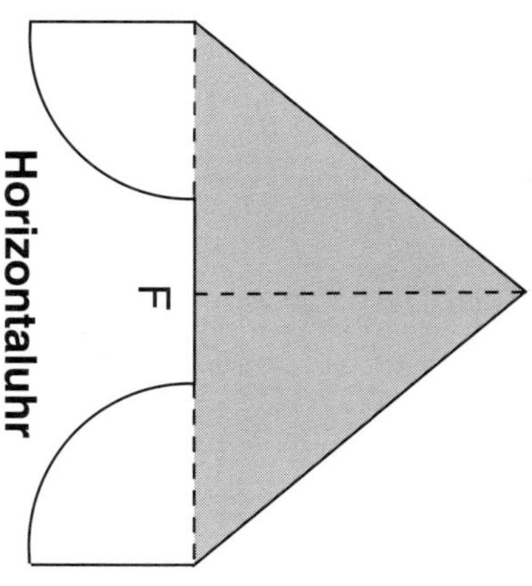

Nordduhr
3.

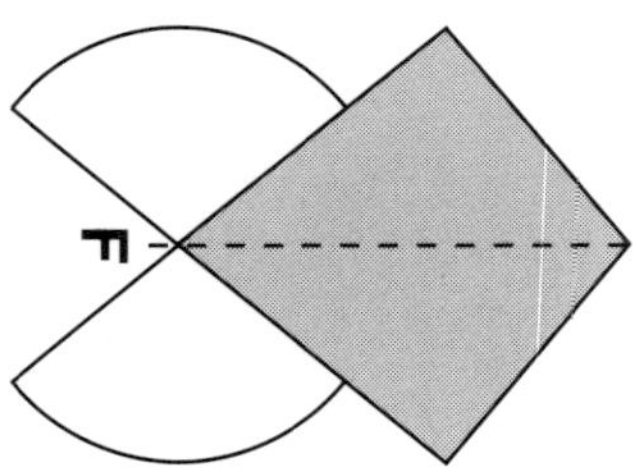

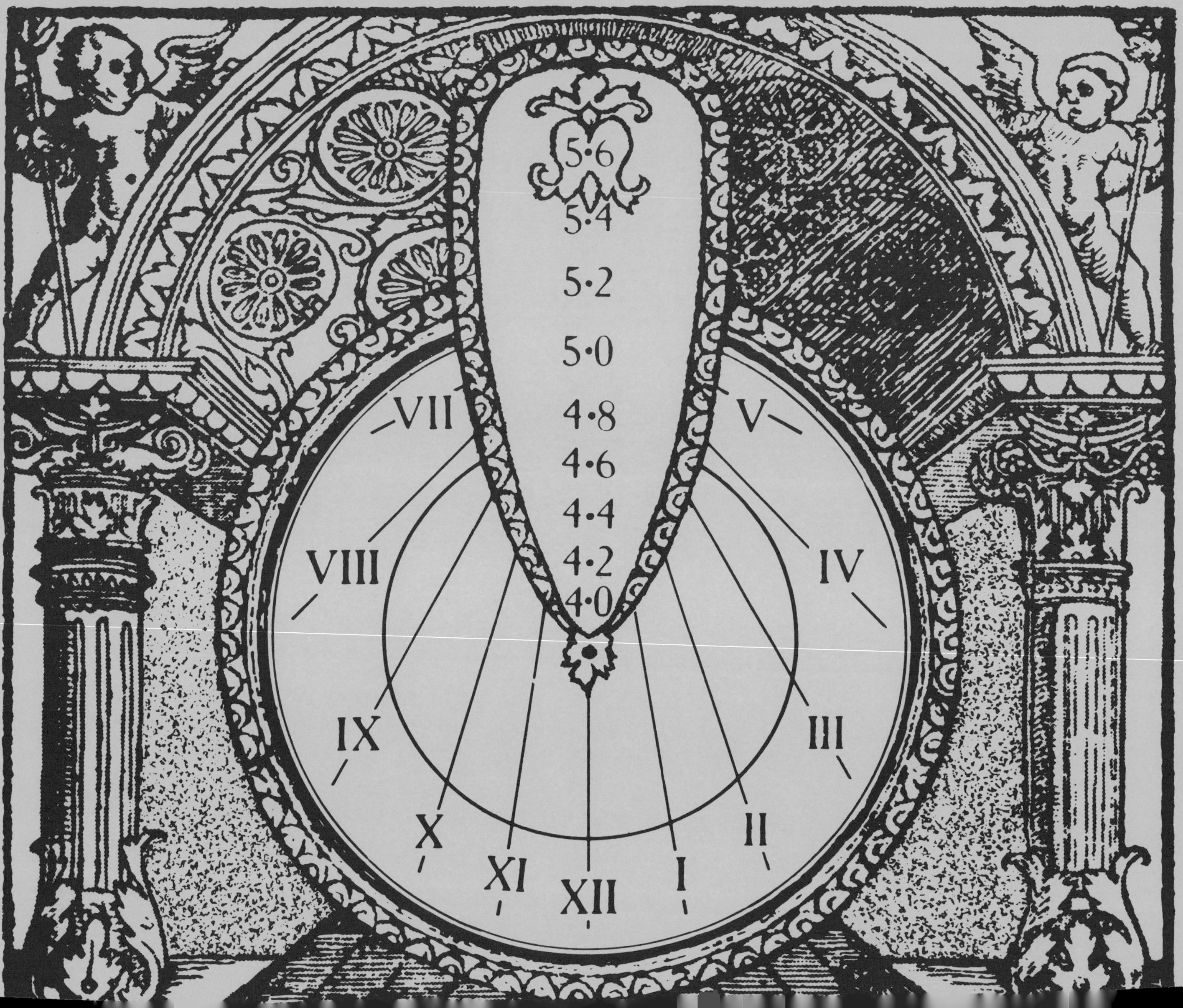

5·6
5·4
5·2
5·0
4·8
4·6
4·4
4·2
4·0
VII
VIII
IX
X
XI
XII
I
II
III
IV
V

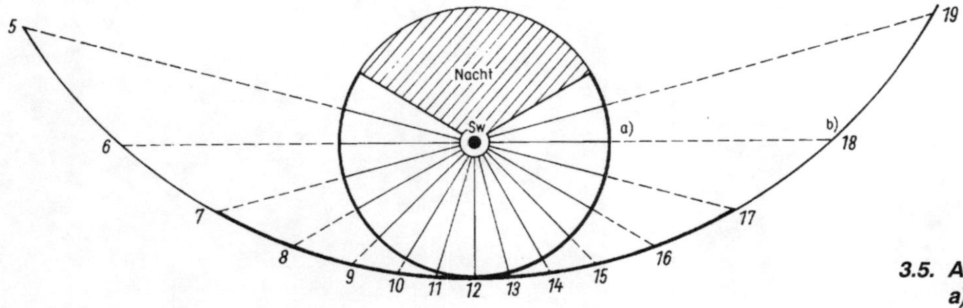

3.5. Auffangfläche einer Ringkugeluhr
a) kreisrund; b) aufgebogen

Man stelle sich eine äquatoriale Uhr mit einem ebenen, kreisförmigen Zifferblatt vor, wobei die Endpunkte der Stundenlinien auf die Innenseite eines Ringes übertragen werden. In den meisten Fällen ist der nach Süden gerichtete Teil offen, da sonst das Zifferblatt im Frühling und im Herbst im Schatten liegt. Bei einem halbkreisförmigen Zifferblatt wird die Zeit aber nur von 6h bis 18h angezeigt. Da die äquatoriale Sonnenuhr ganztägig die Zeit anzeigt, empfiehlt es sich, die Stunden von 4 bis 20 Uhr zu kennzeichnen. In diesem Falle reicht der Zifferblattring um je 30° über den Halbkreis. Die Breite des Zifferblattes hat auf die Zeitablesung keinen Einfluß. Die Abstände zwischen den 15°-Stundenlinien lassen sich leicht aus dem Umfang des Vollkreises errechnen.

Beispiel:

Der Durchmesser einer Ringkugeluhr sei 700 mm. Ihr Umfang beträgt dann 2199 mm. Dieser Betrag wird durch 24, die Anzahl der Stunden eines Tages, geteilt. Der Abstand zwischen zwei Stundenmarken beträgt damit 91,6 mm.

Bei dem Bau und der Aufstellung einer Ringkugeluhr ist darauf zu achten, daß sich der Schattenwerfer genau in der Mitte des Ringkugelkreises befindet und exakt unter dem Winkel der geographischen Breite geneigt ist und nach Norden weist. Zur Kontrolle des Winkels kann eine Schablone aus Pappe dienen, die zwischen die Horizontale und den Stab geschoben wird. Die Verwendung eines Kompasses ist wegen der Eisenteile hier nicht möglich.

Die künstlerische Gestaltung erfordert oft, daß die Zylinderform der Zifferblattfläche aufgebogen wird. Das hat zur Folge, daß im Tagesverlauf unterschiedlich große Entfernungen zwischen Schattenwerfer und Zifferblatt auftreten. Die einzelnen Stundenlinien liegen dann nicht mehr in gleichweiten Abständen voneinander entfernt (Bild 3.5). Mit zunehmendem Aufbiegen verringert sich der Funktionsbereich der Sonnenuhr, die Zifferblattgröße ist daher dementsprechend zu erweitern.

Das Prinzip dieser Sonnenuhr findet man in der Meteorologie bei den *Sonnenscheinautographen.* Durch eine Glaskugel, die als Brennglas wirkt, wird auf einem Papierstreifen mit einer Stundenteilung, der auf der Zifferblattfläche angebracht ist und somit im Brennpunkt liegt, für die Dauer des Sonnenscheins eine bestimmte Strecke herausgebrannt. Auf diese Weise kann die tägliche Sonnenscheindauer abgelesen werden.

Das direkte Zeichnen auf gekrümmten Flächen ist nicht immer einfach. Man sollte deshalb die Stundenlinien erst auf einem Einlegeblatt vorzeichnen, von dem aus die Abstände dann leicht auf die gebogene Auffangfläche übertragen werden können.

Die äquatoriale Sonnenuhr verfügt über eine Reihe von Vorteilen:

- Sie zeigt für die Dauer des lichten Tages die Zeit an, ist somit eine "Ganztagsuhr".
- Mit ihrer 15°-Teilung der Stunden und den in der Mitte liegenden Halbstunden ist die Gestaltung des Zifferblattes denkbar einfach.
- Sie kann unter Berücksichtigung der geographischen Breite überall auf der Erde verwendet werden und eignet sich gut als Reiseuhr. Die Stundeneinteilung ist überall die gleiche.
- Durch Verdrehen des Zifferblattes können Ortszeitdifferenz sowie Zeitgleichung ausgeglichen und damit eine MEZ-Anzeige erzielt werden. Eine Umstellung auf die Sommerzeit ist damit ebenfalls möglich.

Äquatorialsonnenuhr mit ringförmigen Ziffernblatt in Hoyerswerda (Sachsen) um 1975. Die Kugeln dienen lediglich als Schmuckelemente. (Foto: F. Ihlow)

Äquatorialsonnenuhr mit ringförmigem Ziffernblatt in Geschwenda (Thüringen) um 1980

(Foto: A. Zenkert)

Wie wir noch sehen werden, ist dies bei anderen Sonnenuhrenarten nicht durchführbar.

Abschließend sei noch auf den Abschnitt 3.5.1. verwiesen, da zwischen einer ringförmigen Äquatorialuhr und einer polaren Süduhr Zusammenhänge bestehen und in beiden Fällen das Zifferblatt erdachsenparallel ist. Während dies bei der Äquatorialuhr kreisförmig ist, müssen wir es uns bei der polaren Süduhr vollständig aufgebogen und verebnet vorstellen.

3.3. Horizontale Sonnenuhr

Ähnlich der Äquatorialuhr verlangt die horizontale Sonnenuhr eine große schattenfreie Fläche, weshalb sie sich ebenfalls gut für die Gestaltung von Gärten und Parkanlagen eignet. Sie besitzt als "Ganztagsuhr" auch den Vorteil, daß sie die Zeit vom Sonnenauf- bis Sonnenuntergang anzeigt.

Horizontalsonnenuhr in Prag, 18. Jahrhundert. Foto: J. Richtr

Das Zifferblatt befindet sich in horizontaler Lage, der Schattenwerfer erstreckt sich in Nord-Süd-Richtung und ist unter dem Winkel der geographischen Breite geneigt. Im Gegensatz zur Äquatorialuhr haben die Stundenlinien keine gleichmäßigen 15°-Abstände, da der Schatten auf einer horizontalen Fläche nicht proportional zum Stundenwinkel der Sonne fortschreitet. Es wird hier auf das Bild 6.1 im Kapitel über den Selbstbau von Sonnenuhren verwiesen. Der Stundenlinienwinkel z, der Winkel zwischen der jeweiligen Stundenlinie z und der Nord-Süd-Richtung (12h WOZ), ist von der geographischen Breite φ sowie vom Stundenwinkel abhängig:

$$\tan z = \sin \varphi \cdot \tan \tau.$$

Beispiel:

Zu berechnen ist der Winkel für die 14h-Stundenlinie (τ: 30°) auf der geographischen Breite von 51,1° (Dresden). Die obige Gleichung lautet dann wie folgt:

$$\tan z = 0{,}7782 \cdot 0{,}57735 = 0{,}44932$$
$$z = \arctan 0{,}44932 = 24{,}19°.$$

Der Stundenlinienwinkel z für 14h beträgt demzufolge 24,19°, dieser Winkel gilt auch für die 10h-Linie.

Bei allen Sonnenuhren, die die wahre Ortszeit (WOZ) anzeigen, verlaufen die Stundenlinien symmetrisch zur Mittagslinie (12h), der Nord-Süd-Linie, da die Winkel für die Vormittagsstunden genau so groß wie für die entsprechenden Nachmittagsstunden sind. Gleiche Stundenwinkel haben auch gleiche Stundenlinienwinkel zur Folge. Man achte dabei immer auf den Unterschied zwischen *Stundenwinkel* τ und *Stundenlinienwinkel* z!

Das Übertragen der berechneten Winkel auf das Zifferblatt mit Hilfe eines Winkelmessers ist relativ mühsam und kann besonders bei größeren Uhren zu Ungenauigkeiten führen. Man kann sich die Arbeit wesentlich erleichtern, wenn man statt dessen mit *Tangentenstrecken* oder *Maßzahlen* arbeitet (Bild 3.6). Der berechnete Stundenlinienwinkel wird dabei in den Tangens verwandelt, wobei der Abstand bis zur Tangentenstrecke der Einfachheit halber mit 1000 mm gleichgesetzt wird. Bei einem Winkel von 24,19° beträgt demnach die Tangentenstrecke 449 mm. Die Millimeter-Genauigkeit ist für unsere Zwecke ausreichend. Falls es erforderlich ist, einen anderen Abstand als 1000 mm zu wählen, muß die Tangentenstrecke mit dem entsprechenden Faktor multipliziert werden, so z.B. bei 600 mm mit 0,6.

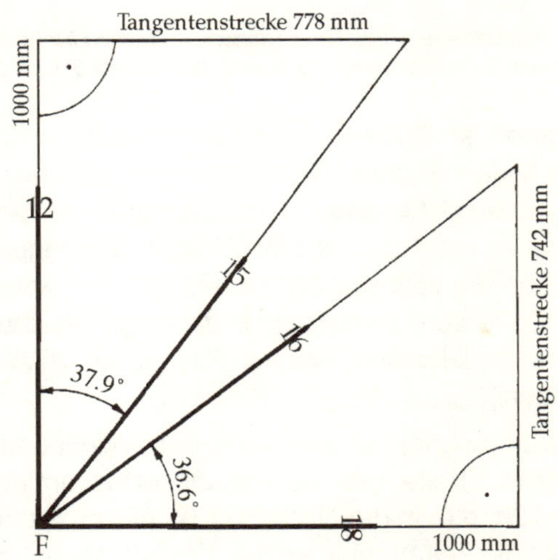

3.6. Tangentenstrecken als "Maßzahlen" zum Zeichnen der Stundenlinien

Tafel 3.1 gibt sowohl die Winkelwerte als auch die Tangentenstrecken für die geographischen Breiten von 47° n. Br. und 55° n. Br. an. Die Werte für dazwischenliegende Breitengrade müssen entweder mit der obigen Gleichung berechnet, können aber auch durch Interpolation der Tafelwerte ermittelt werden. Dabei ist zu beachten, daß sich die Tangentenstrecken für Stundenlinienwinkel z größer als 45° nicht auf die Nord-Süd-Linie, sondern auf die Ost-West-Linie beziehen. Sie müssen daher von dort abgetragen werden. Damit wird vermieden, daß die Tangentenstrecken länger als 1000 mm werden, wodurch das Zeichnen erleichtert wird.

Uhrzeit (WOZ)		Stundenlinienwinkel für die geogr. Breite		Tangentenstrecken für die georg. Breite	
		47°	55°	47°	55°
h	h	°	°	mm	mm
11	13	11,1	12,4	196	219
10	14	22,9	25,3	422	473
9	15	36,2	39,3	731	818
8	16	51,7	54,8	790	705
7	17	69,9	71,9	366	326
6	18	90,0	90,0	0	0
5	19	20,1	18,1	366	326
4	20	38,3	35,2	790	705

Tafel 3.1. Stundenlinienwinkel und Tangentenstrecken für horizontale Sonnenuhren (Einheitsstrecke: 1000 mm). Für 12h gilt 0° bzw. 0 mm.

Zu beachten ist: Beim *Einzeichnen der Halbstunden* darf nicht die Mitte zwischen zwei vollen Stunden genommen werden. Eine solche einfache Halbierung ist nur bei einer Äquatorialuhr möglich, bei allen übrigen Sonnenuhrenarten müssen die Halbstunden berechnet bzw. konstruiert werden. Zu diesem Zweck sind in die obige Gleichung die betreffenden Halbstundenwinkel (7,5°, 22,5°, 37,5° usw.) einzusetzen.

Der Schattenwerfer verläuft unter dem Winkel der geographischen Breite des Aufstellungsortes entlang der Linie für 12h, d.h. in der Nord-Süd-Richtung. Seine Länge hat auf die Zeitanzeige keinen Einfluß, sie richtet sich nach der Größe der Sonnenuhr. Für eine annehmbare Größe gelten etwa zwei Drittel der Strecke vom Befestigungspunkt des Schattenwerfers (Fußpunkt) bis zur "12".

Konstruktion der Stundenlinien

Als Grundlage dafür dient uns das "Einheitszifferblatt" mit der 15°-Teilung der Äquatorialuhr. Das von A. Dürer bekannte Konstruktionsverfahren mit nur einem 15°-Einheitskreis (s. 1.7) hat den Nachteil, daß die Stundenlinien für die frühen Vormittags- und späten Nachmittagsstunden infolge der sehr spitzen Winkel und der dadurch entstehenden "schleifenden" Schnittpunkten nicht exakt markiert werden können. Das im folgenden beschriebene Konstruktionsverfahren verwendet deshalb drei Eckpunkte (E_1, E_2, E_3), von denen jeweils nur wenige Stundenwinkel der 15°-Teilung ausgehen. Dadurch wird eine größere Genauigkeit der Schnittpunkte erzielt, und es werden übermäßig lange Konstruktionszeichnungen auf der Ost-West-Achse vermieden.

Entsprechend dem linken Teil von Bild 3.7 wird zuerst der Umriß der Grundplatte gezeichnet, die mit einem Zifferblatt versehen werden soll. Deren Form für das Zifferblatt kann beliebig sein. Aus einem Rechteck oder Quadrat kann auch ein kreisförmiges Zifferblatt entwickelt werden. Als nächstes wird der Zeigerfußpunkt F markiert; durch ihn verläuft das rechtwinkelige Achsenkreuz, bestehend aus Nord-Süd-Linie (12h) und Ost-West-Linie (6h u.18h). Der Punkt F sollte möglichst nicht

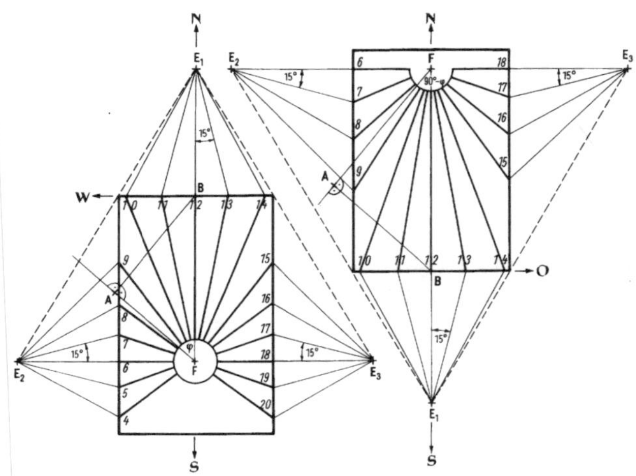

3.7. Konstruktion einer Horizontaluhr (links) und einer Vertikaler (rechts)

im Mittelpunkt der Grundplatte liegen, sondern etwas in Richtung Süden versetzt werden. Er darf auch nicht zu nahe am Rande liegen, da für die Stundenlinien für 4h und 5h sowie für 19h und 20h noch Platz verbleiben muß.

In F wird von der Nord-Süd-Linie aus der Winkel φ abgetragen. Aus dem Punkt B fällen wir das Lot auf den freien Schenkel dieses Winkels und erhalten so den Punkt A. Die Strecke AB wird auf die Nord-Süd-Linie übertragen, wodurch sich der Punkt E_1 ergibt. Von E_1 aus tragen wir beiderseits Winkel von je 15° auf. Außerdem ziehen wir von E_1 aus zwei Geraden durch die oberen Ecken der Zifferblattfläche bis zur Ost-West-Linie. Die dadurch erhaltenen Schnittpunkte E_2 und E_3 sind ebenfalls Ausgangspunkte für weitere 15°-Winkel für die Vormittags- bzw. Nachmittagsstunden.

Die Schenkel der von den Punkten E_1, E_2 und E3 ausgehenden 15°-Winkel werden bis zu den Seiten der Grundplatte durchgezogen und die Schnittpunkte mit F verbunden. Damit haben wir die Stundenlinien der Horizontaluhr erhalten. Hierbei ist zu bedenken, daß eine Horizontaluhr auch vor 6h sowie nach 18h die Zeit anzeigt - im Gegensatz zur vertikalen Süduhr, die im folgenden Abschnitt beschrieben wird.

Im Punkt F, in dem die Stundenlinien zusammenlaufen, befindet sich der Befestigungspunkt für den Schattenwerfer. In der Konstruktionsskizze tritt der Schattenwerfer als Hilfsdreieck auf. Wir müssen ihn uns in Wirklichkeit entlang der Nord-Süd-Linie hochgeklappt vorstellen.

Anstelle der Stundenlinien genügen auch Stundenpunkte. Für die Markierung der Halbstunden müssen bei den Eckpunkten Winkel von 7,5° gezeichnet werden.

3.3.1. Geneigte (inklinierte) Horizontaluhr

Die horizontale Zifferblattfläche besitzt einige Nachteile: Im Gegensatz zu einer Sonnenuhr an einer vertikalen Wand ist das Ablesen der Zeit erst möglich, wenn man kurz davor steht. Ferner bleibt auf Objekten mit größeren Zifferblattflächen das Regenwasser stehen, was zur Zerstörung der Uhr führen kann. Dies veranlaßt manchen Sonnenuhrenfreund, die Fläche des Zifferblattes ein wenig in der Nord-Süd-Richtung zu neigen. Dadurch entsteht eine *geneigte* oder inklinierte *Horizontaluhr,* deren Stundenlinienwinkel z sich von einer nicht geneigten unterscheiden. Der *Neigungswinkel* i der Zifferblattfläche muß in die Berechnungsgleichung eingehen:

$$\tan z = \sin (\varphi + i) \tan \tau.$$

Fällt die Zifferblattfläche nach Norden ab, erhält i ein positives Vorzeichen, im entgegengesetzten Fall ein negatives. Mit dem Neigungswinkel i ändert sich aber auch der Winkel zwischen Schattenwerfer und Zifferblattfläche. Da der Schattenwerfer unverändert zum Himmelsnordpol weisen muß, beträgt sein Winkel zur Zifferblattfläche $(\varphi + i)$, wie aus der Gleichung zu ersehen ist. (Bild 3.8). Im Grunde genommen bedeutet eine Neigung des Zifferblattes nichts anderes, als daß wir für die geographische Breite $(\varphi + i)$ eine gewöhnliche Horizontaluhr konstruieren.

Die inklinierte Horizontaluhr soll uns abschließend zur folgenden Überlegung anregen: Verringern wir den Neigungswinkel i, so steigt die Ebene der Zifferblattfläche immer mehr nach Norden an. Das Zifferblatt nähert sich dem Schattenwerfer. Entspricht der Neigungswinkel der geographischen Breite, dann beträgt der Winkel zwischen Schattenwerfer und Zifferblattebene 0°. Die inklinierte Horizontaluhr wird dann zur polaren Süduhr (s. 3.5.1.). Wird i noch kleiner, so kommt der Schattenwerfer gleichsam aus der Zifferblattfläche heraus und erreicht bei i = -90°, d. h. bei einer vertikalen Uhr, den Winkel (90° - φ) gegenüber dem Zifferblatt.

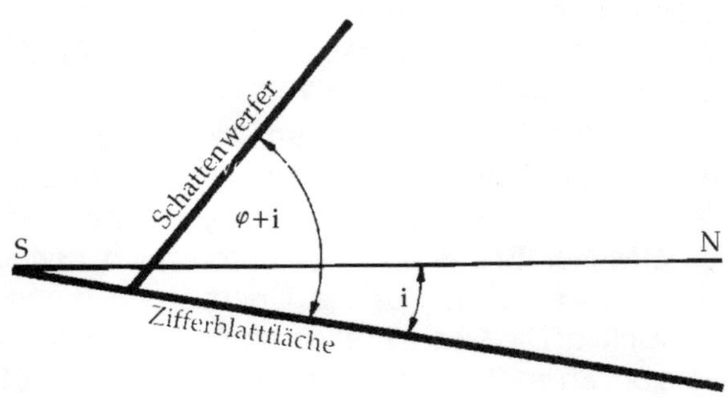

3.8. Prinzip der inklinierten Horizontaluhr: i Neigungswinkel der Zifferblattfläche; φ geographische Breite

3.4. Vertikale Sonnenuhren

Damit betreten wir das umfangreiche Gebiet der vertikalen Wandsonnenuhren. Das senkrechte, schon von weitem erkennbare Zifferblatt der *vertikalen Sonnenuhr* eignet sich gut als Zeitanzeiger an den Wänden von Gebäuden. Die vertikale Sonnenuhr ist deshalb weit verbreitet; etwa 75% aller ortsfesten Sonnenuhren gehören dazu.

Ein Nachteil ist aber, daß die Dauer der Sonneneinstrahlung an einer in Ost-West-Richtung verlaufenden Wand maximal nur 12h betragen kann (siehe 3.9). Die Sonne passiert den Ostvertikalkreis bzw. den Westvertikalkreis am Tage des Frühlings- und Herbstbeginns um 6h bzw. 18h und gewährleistet nur dann eine Besonnungsdauer von 12 h. An diesen Tagen schneidet der Himmelsäquator im Ost- bzw. Westpunkt den mathematischen Horizont. Befindet sich die Sonne nördlich des Himmelsäquators, wird die Besonnungsdauer reduziert und erreicht bei δ =23,44° am 21.6. das Minimum.

Dieser Tatsache steht die oft zu hörende Meinung gegenüber, wonach im Sommer die Besonnungsdauer länger sein müsse. Im Winterhalbjahr ist die Funktionsdauer der Sonnenuhr von der Tagslänge abhängig. Mit Hilfe folgender Formel kann berechnet werden, wann die Sonne in der Ost- bzw. Westrichtung steht und wie groß die Funktionsdauer der Uhr ist:

$$\sin \tau = \frac{\tan \delta}{\tan \varphi} .$$

Für die geographische Breite von 51° beträgt bei δ= 23,44° der Stundenwinkel τ= 20,554°, ins Zeitmaß umgerechnet: 1 h 22 min. Das bedeutet, daß die Sonne am 21.6. erst 1 h 22 min nach 6h, also um 7h 22min im Osten und bereits um 16h 38min im Westen steht. Dementsprechend wird die Funktionsdauer einer vertikalen Süduhr am 21.6. auf 9 h 16 min reduziert. Mit zunehmender geographischer Breite wird der Unterschied geringer. Dieser Sachverhalt ist für die Orientierung nach der Sonne wichtig. Die Orientierungsregel, wonach die Sonne stets um 6h im Ost und um 18h im Westen stehe, trifft demnach nicht zu.

Berechnung und Konstruktion einer vertikalen Uhr sind unkompliziert, wenn die Wandrichtung genau von Ost nach West verläuft, d. h., wenn das Zifferblatt der Sonnenuhr nach Süden ausgerichtet ist und es sich um eine *vertikale Süduhr* handelt.

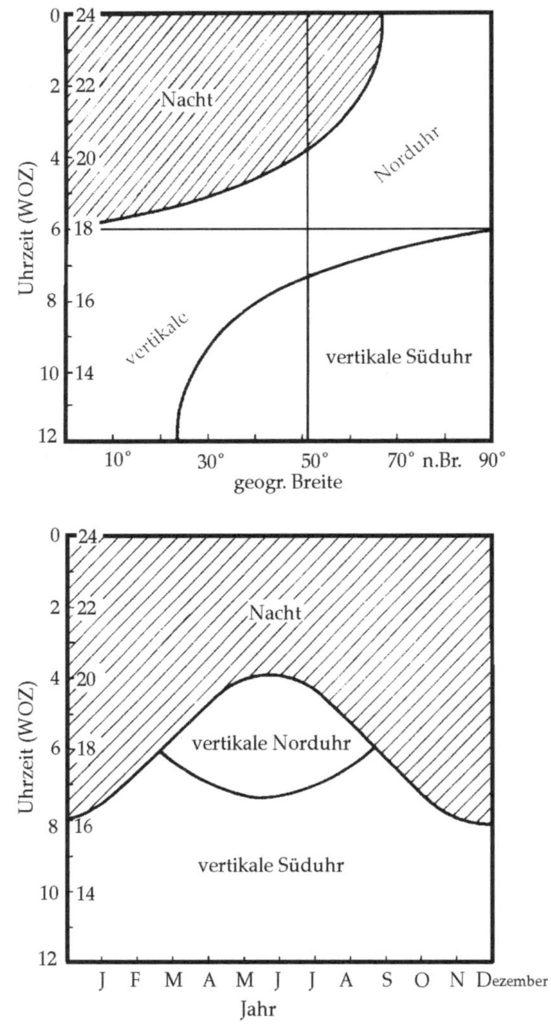

3.9. Anzeigebereiche der vertikalen Süduhr und der vertikalen Norduhr
oben: in Abhängigkeit von der geographischen Breite für den 21.6.;
unten: in Abhängigkeit vom Jahresverlauf für 51° n. Br.

Vertikale Süduhr mit Datumslinien am Dom zu Bremen. Die Uhr wurde in die Ost-West-Richtung gestellt.
(Foto: D. Vornholz)

Vertikale Süduhr an der Stadtkirche der Lutherstadt Wittenberg, vermutlich 18. Jahrhundert. (Foto: F. Ihlow)

3.4.1. Vertikale Süduhr

Ähnlich wie bei der Horizontaluhr verlaufen die Stundenlinien bei der vertikalen Süduhr in ungleichen Abständen voneinander. Die 12h-Linie bildet auch hier die Symmetrielinie, wir haben es wie bei der horizontalen Uhr mit einem "harmonischen" Zifferblatt zu tun. Kennzeichnend dafür ist wieder das rechtwinkelige Achsenkreuz der Linien für 6h, 12h und 18h. Die Berechnungsformel für die Stundenlinienwinkel z unterscheidet sich von der horizontalen Sonnenuhr nur durch die Anwendung des Kosinus:

$$\tan z = \cos \varphi \cdot \tan \tau \,.$$

Beispiel:

Für eine Breite von 49,5° (Mannheim) ist die Stundenlinie für 14.30h zu berechnen. Der Stundenwinkel beträgt 37,5°.

$\tan z = 0{,}6494 . 0{,}7673 = 0{,}4983$, $z = \arctan 0{,}4983 = 26{,}48°$

Der Winkel für die 14.30h-Stundenlinie beträgt somit rund 26,5°, er gilt auch für 9.30h. Bei einer Einheitsstrecke von 1000 mm ergibt dies eine Tangentenstrecke von 498 mm.

Uhrzeit (WOZ)		Stundenlinienwinkel für die geogr. Breite		Tangentenstrecken für die geogr. Breite	
		47°	55°	47°	55°
		°	°	mm	mm
11	13	10,4	8,7	183	154
10	14	21,5	18,3	394	331
9	15	34,3	29,8	682	574
8	16	49,8	44,8	847	993
7	17	68,5	65,0	393	467
6	18	90,0	90,0	0	0

Tafel 3.2. Stundenlinienwinkel und Tangentenstrecken für vertikale Südsonnenuhren (Einheitsstrecke: 1000 mm)

Von der stets senkrecht verlaufenden Linie für 12h WOZ werden die Winkel für die Stunden aufgetragen.

Auch bei der Vertikaluhr ist die Anwendung der *Tangentenstrecken* (Maßzahlen) zu empfehlen, da besonders bei großen Sonnenuhren das Übertragen der Winkel auf Schwierigkeiten stößt. Die Tafel 3.2. informiert über die Winkel der Stundenlinien sowie über die dazugehörenden Tangentenstrecken für die geographischen Breiten von 47° n.Br. und 55° n.Br.

Konstruktion der Stundenlinien

Im Grunde genommen unterscheidet sich die Konstruktion der vertikalen Süduhr nur wenig von der einer Horizontaluhr. Auch hier beginnen wir wieder entsprechend dem rechten Teil von Bild 3.7 ähnlich der Horizontaluhr mit dem rechtwinkeligen Achsenkreuz, bestehend aus Nord-Süd-Linie (12h) und Ost-West-Linie (6h u. 18h).

Nachdem die Form des Zifferblattes festgelegt worden ist, wird der Zeigerfußpunkt F markiert. Dieser sollte unweit des oberen Zifferblattrandes gewählt werden, weil keine Stundenlinie oberhalb der horizontalen Ost-West-Linie verlaufen kann. Von F aus tragen wir entlang der vertikalen Nord-Süd-Linie den Winkel (90° - φ) auf. Von B aus wird anschließend wieder ein Lot auf den freien Schenkel des Winkels gefällt, wodurch der Punkt A festgelegt wird. Die Strecke AB wird von B aus auf die Nord-Süd-Linie übertragen und E_1 ermittelt. Von hier aus zieht man wieder zwei Geraden über die Ecken des Zifferblattes bis zur Ost-West-Achse, wodurch die Punkte E_2 und E_3 entstehen. Von den drei Eckpunkten aus werden dann in 15°-Abständen Winkel aufgetragen, deren Schenkel mit dem Zifferblattrahmen die Schnittpunkte für die Stundenlinien ergeben, die von F ausstrahlen.

Werden Linien für die Halbstunden gewünscht, so ist dies bei der Winkelteilung der E-Punkte durch eine 7,5°-Einteilung zu berücksichtigen.

Der Schattenwerfer ist gegenüber der Wand unter einem Winkel von (90° - φ) geneigt und verläuft entlang der senkrechten Mittagslinie (12h WOZ). Auch hier ist seine Länge nicht bindend, falls nicht das Datum angezeigt werden soll (s. 5.3.3.). In neuerer Zeit sind an Fassaden Großsonnenuhren mit Ausdehnungen bis zu 10 m entstanden. Bei ihnen werden die sehr langen Stundenlinien durch kurze Striche oder durch Stundenpunkte ersetzt. Bei der Herstellung derartiger Sonnenuhren ist zu prüfen, ob der Stabschatten bei tief stehender Sonne im Winterhalbjahr diese Stundenpunkte auch erreicht .Empfehlenswert sind doppelte Stundenmarkierungen, nämlich äußere für die hochstehende Sonne im Sommerhalbjahr und innere für die tiefstehende Sonne im Winterhalbjahr.

Von besonderem Reiz sind vertikale Sonnenuhren, deren Zifferblattfläche aus Glas besteht. Sie ermöglichen eine Zeitablesung im Innern des Gebäudes. In diesem Fall müssen auf der Außenfläche gespiegelte Ziffern angebracht werden.

Abschließend sei noch ein kurzer Vergleich mit der Horizontaluhr gestattet: Mit abnehmender Breite nehmen auch die Unterschiede ab, so daß bei φ 45° (Poebene) Stundenlinienwinkel und Stabneigung horizontaler und vertikaler Uhren gleich sind. Eine z.B. für 40° Breite berechnete Horizontaluhr entspricht einer für 50° berechneten Vertikaluhr, da der Kosinus von 50° gleich dem Sinus von 40° ist.

3.4.2. Vertikale Norduhr

Eine nach Norden ausgerichtete Sonnenuhr wird im allgemeinen für wenig sinnvoll gehalten oder gar abgelehnt. Diese Meinung wird damit begründet, daß die Sonne nie aus der nördlichen Richtung scheinen könne. Für das Winterhalbjahr trifft diese Behauptung zu, nicht aber für das Sommerhalbjahr. Um es vorwegzunehmen: Einen großen Funktionsbereich besitzt eine *vertikale Norduhr* in unseren Breiten nicht, da sie nur morgens und abends maximal je 3h in Funktion sein kann (Bild 3.9 unten). Die Besonnungsdauer einer Nordwand nimmt mit der Sonnendeklination zu und erreicht bei δ=23,44°, am Tage der Sommersonnenwende, ihr Maximum.

Die vertikale Norduhr ist als Einzelobjekt selten anzutreffen, wie z.B. am Neuen Palais in Pillnitz bei Dresden (mit Abweichung von der Nordrichtung). Auf Würfel- oder Polyedersonnenuhren ist sie dagegen häufig zu finden, weil hier die kunstvolle Kombination verschiedenster Sonnenuhrenarten vervollständigt wird.

Die Anzahl der Stundenlinien ist gering und beschränkt sich in unseren Breitengraden lediglich auf 4h bis 7h und 17h bis 20h. Es ist daher nicht richtig, die Bezifferung, wie oft zu sehen ist, mit 6h und 18h zu begrenzen, da die Sonne den Ost-West-Vertikal im Hochsommer lange nachher bzw. vorher passiert. Die vertikale Norduhr bildet eine sinnvolle Ergänzung zur vertikalen Süduhr, da sich beide Uhren in der Zeitanzeige gleichsam ablösen. Für die Norduhr ist charakteristisch, daß der Schattenwerfer ähnlich einer Fahnenstange von unten nach oben aus der Zifferblattfläche ragt.

Die Winkel der Stundenlinien einer vertikalen Norduhr können ebenfalls nach der zuletzt angeführten Gleichung berechnet werden. Eine gesonderte Berechnung oder Konstruktion ist aber nicht erforderlich, wenn man die Symmetrie der Stundenlinien ausnutzt. Sie liegen nämlich nicht nur symmetrisch zur senkrechten Nord-Süd-Linie (12h), sondern auch zur horizontalen Ost-West-Linie (6h, 18h). Die Winkel der Stundenlinien können von der vertikalen Süduhr auf die Norduhr übertragen werden. So z. B. von 7h, 6h, 5h und 4h sowie für 17h, 18h, 19h und 20h. Die Stunden vor 6h bzw. nach 18h ergeben auf der Süduhr keinen Sinn, wohl aber auf der Norduhr. Eine Berechnung ist nicht erforderlich, da diese wiederum von der Nachmittagsseite über F durchgezogen werden können (17h entspr. 5h, 16h entspr. 4h usw.). Man kann daher für eine vertikale Norduhr das "auf den Kopf gestellte" Zifferblatt einer vertikalen Süduhr übernehmen und braucht nur die Stundenlinien anders zu beschriften (Bild 3.10).

Wem dies vielleicht zu kompliziert ist, kann die Stundenlinien ohne weiteres mit der Formel $\tan z = \cos\varphi \cdot \tan\tau$ berechnen, wobei die Winkel von der von F nach oben weisenden, imaginären 24h-Linie (Mitternacht) beiderseits abgetragen werden. In Frage kommen jedoch nur die Linien von 4h bis 7h sowie von 16h bis 20h, die übrigen sind ohne Bedeutung.

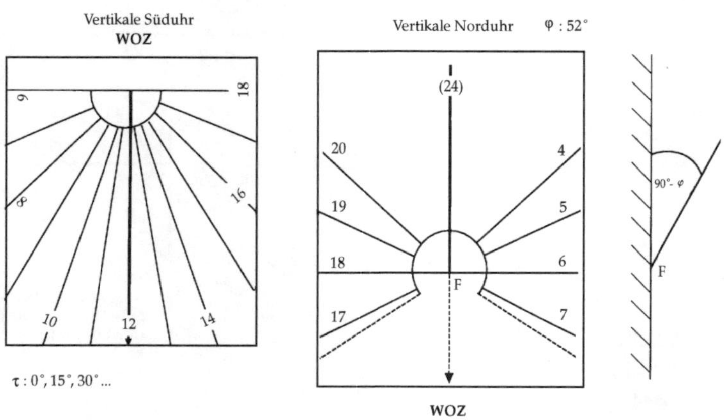

3.10. Zifferblätter einer vertikalen Süduhr und Norduhr

Der Anwendungsbereich der vertikalen Norduhr ist in höheren Breitengraden größer als bei uns und verlagert sich immer mehr zu den frühen Morgenstunden und späten Abendstunden. Nördlich des Polarkreises beträgt die Dauer der Sonneneinstrahlung auf vertikalen Norduhren zwar ebenso wie in den Tropen rund 12 h, doch beginnt sie erst etwa um 18h und endet bereits um 6h.

Die Kombination einer vertikalen Süduhr mit einer vertikalen Norduhr (Bild 3.11) als Doppeluhr zeigt interessante Zusammenhänge beider Uhren. Beim Überschreiten der Sonne des Ost-West-Vertikals tritt der Funktionswechsel der beiden Zifferblätter ein. Zu empfehlen ist eine Mattglasfläche, die Vergleiche beider Sonnenuhren ermöglicht.

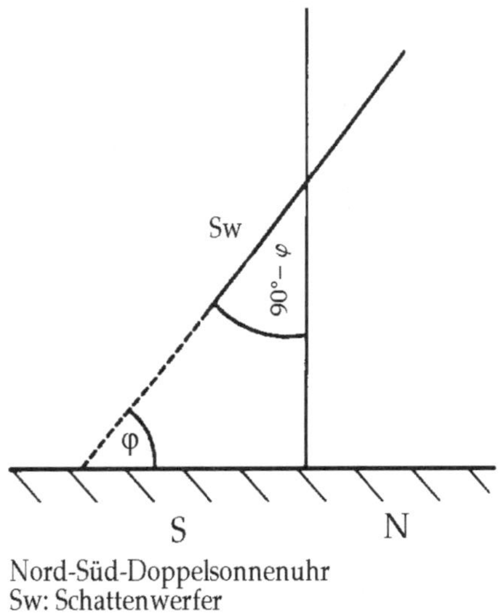

3.11. Nord-Süd-Doppelsonnenuhr

3.4.3. Abweichende Vertikaluhr

Im Gegensatz zur unkomplizierten vertikalen Süduhr, enthält die Herstellung einer abweichenden Vertikaluhr einige Klippen. Will man diesen aus dem Wege gehen, kann man sich wie folgt behelfen: Die Zifferblattfläche wird einfach in die Südrichtung gestellt, so daß die Wandabweichung damit ausgeglichen wird (Bild 3.12).

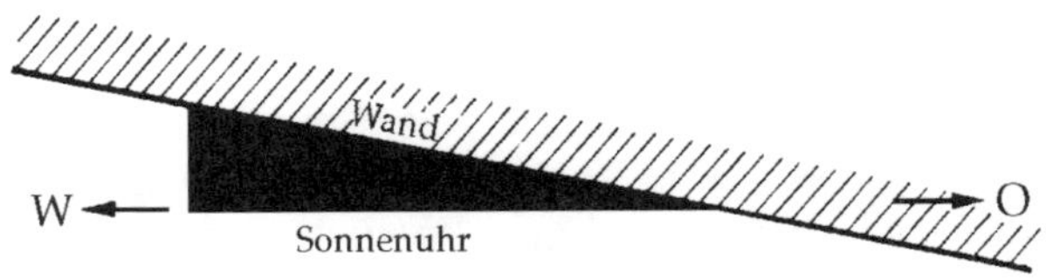

3.12. Das "Abwinkeln" der Zifferblattfläche bei geringer Wandabweichung

Die vertikale Sonnenuhr am Dom zu Bremen ist dafür ein Beispiel. Die Uhr darf jedoch eine gewisse Größe nicht überschreiten, da sonst Probleme mit der Befestigung auftreten können. Diese kann auch bei einer sehr großen Wandabweichung problematisch werden. Wer die Berechnung oder Konstruktion der abweichenden Uhr für zu kompliziert hält, dem sei das "Abwinkeln" der Zifferblattfläche empfohlen.

Der aufmerksame Sonnenuhrenbetrachter wird bei zahlreichen vertikalen Sonnenuhren schon festgestellt haben, daß bei den Stundenlinien des Vor- und Nachmittages keine Symmetrie besteht und der Schattenwerfer nicht entlang der senkrechten 12h-Linie verläuft. Ursache dafür ist die Wandabweichung von der Ost-West-Richtung. Eine solche Sonnenuhr wird deshalb als *abweichende oder deklinierte Vertikaluhr* bezeichnet, ihre Zifferblattfläche weist nicht mehr nach Süden. Das Bild 3.12 zeigt eine nach Westen abweichende Wand.

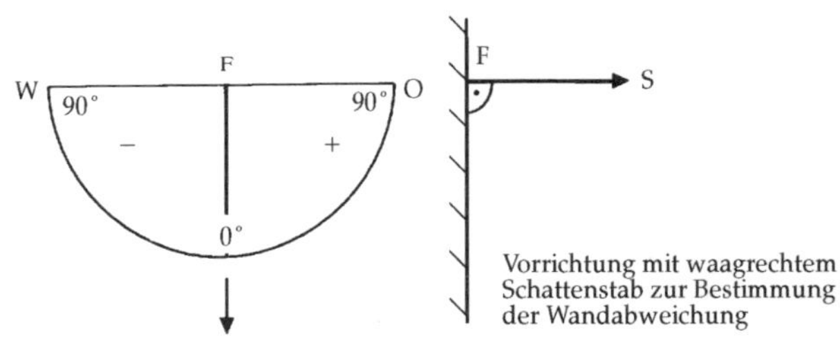

3.13. Prinzip der Wandabweichung, Winkel der Wandabweichung

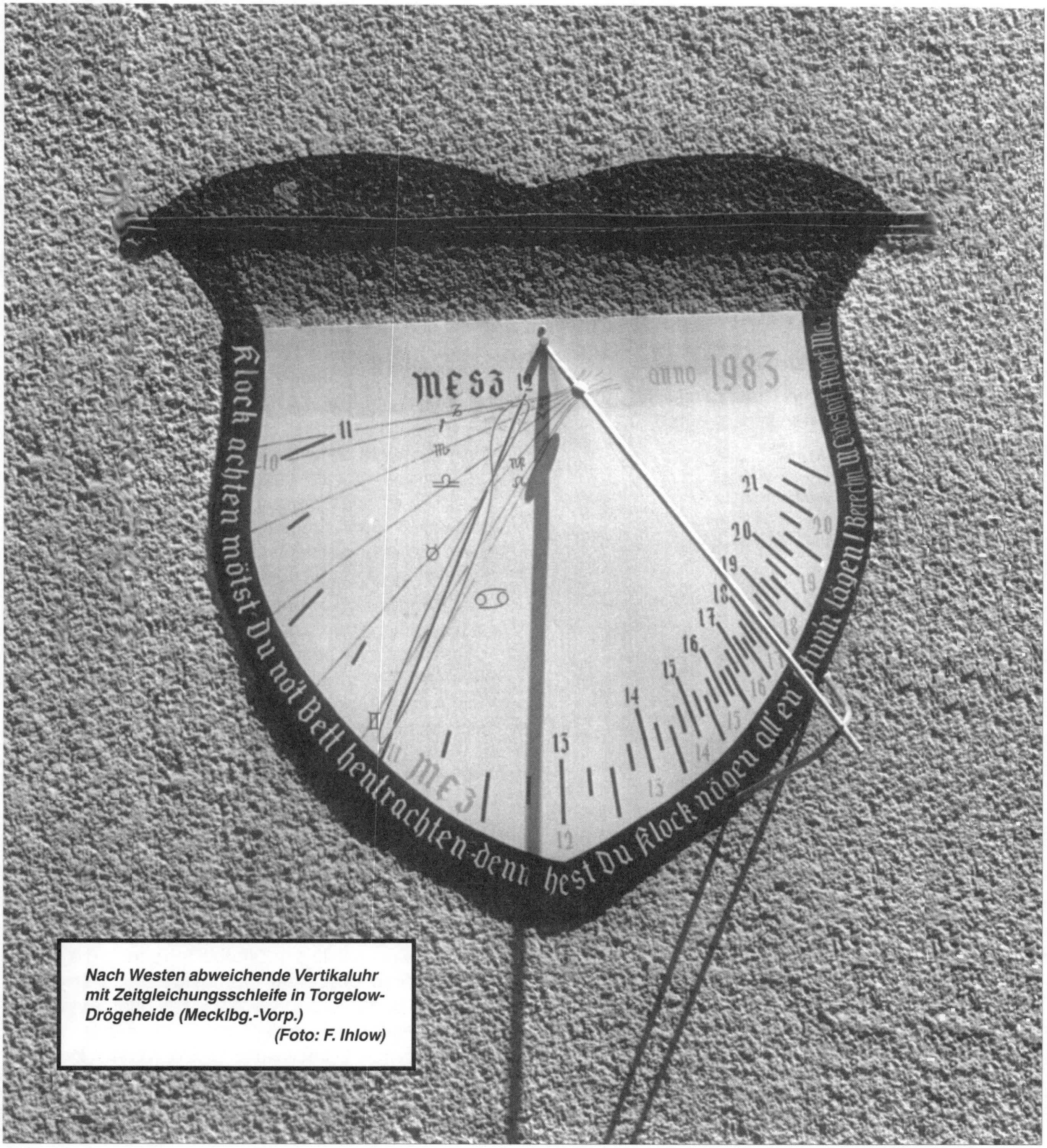

Nach Westen abweichende Vertikaluhr mit Zeitgleichungsschleife in Torgelow-Drögeheide (Mecklbg.-Vorp.)
(Foto: F. Ihlow)

Abweichende Norduhr am Neuen Palais in Pillnitz bei Dresden, um 1820. Man beachte, wie der Schattenwerfer ähnlich einer Fahnenstane emporragt. (Foto: A. Zenkert)

Nach Westen abweichende Vertikaluhr im Kloster Marienthal (Sachsen) (Foto: F. Ihlow)

Ein kleines Gedankenexperiment soll uns helfen, diese Art der Vertikaluhr zu verstehen. Denken wir uns eine nach Süden ausgerichtete Wand mit einer vertikalen Süduhr. Wenn wir die Wand samt der Sonnenuhr aus der Ost-West-Richtung drehen, so darf der Schattenwerfer diese Drehung aber nicht mitmachen - als Polstab muß er immer nach Norden weisen. Am Linienbild der Zifferblattfläche sowie der Positionierung des Schattenwerfers ist die Wandabweichung zu erkennen (Bild 3.14). Das charakteristische rechtwinkelige "Achsenkreuz" der vertikalen Süduhr, wo die Linien für 6h und 18h mit der 12h-Linie rechte Winkel bilden, ist hier nicht mehr vorhanden.

Folgende Charakteristika treten bei abweichenden Vertikaluhren auf:

Ostabweichung der Wand ($-\alpha$): Die Linie für 6h weist nach unten, die für 18h ist nicht mehr vorhanden. Auf der Vormittagsseite befinden sich die kleinen Winkel der Stundenlinien, auf der Nachmittagsseite die großen. Die Vormittagsstunden werden bevorzugt, die Anzeige beginnt vor 6h. Der Schattenwerfer bildet mit der 12h-Linie einen Winkel und verläuft über die Vormittagsseite. Seine Neigung gegenüber der Wand ist kleiner als $90° - \varphi$.

Westabweichung der Wand ($+\alpha$): Die Linie für 18h weist nach unten, die für 6h ist nicht mehr vorhanden. Auf der Nachmittagsseite befinden sich die kleinen Winkel der Stundenlinien, auf der Vormittagsseite die großen. Die Nachmittagsstunden werden bevorzugt, die Anzeige reicht bis nach 18h. Der Schattenwerfer verläuft über die Nachmittagsseite. Seine Neigung gegenüber der Wand ist kleiner als $90° - \varphi$.

Die Praxis zeigt, daß ein nicht unerheblicher Teil von vertikalen Sonnenuhren Fehler aufweisen bzw. falsch sind, so daß für diese die Bezeichnung "Sonnenuhr" nicht zutrifft. Bild 3.15 zeigt einige Beispiele, wie es nicht sein darf. Für die Beurteilung sind diese Gesichtspunkte daher wichtig. Wer über etwas Erfahrung verfügt, kann am Erscheinungsbild des Zifferblattes bereits die Art und die ungefähre Größe der Wandabweichung erkennen. Beginnt z.B. die Anzeige erst bei 10h oder verläuft der Schattenwerfer entlang der Linie für 8h, handelt es sich um eine große Ostabweichung. Der Winkel zwischen Wand und Schattenwerfer ist in diesem Falle sehr klein. Bei einer Beurteilung sollte der erste "Kontrollblick" auf die 12h-Linie fallen! Diese muß bei einer WOZ-Anzeige

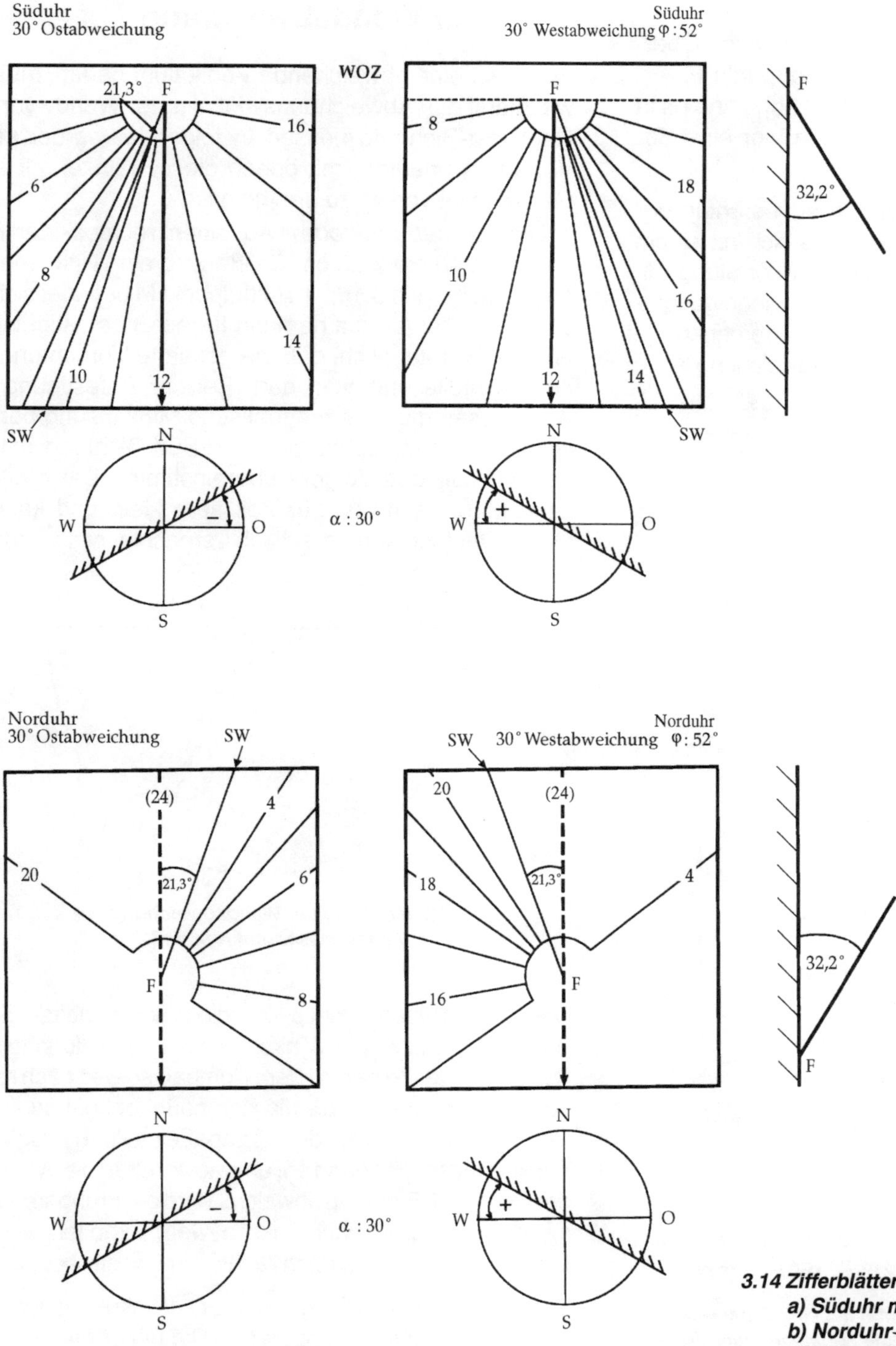

3.14 Zifferblätter abweichender Vertikaluhren
a) Süduhr mit 30° Ost- bzw. Westabweichung
b) Norduhr mit 30° Ost- bzw. Westabweichung
(SW: Schattenwerfer)

stets senkrecht verlaufen unabhängig von der Richtung und Größe der Wandabweichung.

Ein wichtiger Gesichtspunkt, der zu beachten ist: Oberhalb der Waagerechten, die über den Fußpunkt F verläuft (bei der Süduhr die Linien für 6h u. 18h), kann es in keinem Fall eine Stundenlinie geben, da hier eine Besonnung nicht möglich ist.

Bei den Drehungen der Wand ändert sich ständig der Einfallswinkel des Schattens, wie man es sich an einem einfachen Modell vorstellen kann: Die Winkel der Stundenlinien verändern sich laufend, weshalb sich für jede geographische Breite viele verschiedene Zifferblätter ergeben - je nachdem, wie groß der Winkel der Wandabweichung ist.

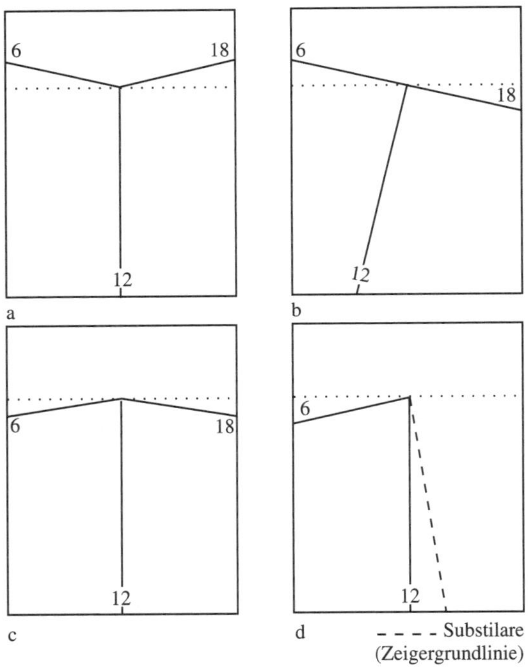

3.15.
Beispiele für fehlerhafte Zifferblätter vertikaler Sonnenuhren

a: Oberhalb der Waagrechten (.....) ist eine Zeitanzeige nicht möglich.
b: Die Linie für 12 Uhr WOZ muß senkrecht verlaufen, die "6" kann niemals oberhalb der Waagrechten liegen.
c: Es kann nur eine der beiden Linien (6,18) von der Waagrechten nach unten geneigt sein.
d: Der Verlauf der Linie für 6 Uhr deutet auf eine Ostabweichung der Wand. Dann aber muß die Substilare über die Vormittagsseite verlaufen.

3.4.4. Bestimmung der Wandabweichung

Bevor wir eine abweichende Vertikaluhr bauen, müssen wir zuerst den Abweichungswinkel α der Wand von der Ost-West-Richtung messen. Im folgenden werden sechs Verfahren erläutert, mit denen dieser Winkel mit einer Genauigkeit von 1° zu ermitteln ist.

1. Die *Kompaß-Methode* : Auf einem rechteckigen Brett von etwa 40 cm x 25 cm Größe wird ein Winkelmesser angebracht (Bild 3.16). Im Mittelpunkt M befindet sich ein drehbarer Zeiger, auf dem ein Kompaß befestigt ist. Es ist selbstverständlich, daß die gesamte Vorrichtung keine Eisenteile enthalten darf. Bei der Befestigung des Kompasses muß die magnetische Mißweisung berücksichtigt werden, damit die Nord-Süd-Richtung mit der Längsachse des Zeigers übereinstimmt. Die magnetische Mißweisung ist zur Zeit sehr klein und kann im Osten Deutschlands praktisch vernachlässigt werden.

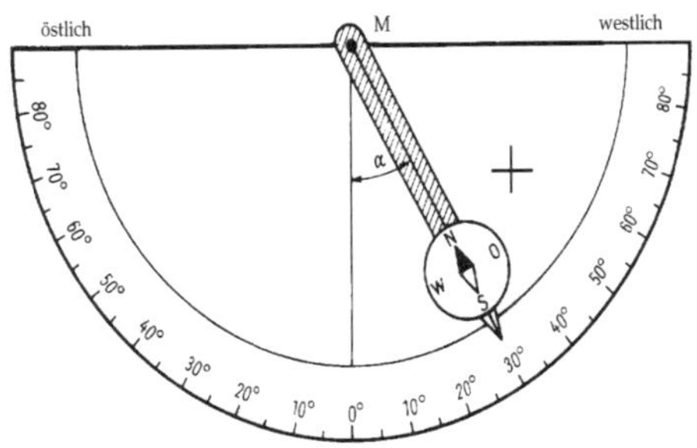

3.16. Messung der Wandabweichung mit Winkelmesser und Kompaß

Das Brett ist waagerecht gegen die Wand zu halten. Dabei kann ein Lot bzw. ein Winkeldreieck Hilfestellung leisten. Danach ist der Zeiger mit dem Kompaß so weit nach rechts oder links zu drehen, bis die Kompaßnadel genau auf die Nord-Süd-Markierung der Kompaßeinteilung zeigt. Der Winkelmesser gibt dann an, um wieviel Grad die Wand von der Ost-West-Richtung abweicht. Wird der drehbare Zeiger mit dem Kompaß nach links bewegt, erhalten wir eine östliche Abweichung, nach rechts eine westliche.

Von der Verwendung kleiner Winkelmesser und Marschkompasse ist abzuraten. Die benötigte Genauigkeit von 1° ist erst mit Hilfe eines Tafelwinkelmessers von 20 bis 25 cm Radius und eines anspruchsvolleren Kompasses (Geologenkompaß) zu erzielen. Es empfiehlt sich auch, mehrere Messungen an verschiedenen Stellen der Wand vorzunehmen, da Eisenteile und elektrische Leitungen im Mauerwerk Störungen der Kompaßnadel verursachen können. Kommt die Kompaßnadel aber nicht zur Ruhe, ist dieses Verfahren ungeeignet.

Im folgenden werden noch einige praktikable Verfahren zur Ermittlung der Wandabweichung erwähnt. Dafür fertigen wir uns eine Vorrichtung ähnlich einer mittelalterlichen Sonnenuhr mit einem waagerechten Stab und einer Gradeinteilung, ausgehend von der Senkrechten 0° bis jeweils 90° zur Waagerechten (↑ 3.13). Mit einem Lot ist die richtige Lage zu kontrollieren.

2. Die *Senkrecht-Schattenmethode:* Es wird festgestellt, um welche Uhrzeit (WOZ) der senkrechte Schatten eintritt. Bei einer Süduhr ist dies um 12h WOZ der Fall. Der Schatten verläuft nur dann senkrecht, wenn die Sonne in der Richtung steht, nach der die Wand ausgerichtet ist, bzw. in die der Stab weist. Demnach entspricht zum Zeitpunkt des Senkrechtschattens das Sonnenazimut der Wandabweichung: α = a. Die Zeitdifferenz zum wahren Mittag (12h WOZ) wird ins Gradmaß umgerechnet, und wir erhalten so den Stundenwinkel, den wir für die Azimutformel benötigen:

$$\tan a = \frac{\sin \tau}{\sin \varphi \cdot \cos \tau - \cos \varphi \cdot \tan \delta}$$

Als Ergebnis erhalten wir das Azimut der Sonne, das der Wandabweichung entspricht. Erfolgt der Senkrechtschatten vor dem wahren Mittag: Ostabweichung, nachher: Westabweichung. Dieses einfache Verfahren ist besonders zu empfehlen. Bei größeren Wandabweichungen kann es vorkommen, daß in den Wintermonaten die Sonnenhöhe zum Zeitpunkt des Senkrechtschattens sehr klein ist, so daß nur ein kurzer Schattenwurf erzeugt wird. Der Nachteil ist, daß diese, wie auch die folgende Methode nur einmal am Tage anwendbar ist.

3. Messen des *Schattenwinkels um 12h:* Es wird der Schattenwinkel s gegenüber der Senkrechten um 12h WOZ ermittelt. Vorher ist die Höhe h der Sonne zu berechnen. Die Berechnungsformel für die Wandabweichung: α = arcsin (tan h tan s). Liegt der Schatten rechts von der Senkrechten: Ostabweichung, links davon: Westabweichung.

Berechnungformel für die Höhe:

$$\sin h = \sin \varphi \sin \delta + \cos \varphi \cos \delta \cos \tau$$

Beispiel:

Für Potsdam (φ: 52,4°) wird am 23.2. (δ: -10°) um 13h WOZ (τ: 15°) ein Schattenwinkel s von 30° rechts von der Senkrechten gemessen. Die berechnete Sonnenhöhe beträgt 26,28°, die Wandabweichung 16,6° in Richtung Osten.

Hier gibt es eine weitere Möglichkeit, wobei nicht der Schattenwinkel zu messen ist, sondern die Lage des Schattenendpunktes bestimmt wird. Der Abstand a dieses Punktes wird rechtwinkelig zur Senkrechten gemessen, die Länge des Schattenstabes b ist bekannt. Es empfiehlt sich zur Erreichung einer größeren Genauigkeit, mittels einer Lochblende ein Sonnenbildchen zu erzeugen.

Beispiel:

Der Abstand b der Lochblende (Schattenstabende) vom Fußpunkt betrage 100 mm. Wird um 12h WOZ der seitliche Abstand a von der Mittagssenkrechten mit 57 mm ermittelt, dann erhalten wir

$\tan \alpha = 57/100 = 0{,}57$, $\alpha = \arctan 0{,}57 = 29{,}7°$. Der Winkel für die Wandabweichung beträgt dann rund 30°.

4. *Messen des Schattenwinkels s zu jeder Tageszeit:* Auch hier wird der Winkel zwischen der Senkrechten und dem Schatten gemessen. Azimut und Höhe der Sonne sind vorher zu berechnen. Die Berechnungsformel für die Wandabweichung ist ähnlich der vorigen, doch ist hier noch das Sonnenazimut a zu berücksichtigen:

$$\alpha = a - \arcsin(\tan h \tan s)$$

Zur Kontrolle des etwas komplizierteren Verfahrens verfertige man am besten eine Skizze an, um die Wandrichtung nicht zu verwechseln.

5. Die *Streiflicht-Methode:* Dazu wird eine ca. 1,5 m lange Latte an die verlängerte Wand gelegt, um den Schattenwurf des Gebäudes besser zu erkennen. Es

wird der Zeitpunkt ermittelt, um welche Uhrzeit (WOZ) die Wand Streiflicht erhält. Auch hier wird der zeitliche Abstand zum wahren Mittag (12h WOZ), also der Stundenwinkel berechnet, der für die Berechnung des Sonnenazimuts benötigt wird. Das Azimut entspricht der Wandabweichung, wobei zu berücksichtigen ist, ob es sich um den Beginn oder das Ende der Besonnung handelt.

6. Bestimmen der *Uhrzeit-Differenzen:* Das folgende, etwas abwegig erscheinende Verfahren der *Uhrzeit-Differenz* dürfte kaum bekannt sein: Auch mittels einer für die betreffenden Breite berechneten Sonnenuhr läßt sich die Wandabweichung bestimmen: Man praktiziert dies am zweckmäßigsten mit einer Horizontaluhr, die an die Wand gehalten wird und natürlich eine ganz andere Zeit anzeigt. Die richtige Uhrzeit (WOZ) ist bekannt, die Zeitdifferenz zur Anzeige auf der Sonnenuhr wird ins Gradmaß verwandelt, um den Stundenwinkel für die Azimutberechnung der Sonne zu erhalten. Auch hier entspricht die Wandabweichung dem Azimut. Man veranschauliche sich den Sachverhalt an einer Skizze.

Bei allen hier genannten Verfahren ist eine Genauigkeit von 1° erreichbar, die anzustreben ist. Fehlerhaftes Arbeiten führt, namentlich bei stark abweichenden Wänden, zu beachtlichen Differenzen bei den Stundenlinienwinkeln. Aus dem reichlichen Angebot kann jetzt jeder das für sich geeignete auswählen.

3.4.5. Berechnung und Konstruktion der Stundenlinienwinkel

Bei der Berechnung der Stundenlinienwinkel einer abweichenden Vertikaluhr muß der Winkel der Wandabweichung α in die Berechnungsformel eingehen:

$$\tan z = \frac{\cos\varphi}{\sin\alpha\cdot\sin\varphi \pm \dfrac{\cos\alpha}{\tan\tau}}$$

Wer den Doppelbruch vermeiden möchte, muß bei der folgenden Formel mit $\cot\tau$ rechnen:

$$\tan z = \frac{\cos\varphi}{\sin\alpha\,\sin\varphi \pm \cos\alpha\,\cot\tau}$$

Die Stundenlinienwinkel z sind je nach der Wandabweichung auf der Vor- und Nachmittagsseite verschieden.

Nach Westen abweichende Vertikaluhr Oberweißbach (Thür.) (Foto: F. Ihlow)

Bei dieser etwas komplizierteren Formel kann man mit einem kleinen Vorteil arbeiten, das die Arbeit erleichtert. Man berechnet z am besten zuerst für die Seite, über die der Schattenwerfer verläuft (Substilarseite), wobei $+\alpha$ gilt. Auf dieser Seite befinden sich die kleineren Stundenlinienwinkel. Für die andere Seite mit den größeren Stundenlinienwinkeln gilt $-\alpha$. Wir sehen, daß hier keine Symmetrie zur 12h-Linie und damit kein "harmonisches" Zifferblatt wie bei der vertikalen Süduhr besteht. Die kleinsten Stundenlinienwinkel treten am Schattenwerfer auf, wo die Substilare (Zeigergrundlinie) verläuft.

Beispiel:

Es sollen die Linien für 10h und 14h bei einer Ostabweichung von -25° für die Breite von 51° (Köln, Erfurt, Dresden) berechnet werden. Vorüberlegung: Obwohl der Stundenwinkel τ mit 30° der gleiche ist, muß der Stundenlinienwinkel auf der Vormittagsseite (Substilarseite, $+\alpha$) kleiner sein als auf der Nachmittagsseite mit $-\alpha$. Die Funktion der Sonnenuhr wird bereits vor 6h beginnen, doch schon vor 18h enden.

Ergebnis für 10h: 18,3°, für 14h: 26,9°.

Tritt im Ergebnis ein Minuszeichen auf, bedeutet dies, daß das Zifferblatt kein Sonnenlicht erhält und daher bedeutungslos ist.

Die Tafel 3.3 enthält die Stundenlinienwinkel z sowie die Tangentenstrecken für eine Wandabweichung von +30° (Westabweichung). Als geographische Breiten wurden wieder 47° (Graz, Bern) und 55° (Sylt) ausgewählt. Auch hier müssen die aufgeführten Winkel von der senkrechten Linie für 12h WOZ aufgetragen werden.

Uhrzeit (WOZ) h	Stundenwinkellinien für die geogr.Breite 47° °	55° °	Tangentenstrecken für die geogr.Breite 47° mm	55° mm
8	78,9	81,0	197	158
9	53,7	51,5	734	796
10	31,0	27,7	601	526
11	13,4	11,5	238	203
12	0	0	0	0
13	10,7	9,0	190	158
14	20,1	16,7	366	300
15	29,0	24,2	554	450
16	38,2	32,2	788	631
17	48,8	41,8	876	894
18	61,8	54,5	536	714
19	78,9	72,8	196	310

Tafel 3.3. Stundenlinienwinkel und Tangentenstrecken für eine um 30° nach Westen abweichende Vertikaluhr

Wir sehen, daß die Funktionsdauer der Sonnenuhr von 8hr bis 19h reicht. Die dichtere Scharung der Stundenlinien liegt infolge der Westabweichung der Wand auf der Nachmittagsseite, wo auch der Schattenwerfer verläuft. Bei Berücksichtigung der Halbstunden kann die Anzeige noch präzisiert werden.

Die Winkel für die Stundenlinien sind bei gleicher Wandabweichung für die Vor- und Nachmittagsstunden austauschbar. Das bedeutet, daß bei einer Ostabweichung die Werte für den Vormittag am Nachmittag gelten, wenn die Wand nach Westen ausweicht.

Wer gern rechnet, für den gibt es noch eine weniger bekannte, aber umständliche Berechnungsformel für die Stundenlinienwinkel, bei der man ohne den Stundenwinkel der Sonne auskommt. Bekannt sein müssen aber Azimut und Höhe der Sonne, die auch meßbar sind.

$$\tan z = \frac{\cos\varphi \cdot \sin a \cdot \cos h}{\cos\varphi \cdot \sin h + \sin\varphi \cdot \cos h \cdot \cos a}$$

Berechnung einer abweichenden vertikalen Norduhr

Handelt es sich um eine *abweichende vertikale Norduhr*, muß man ein wenig umdenken und von der Süduhr ausgehen. Man verdeutliche sich dies am besten z. B. an einer Skizze für eine Süd- und Nordung bei einer Ostabweichung. Vom Süden her betrachtet, verläuft die Substilare über die Vormittagsseite (Richtung West). Vom Norden her betrachtet, weicht die Wand in diesem Falle nach Westen ab, die Substilare geht über die Abendseite (Richtung Ost). Bei der entgegengesetzten Wandabweichung sind die Verhältnisse entsprechend zu vertauschen.

Die Berechnung erfolgt nach der gleichen Formel wie bei der Süduhr, wobei die Winkel hier aber von der Senkrechten, der nach oben weisenden, imaginären 24h-Linie ($z = 0°$) abgetragen werden (s. auch 3.4.2.) Auch hier ist bei der Anwendung der Formel zwischen der Substilarseite ($+\alpha$) und der anderen Seite ($-\alpha$) zu unterscheiden. Dabei ist zu beachten, daß auf unserer Breite die Stunden vor 4h und nach 20h überflüssig sind. Das Minuszeichen beim Ergebnis gibt auch hier wieder das Ende des Funktionsbereiches der Sonnenuhr an, d.h. wann die Sonne den Zifferblattbereich erreicht bzw. verläßt. Bei größeren Wandabweichungen kann dieser Bereich bis in die Vormittagsstunden reichen bzw. schon am Nachmittag beginnen.

Konstruktion der Stundenlinien

Die Konstruktion ist etwas aufwendiger als bei einer vertikalen Süduhr. Wer es vorzieht, die Stundenlinien zu konstruieren, erreicht bei sauberem Arbeiten eine für unsere Zwecke ausreichende Genauigkeit. Wie bereits erwähnt, stellt die Mittagslinie nicht die Symmetrieachse für die Stundenlinien dar. Diese befindet sich - wie wir noch sehen werden - woanders. Das Bild der Stundenlinien weist eine Verzerrung auf, deren Größe von dem Grad der Wandabweichung abhängt. Außerdem erscheinen neue Stundenlinien, während andere wiederum verschwinden.

Die Konstruktion ist im Prinzip ähnlich wie bei einer vertikalen Süduhr. Den wichtigsten Teil bildet auch hier der Einheitskreis mit seiner 15°-Teilung. Für die Konstruktion benötigen wir ein möglichst großes Zeichenblatt, dazu Zirkel, Lineal und Winkelmesser. Es gilt, das Zifferblatt einer um +30° nach Westen abweichenden Vertikaluhr zu konstruieren.

Wir beginnen entsprechend Bild 3.17 mit der Waagerechten AB, auf der wir den Punkt C beliebig festlegen. In C wird die senkrechte Strecke CD errichtet, deren Länge ebenfalls beliebig ist. Von D aus wird der Winkel α aufgetragen, und zwar bei einer westlichen Wandabweichung nach links und bei einer östlichen Abweichung nach rechts. Sein Schnittpunkt mit AB ergibt den Punkt E, durch den die senkrechte Mittagslinie verläuft.

Die Strecke ED ist mit dem Zirkel auf AB zu übertragen, wodurch der Punkt L festgelegt wird. Der Winkel der geographischen Breite wird in L oberhalb von AB aufgetragen. Sein Schnittpunkt mit der durch E verlaufenden senkrechten Mittagslinie liefert den Punkt F (Fußpunkt des Schattenwerfers). Wird in L von FL aus ein rechter Winkel aufgetragen, erhält man auf der Mittagslinie den Punkt M. Von F nach C verläuft die Substilare (Zeigergrundlinie), die Normalprojektion des Schattenwerfers auf die vertikale Wand. Sie bildet die gesuchte Symmetrieachse für die Stundenlinien und ist auch für das Anbringen des Schattenwerfers von Bedeutung. Bei einer vertikalen Süduhr fällt sie mit der Mittagslinie zusammen.

Die Substilare wird gemäß Bild 3.17 rechtwinklig von der Äquinoktiallinie im Punkt H geschnitten. Diesen Punkt H erhalten wir somit, indem wir von M aus auf die Zeigergrundlinie das Lot fällen. Die Äquinoktiallinie wird anschließend über M und H hinaus verlängert. Schlagen wir nun um M mit dem Radius LM einen Kreisbogen, erhalten wir auf der Zeigergrundlinie den Punkt G. Er ist der Mittelpunkt des 15°- Einheitskreises.

Den Einheitskreis teilen wir, von MG ausgehend, in die bereits bekannten 15°-Winkel. Deren Schenkel werden bis zur Äquinoktiallinie MK gezogen. Verbindet man die so erhaltenen Schnittpunkte mit F, dann erhält man die gesuchten Stundenlinien.

Schrittweise durchgeführt, ist diese Konstruktion weniger kompliziert, als es den Anschein haben mag. In unserem Beispiel sehen wir, daß zwar weniger Linien für die Vormittagsstunden, dafür aber mehr für die Nachmittagsstunden vorhanden sind. Bei einer nach Osten abweichenden Vertikaluhr würde die Äquinoktiallinie nach links aufsteigen. Bei einer vertikalen Süduhr verläuft sie waagerecht und fällt mit AB zusammen.

Ein wichtiger Grundsatz für alle vertikalen Sonnenuhren ist, daß die Mittagslinie (12h-Linie) immer senkrecht verläuft. Dies trifft in vollem Maße ebenfalls für alle abweichenden Vertikaluhren zu. Mit einem "Kontrollblick" läßt sich

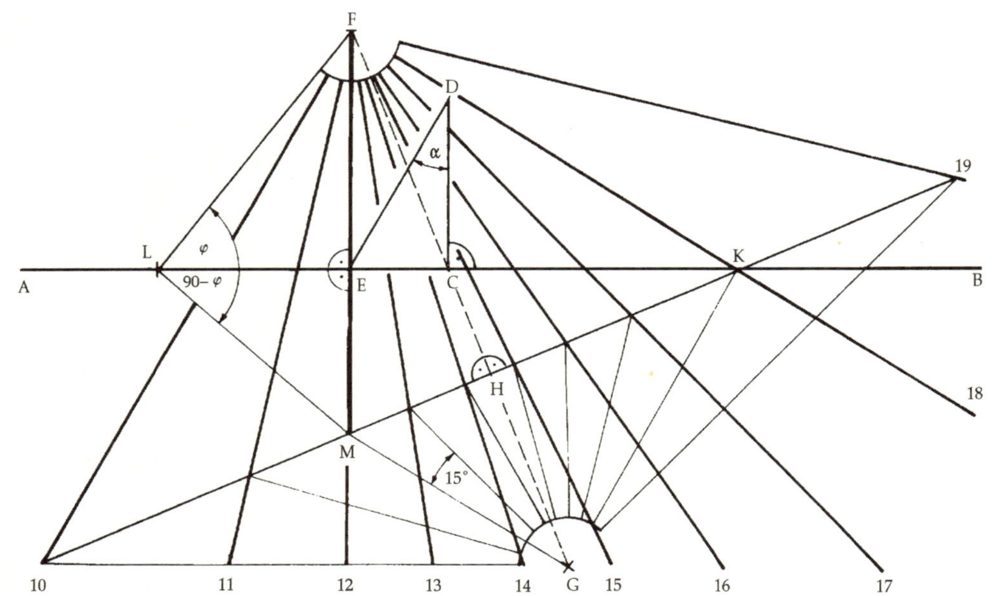

3.17. Konstruktion einer um +30 ° abweichenden Vertikaluhr

infolgedessen rasch überprüfen, ob die mathematische Anlage einer Sonnenuhr richtig ist. Einschränkend muß jedoch bemerkt werden, daß bei einem Zifferblatt mit Ortszeitkorrektur die Mittagslinie - wie noch zu erörtern sein wird - doch einen relativ kleinen Winkel bilden muß.

3.4.6. Befestigung des Schattenwerfers

Die abweichende Vertikaluhr ist eine Sonnenuhr, die es "in sich hat". Mit der Berechnung bzw. Konstruktion der Stundenlinien ist die Arbeit noch keineswegs abgeschlossen. Die aus der Ost-West-Richtung gedrehte Wandfläche erfordert auch ein anderes Verfahren für das Anbringen des Schattenwerfers. Eine gefühlsmäßige Ausrichtung des Stabes nach Norden, mit einem Kompaß oder gar nachts ungefähr nach dem Polarstern, der infolge der Wand nicht zu sehen ist, muß entschieden abgelehnt werden.

Bei einer vertikalen Süduhr fällt die Projektion des Schattenstabes (Substilare oder Zeigergrundlinie) mit der senkrechten 12h-Linie zusammen. Zwischen der vertikalen Wandfläche und dem Schattenseite besteht der Winkel (90° - φ). Bei einer abweichenden Vertikaluhr dagegen verläuft - wie bereits erwähnt - die Projektion des Schattenstabes nicht mehr entlang der Mittagslinie, sondern entweder zwischen den Linien für die Vormittagsstunden (Ostabweichung) oder zwischen denen für die Nachmittagsstunden (Westabweichung).

Ferner bemerkt man bei größeren Wandabweichungen deutlich, daß der Winkel zwischen Stab und Wandfläche erheblich kleiner als bei einer Süduhr ist. Er kann in keinem Fall (90° - φ) erreichen, sondern muß kleiner sein. Aus diesem Grunde sind zwei Winkel zu ermitteln (Bild 3.18):

Der *Substilarwinkel* f (auch Drehwinkel) zwischen der senkrechten Mittagslinie und Substilare (Zeigergrundlinie), der wie folgt berechnet wird:

$$\tan f = \frac{\sin \alpha}{\tan \varphi} .$$

Der andere ist der *Erhebungswinkel* g, der Winkel zwischen Schattenwerfer und Zeigergrundlinie (Wandfläche) mit der Formel:

$$\sin g = \cos \varphi \cdot \cos \alpha .$$

Nachdem die Substilare auf dem Zifferblatt der Sonnenuhr eingezeichnet worden ist, wird darauf rechtwinkelig ein *Stützdreieck* aus Pappe oder Sperrholz mit dem Erhebungswinkel g angebracht. Eine derartige einfache Vorrichtung garantiert eine ausreichende Genauigkeit für die richtige Lage des Schattenwerfers. Wird das Stützdreieck aus witterungsbeständigem Material (z. B. Metall) gefertigt, so kann es gleich als Schattenwerfer beibehalten und entlang der Zeigergrundlinie fest montiert werden. In jedem Fall ist darauf zu achten, daß das Stützdreieck im rechten Winkel zur Wandfläche steht, das Anlegen eines Winkeldreieckes zur Kontrolle ist dabei zu empfehlen.

Bei einer vertikalen Süduhr verläuft die Substilare senkrecht, sie bildet zu den Stundenlinien die Symmetrielinie. Die Substilare bleibt auch weiterhin die Symmetrielinie, auch wenn sie nicht mehr senkrecht verläuft. Angenommen, sie verliefe zufällig über eine Stundenlinie, so sind

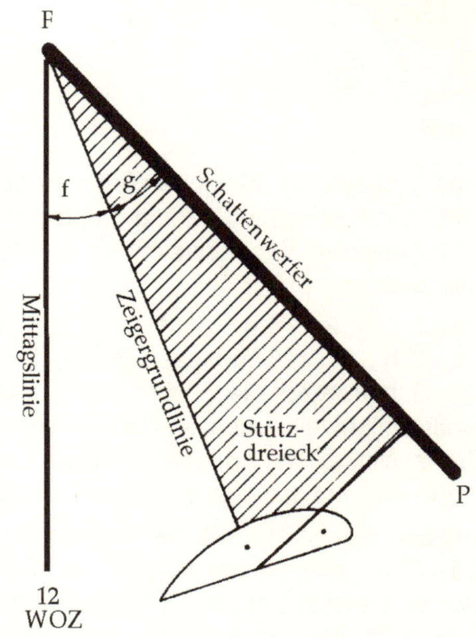

3.18.
Orientierung des Schattenwerfers in bezug auf das Zifferblatt von Seite 70

in diesem Falle die Stundenlinienwinkel beiderseits des Schattenwerfers gleich. Der Substilarwinkel f kann in keinem Fall kleiner als 90° - φ sein. Der Erhebungswinkel g kann von 90° - φ bis 0° betragen.

Zum Bild 3.18 muß noch bemerkt werden, daß neben den erwähnten Winkeln f und g der Winkel 90° - φ auch hier vorhanden ist, und zwar zwischen der Mittagslinie und dem Schattenwerfer. Dieser uns bekannte Winkel bleibt auch dann erhalten, wenn die Wandabweichung größer wird. Stellen wir uns vor, α sei ±90°, dann beträgt der Erhebungswinkel 0°, der Substilarwinkel 90° - φ. Damit haben wir bereits die Thematik der polaren Ost- bzw. Westuhr erreicht, worüber im Abschnitt 3.5.2. berichtet wird.

In diesem Zusammenhang ist auch die Frage von Interesse, um welche Uhrzeit der Zeigerschatten auf die Zeigergrundlinie fällt, wann "Substilarmittag" ist, - wenn diese etwas laxe Bezeichnung gestattet ist. Die Antwort darauf gibt uns eine einfache Gleichung für den sog. *Symmetriewinkel* σ, der durch 15 dividiert vom Gradmaß ins Zeitmaß umzurechnen ist:

$$\tan\ \sigma = \frac{\tan \alpha}{\sin \varphi}\ .$$

Beispiele:

Für eine Sonnenuhr in München (48,1°) sind der Substilarwinkel f, der Erhebungswinkel g und der Symmetriewinkel σ bei einer Wandabweichung von 30° nach Westen zu berechnen.

Ergebnisse: f = 24,2°, g = 35,3°, σ = 37,8°, im Zeitmaß: 2,52 h = 2 h 31 min. Um diesen Betrag nach 12h WOZ fällt der Schatten auf die Substilare ("Substilarmittag"). Bei einer Ostabweichung wäre dies 2 h 31 min vor 12h WOZ. Die Winkel f, g und gelten sowohl für eine Ostabweichung als auch für eine Westabweichung.

Es sei hier nochmals auf die abweichende Norduhr (Bild 3.14) verwiesen, bei welcher der Substilarwinkel von der imaginären Linie für 24h, gleichsam der Gegenlinie von 12h, aus gezählt wird. Der Erhebungswinkel entspricht dem der Süduhr bei gleicher Wandabweichung, wobei aber der Stab ähnlich einer Fahnenstange nach oben ragt.

Vertikaluhren mit sehr großen Wandabweichungen

Bevor das Kapitel über die abweichenden Vertikaluhren abgeschlossen wird, sei noch den Vertikaluhren mit sehr großen Wandabweichungen einige Zeilen gewidmet. In diesem Falle tritt eine sehr dichte Scharung der Stundenlinien auf, welche die Ablesegenauigkeit beeinträchtigt. Hinzu kommt noch ein sehr kleiner Erhebungswinkel des Schattenwerfers. Erst in einem größeren Abstand vom Fußpunkt F liegen die Stundenlinien weiter voneinander entfernt und der Schattenwerfer erreicht einen größeren Abstand von der Wand.

Diesen Nachteilen kann man wie folgt aus dem Wege gehen: Man beginnt mit dem Zeichnen der Stundenlinien erst in einem größeren Abstand vom Fußpunkt F. Der Schattenwerfer wird nicht in F angebracht, sondern wird weiter davon entfernt nur zu einem Teil als schräges Viereck oder als Steg dargestellt. Im Bild 3.19 ist es der schwarz gezeichnete Bereich. Der Teil zwischen F und A entfällt, wobei aber die Größe des Erhebungswinkels zu beachten ist. Dem Gestalter bleibt es überlassen, in welcher Entfernung von F die Stundenlinien und der Schattenwerfer beginnen. Es ist denkbar, daß der Fußpunkt F sogar außerhalb der Sonnenuhr liegen kann. Sinngemäß trifft dies auch für die stark abweichende Norduhr im Bild 3.19 zu.

Bevor wir die umfangreiche und nicht immer ganz leicht zu verstehende Thematik der vertikalen Sonnenuhren verlassen, soll noch auf eine interessante Möglichkeit verwiesen werden, die Wandabweichung einer Sonnenuhr zu bestimmen. Bedauerlichweise ist die Anzahl der nicht mehr funktionstüchtigen und oft stark beschädigten Sonnenuhren nicht gering. Als der Autor vor Jahren vor einem derartigen Objekt stand, das einmal eine Sonnenuhr war und weder einen Schattenwerfer noch ein Zifferblatt besaß, war es mit Hilfe der gerade noch erkennbaren Linie für 6h und des Fußpunktes F möglich, die Wandabweichung zu bestimmen. Da diese Linie nicht waagerecht wie bei einer Süduhr verlief, handelte es sich um eine Ostabweichung. Meßbar war der Stundenlinienwinkel z zwischen der bestimmbaren Senkrechten und der 6h-Linie. Mit Hilfe einer wenig bekannten Formel war es leicht, die Wandabweichung zu berechnen:

$$\sin \alpha = \frac{1}{\tan \varphi \tan z}\ .$$

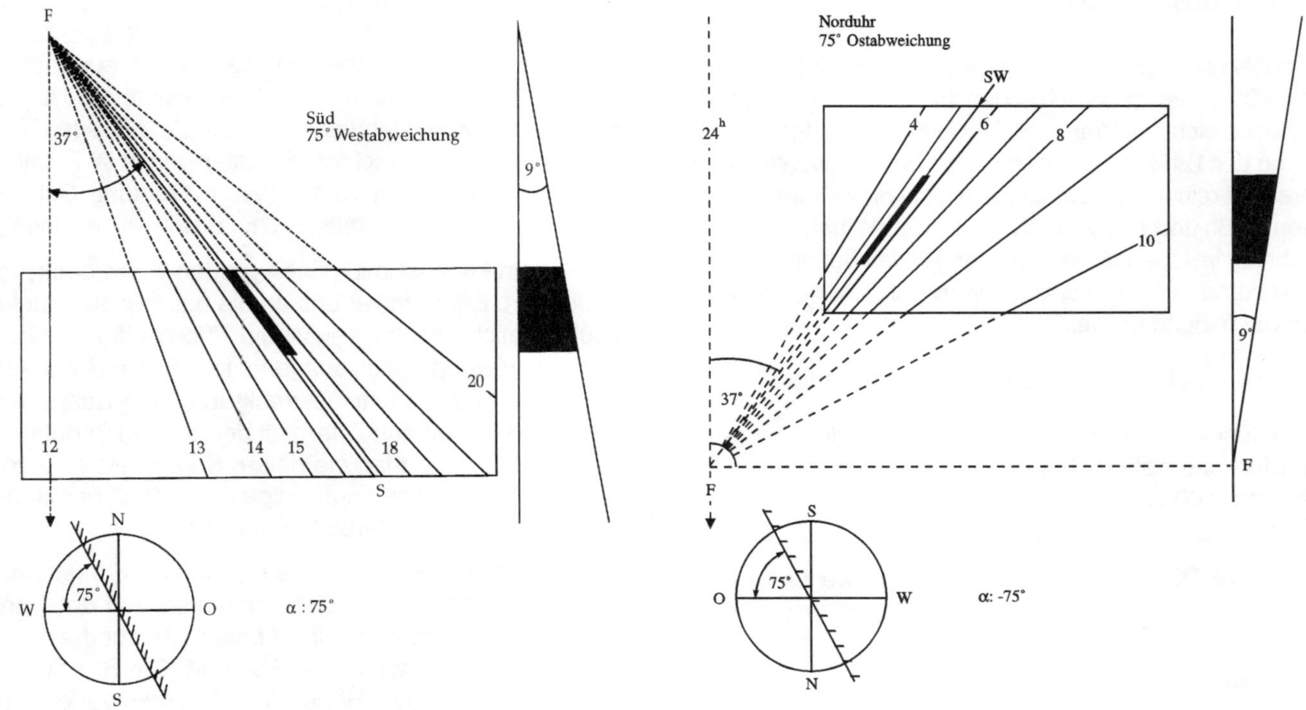

3.19. Zifferblätter stark abweichender Vertikaluhren

Links: 75° nach Westen abweichende vertikale Süduhr

Rechts: 75° nach Osten abweichende vertikale Norduhr

Beispiel:

Auf der Breite von 52° wird der Stundenlinienwinkel z der 6h-Linien mit 57,4° gemessen. Ergebnis: α = -30°.

Sinngemäß ist mit der 18h-Linie zu verfahren, die auf eine Westabweichung der Wand verweist.

Wer sich - vielleicht nicht ohne Stoßseufzer - durch diesen Abschnitt der Gnomonik hindurchgearbeitet hat, ist imstande, für jede beliebige geographische Breite und Wandabweichung eine vertikale Sonnenuhr herzustellen und auch den Schattenwerfer fachgerecht anzubringen.

3.5. Polare Sonnenuhren

Neigen wir die Zifferblattfläche zum Himmelsnordpol, so erhalten wir eine wenig bekannte Sonnenuhrenart: die *polare Sonnenuhr*. Ihre Besonderheit besteht darin, daß sowohl das Zifferblatt als auch der Schattenwerfer erdachsenparallel verlaufen. Das bedeutet, daß der Schattenwerfer als Steg oder Schattenrechteck aus der Zifferblattfläche herausragen muß. Eine weitere Besonderheit ist, daß die Stundenlinien nicht in F konvergieren, sondern wie die Sprossen einer Leiter - jedoch mit ungleichen Abständen - parallel zueinander verlaufen. Je nach der Orientierung der Zifferblattebene bezüglich der Himmelsrichtungen unterscheidet man mehrere Varianten der polaren Sonnenuhr.

3.5.1. Polare Süduhr

Die pultähnliche *polare Süduhr* eignet sich mit ihrer unter dem Winkel der geographischen Breite geneigten Zifferblattfläche nicht als Wanduhr. Der Schattenwerfer verläuft entlang der 12h-Linie, je nach Länge des Zifferblattes und Jahreszeit reicht die Zeitanzeige meist von 7h bis 17h. Die Linien für 6h und 18h sind nicht mehr darstellbar, sie liegen gleichsam im Unendlichen. Die Länge l des Schattens, d.h. der Abstand der Stundenlinien vom Schattenwerfer, wird nach der folgenden Gleichung berechnet:

$l = h \tan \tau$. h: Höhe des Schattenwerfers

Die folgende Übersicht zeigt die Abstände der Stundenlinien für eine polare Süduhr bei einer Schattenwerferhöhe von 100 mm.

Uhrzeit (WOZ)	Abstand vom Schattenwerfer in mm
12	0
11 u. 13	27
10 u. 14	58
9 u. 15	100
8 u. 16	173
7 u. 17	373

Hat der Schattenwerfer eine andere Höhe, müssen die angegebenen Abstände der Stundenlinien mit dem betreffenden Faktor multipliziert werden.

Beträgt z.B. die Höhe des Schattenwerfers nur 60 mm, so hat die Stundenlinie für 11h bzw. 13h nur einen Abstand von 27 mm · 0,6 = 16,2 mm.

Die Gestaltung der Stundenlinien ist nur vom Stundenwinkel der Sonne und von der Höhe des Schattenwerfers abhängig. Bild 3.20 zeigt, daß sich die Schattenlänge während der Mittagsstunden bedeutend weniger als in den frühen Vormittags- und späten Nachmittagsstunden ändert, was sich auch auf die Ablesegenauigkeit um die Mittagszeit auswirkt. Der Mittagsschatten fällt in die Ebene des Schattenwerfers und ist daher nicht sichtbar. Die Linien für die Halbstunden liegen auch bei den polaren Uhren nicht in der Mitte zwischen den Linien benachbarter Vollstunden, sondern müssen mit τ=7,5°, 22,5°... gesondert berechnet bzw. konstruiert werden.

Da die Linien der Morgen- und Abendstunden vom Schattenwerfer weit entfernt liegen, erfordert die polare Süduhr eine große Fläche. Man kann diese aber auf die Hälfte verkürzen, indem man zwei Schattenwerfer am linken und rechten Rand anbringt. Die Zeitanzeige erfolgt am Vormittag vom rechten Schattenwerfer in Richtung West, am Nachmittag vom linken in Richtung Ost. Die Stundenlinien sind dementsprechend zu kennzeichnen.

Die Konstruktion ist mit keinen großen Schwierigkeiten verbunden. Erinnern wir uns an die äquatoriale Ringkugeluhr (Abschnitt 3.2.), bei der die Zifferblattfläche ebenfalls erdachsenparallel ausgerichtet ist. Wird die Auffangfläche immer mehr gestreckt, bis eine Ebene entsteht, erhalten wir das Zifferblatt der polaren Süduhr. So betrachtet, könnte man die polare Süduhr als eine vollständig aufgebogene ringförmige Äquatorialuhr mit erdachsenparallelem Zifferblatt auffassen.

Zuerst zeichnen wir wieder das Achsenkreuz, bestehend aus Nord-Süd-Linie und Ost-West-Linie. Auf der Nord-Süd-Linie markieren wir im Abstand h oberhalb des Achsenschnittpunktes A den Punkt M. Die Strecke AM entspricht somit der Höhe des Schattenwerfers. Im Punkt M tragen wir von der Nord-Süd-Linie ausgehend die 15°-Winkel ab. Deren Schenkel werden bis zur Ost-West-Linie durchgezogen und markieren dort die Abstände der Stundenlinien (Bild 3.21).

Polare Süduhren eignen sich gut für Freiflächen und in Ost-West-Richtung verlaufende Böschungen. Der Sonnenuhrengestalter hat auch hier eine Reihe von Möglichkeiten, der länglichen Zifferblattfläche eine künstlerische Form zu geben, wie z. B. die Form eines aufgeschlagenen Buches.

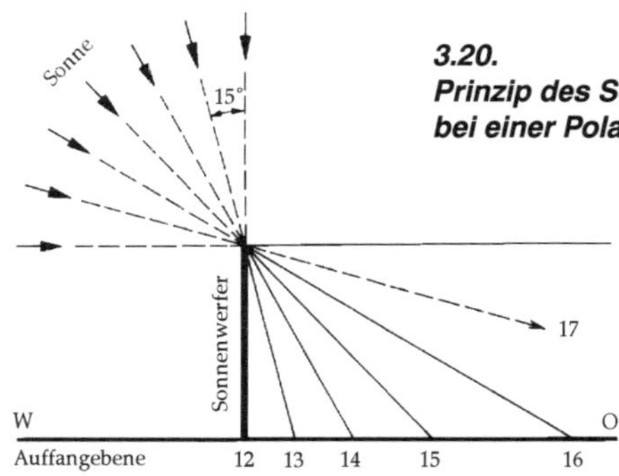

3.20. Prinzip des Schattenwurfes bei einer Polaruhr

Gewölbte polare Süduhr vor dem Zeiss-Großplanetarium in Berlin, 1987 ***(Foto: A. Zenkert)***

3.5.2. Polare Ost- bzw. Westuhr

Es handelt sich hier um eine besondere Form einer vertikalen Sonnenuhr, bei der die Abweichung so groß ist, daß die Zifferblattebene genau nach Osten bzw. nach Westen ausgerichtet ist ($\alpha = \pm 90°$). Die *polaren Ost- bzw. Westuhren* weisen einige Besonderheiten auf. Bei der Ostuhr wird die Zeit vom Sonnenaufgang bis kurz vor 12h angezeigt, bei einer Westuhr von kurz nach 12h bis zum Sonnenuntergang. Selbst für die 11h- bzw. 13h-Linie darf das Zifferblatt nicht zu klein sein. Damit unterscheidet sich der Funktionsbereich deutlich von den bisherigen Sonnenuhrenarten. Eine Anzeige von 12h ist nicht möglich, da man sich diese Stundenlinie infolge der von Nord nach Süd verlaufenden Zifferblattfläche im Unendlichen vorzustellen hat.

Gehen wir von der abweichenden vertikalen Uhr aus, erreicht der Schattenwerfer bei einer Wandabweichung von ±90° einen Erhebungswinkel von 0° und dürfte eigentlich nicht mehr vorhanden sein. Ähnlich wie bei der polaren Süduhr ragt er deshalb als Rechteck oder Steg aus der Zifferblattebene und verläuft senkrecht entlang der 6h-Linie (Ostuhr) bzw. der 18h-Linie (Westuhr). Damit fällt der Schatten um diese Zeit genau in die Ebene des Schattenwerfers. Je größer der zeitliche Abstand von 6h bzw. 18h ist, desto mehr vergrößern sich ähnlich der polaren Süduhr die Abstände der Stundenlinien.

Zur Berechnung der Stundenlinienabstände gilt ebenfalls die Gleichung $l = h \tan \tau$. Dabei ist zu beachten, daß bei der Ostuhr um 6h und bei der Westuhr um 18h der Stundenwinkel 0° beträgt. Infolge der schrägen, polwärts gerichteten Stellung des Schattenwerfers und der dazu parallel verlaufenden Stundenlinien ist auch das Zifferblatt schräg angeordnet. Bei der Ostuhr liegt 4h links oben und 11h rechts (Norden) unten. Die Linien für 4h und 5h befinden sich links (südlich) von 6h. Bei der Westuhr liegt 13h links (Norden) unten und 20h rechts oben. Die Linien für 19h und 20h befinden sich rechts (südlich) von 18h.

Die folgende Übersicht gibt die Abstände der Stundenlinien von 6h (Ostuhr) bzw. 18h (Westuhr) an, die Höhe des Schattenwerfers beträgt 100 mm. Die Schattenlängen gleichen denen der polaren Süduhr.

Uhrzeit (WOZ) Ostuhr		Westuhr		Abstand vom Schattenwerfer in mm
6		18		0
5	7	17	19	27
4	8	16	20	58
	9	15		100
	10	13		173
	11	13		373

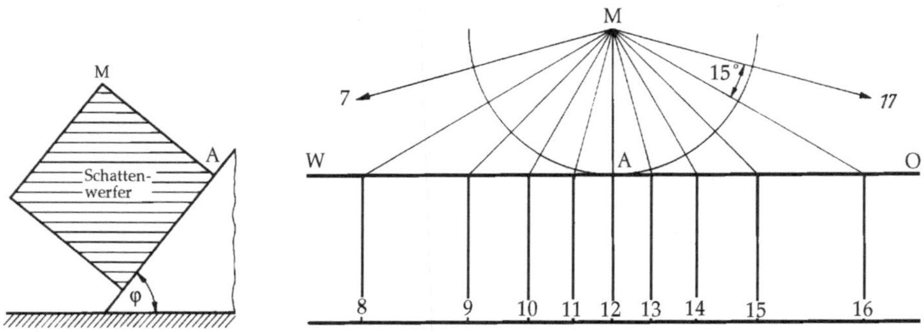

3.21
Konstruktion einer polaren Süduhr

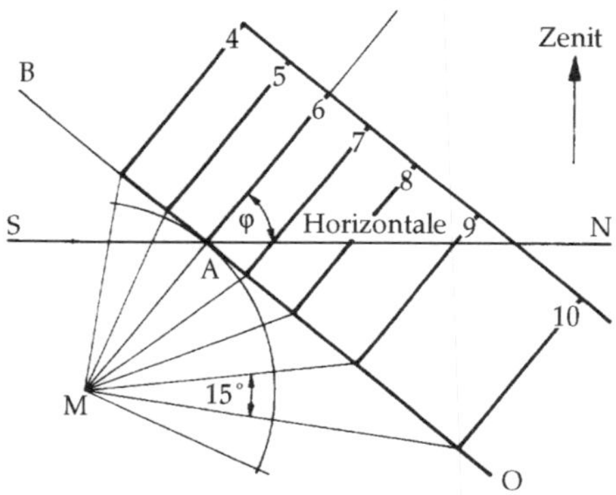

3.22.
Konstruktion einer polaren Ostuhr

Konstruiert wird sie ähnlich der polaren Süduhr (Bild 3.22). Wir beginnen mit der horizontalen Nord-Süd-Linie, errichten im Punkt A den Winkel der geographischen Breite φ und zeichnen die Senkrechte darauf (BC). Wir erhalten somit ein schrägliegendes Achsenkreuz, von dem die eine Seite die 6h-Linie darstellt. Auf der über A hinaus verlängerten 6h-Linie markieren wir im Abstand h den Punkt M, von dem die 15°-Winkel ausgehen. Deren Schenkel werden bis zum Achsenkreuz durchgezogen und kennzeichnen die Abstände der Stundenlinien, die alle parallel zur 6h bzw. 18h-Linie unter dem Winkel der geographischen Breite verlaufen.

Die Höhe des Schattenwerfers ist somit gleich der Strecke AM. Wie bei jeder polaren Uhr ist sie für die Länge des Zifferblattes ausschlaggebend. Für eine Westuhr ist die Zeichnung sinngemäß gültig, wobei Nord und Süd zu vertauschen sind. Das Zifferblatt verläuft hier von rechts (20^h) nach links (13^h) fallend.

Polare Ost- bzw. Westuhren eignen sich gut als Bestandteil von Ecksonnenuhren, die man häufig in ländlichen Gegenden antrifft, wo sie einen dekorativen Schmuck von Hausecken bilden, wie auf Seite zu sehen ist. Die Ecksonnenuhren stellen eine einfache Kombination von vertikalen Süduhren und polaren Ost- bzw. Westuhren dar und zeigen anschaulich die Zusammenhänge zwischen den beiden Ziffernblättern und Schattenwerfern.

Eine sinnvolle Kombination bildet ähnlich der Nord-Süduhr auch hier eine Doppelsonnenuhr (polare Ost- und

Polare Westuhr am Hause eines Orgelbauers in Moritzburg bei Dresden, 1969
Der Sinnspruch lautet: Siehe die Zeiten der Sonne, die Zeit besiegt alles. ***(Foto: F. Ihlow)***

Westuhr). Man sieht dabei, wie sich die beiden Zifferblätter in ihrer Funktion abwechseln und der Mittagsschatten genau in die Nord-Süd-Richtung des Zifferblattes fällt.

Könnte es bei der Vielfalt an Sonnenuhren nicht auch eine *polare Norduhr* geben? Diese Frage kann bejaht werden, man findet diese sehr seltene Art an der unteren Nordsseite von kunstvollen Sonnenuhrenkombinationen. Ihr Funktionsbereich ist jedoch sehr begrenzt.

Einige Gnomoniker erwähnen die sogen. abweichende polare Ost- bzw. Westuhr, wobei die Zifferblattfläche von der Nord-Süd-Richtung abweicht und somit nicht mehr genau nach Osten bzw. Westen weist. Diese Vorstellung entspricht den vertikalen Süd- bzw. Norduhren mit sehr großen Wandabweichungen. Zur Vermeidung von Mißverständnissen bezüglich der Wandabweichung beschränken wir uns auf die beiden Hauptrichtungen, die vertikalen Süduhren und vertikalen Norduhren mit ihren verschiedenen Wandabweichungen, selbst bis nahe 90°. Auf die Besonderheiten bei sehr großen Wandabweichungen wurde bereits eingegangen.

Abschließend sei noch auf den Sonderfall der geneigten (inklinierten) Polaruhr verwiesen: Dabei kann diese auch als geneigte Horizontaluhr aufgefaßt werden (siehe 3.3). Bei den polaren Ost- und Westuhren ist dann die Zifferblattfläche wie an einer Pyramidenfläche geneigt (inkliniert), wie dies an der Großplastik im Stadtpark von Dessau der Fall ist. Die Berechnung derartiger Sonnenuhren geschieht mit folgender Formel:

$$\tan z = \frac{\sin \varphi}{\cos i \cot \tau + \sin i \cos \varphi}$$

Für $\cot \tau$ gilt: $\tan (90° - \tau)$.

3.6. Analemmatische Sonnenuhr

Wer hat nicht schon einmal auf einem Campingplatz oder am Strand beobachtet, wie jemand mit einem senkrechten Stab eine "Sonnenuhr" baute und die Stundenpunkte mit Hilfe seiner Armbanduhr markierte. Eine solche Sonnenuhr kann für die Dauer des Urlaubs ein einigermaßen brauchbarer Zeitanzeiger sein. Im Laufe des Jahres treten jedoch beträchtliche Fehler von 1 bis 2 Stunden in der Zeitanzeige auf. Von einer Sonnenuhr kann hier nicht die Rede sein. Wie kommt es in diesem Fall zu den großen Abweichungen in der Zeitanzeige?
Messen wir eine Stunde vor oder nach dem Meridiandurchgang der Sonne den Winkel zur Nord-Süd-Richtung, so erhalten wir für die Breite von 51° folgende Werte:

28,4° am 21.6.

19,0° am 21. 3. / 23. 9.

14,2° am 21. 12.

Mit anderen Worten: Die Sonne steht zur gleichen Tageszeit nicht immer in der gleichen Richtung, der Azimutwinkel weist beachtliche Unterschiede auf. Wer einen Balkon oder eine Terrasse besitzt, kann dies gut überprüfen. Der Einfall der Sonnenstrahlen - also der Augenblick, wenn die Sonne "um die Ecke kommt" - setzt in den einzelnen Monaten zu verschiedenen Tageszeiten ein (Bild 3.23). Man merke sich deshalb: Im Sommer macht die Sonne in der gleichen Zeit größere "Azimutschritte" als im Winter. Für Projektanten und Architekten ist die Kenntnis dieser Tatsache wichtig, um den Lichteinfall und die Besonnungsverhältnisse für Wohnungen zu berücksichtigen.

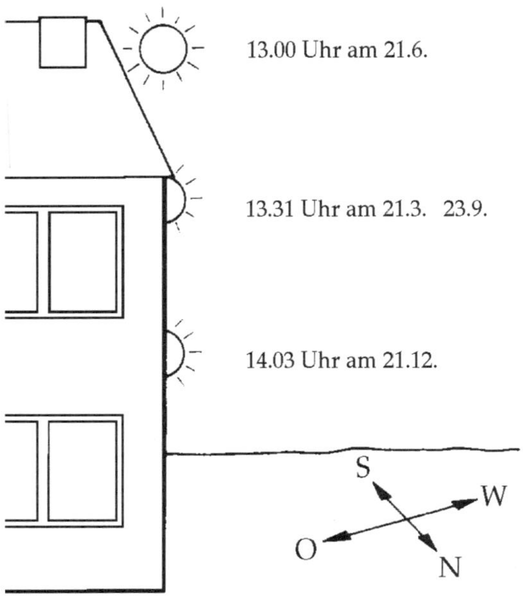

3.23. Blick entlang der Seitenwand eines Hauses

Den Winkel zur Nord-Süd-Richtung hatten wir im Horizontsystem als Azimut a bezeichnet (siehe 2.1 oben). Er läßt sich mittels der Azimutformel berechnen, die bereits im Abschnitt 3.4.3. (Wandabweichung) erwähnt wurde.

$$\tan a = \frac{\sin \tau}{\sin \varphi \cos \tau - \cos \varphi \tan \delta} .$$

Beispiel:

Wie groß ist der Azimutwinkel am 21. 8. um 10h bzw. 14h WOZ (τ: 30°) in Karlsruhe (φ = 49,0°)? Die Deklination entnehmen wir Tafel 10.1. Sie beträgt 12° 18' (12,3°). Damit erhalten wir:

tan a = 0,5000 / 0,7547 · 0,8660 - 0,6651 · 0,2180 = 0,9793.

a = arc tan 0,9793 = 44,4°. Um diese Zeit steht die Sonne beinahe im Südosten bzw. Südwesten.

Es ergibt sich nun die Frage: Kann überhaupt ein senkrechter Schattenwerfer die Funktion eines Zeitanzeigers ausüben? Mit dieser Frage befaßte sich bereits C. PTOLEMÄUS. Er erfand eine Sonnenuhr, bei der er mittels eines verschiebbaren Gnomons die Veränderung der Zeitanzeige im Laufe eines Jahres zu vermeiden suchte. Infolge der recht komplizierten Einzelheiten geriet diese Methode zunächst in Vergessenheit.

Vor rund 150 Jahren griffen französische Uhrenbauer die Idee des Ptolemäus wieder auf. Auch die von ihnen konstruierte Sonnenuhr hatte einen beweglichen Stab, den man auf das jeweilige Datum verschieben mußte, um eine genaue Zeitanzeige zu erhalten.

Eine solche Einrichtung heißt *Analemma* oder auch *Azimut-Analemma*. Das Wort stammt aus dem Altgriechischen und bedeutet soviel wie "Hilfseinrichtung"; ein Analemma ist eigentlich ein Hilfssatz, z. B. in der Mathematik. Eine Sonnenuhr mit dem Analemma wird deshalb auch *analemmatische Sonnenuhr* genannt (Bild 3.24). Da der Schatten in verschiedene Richtungen fällt, kann es keine Stundenlinien, sondern nur *Stundenpunkte* geben. Diese liegen auf einer Ellipse, in ihnen schneiden sich die der gleichen Stunde entsprechenden Azimut-Geraden.

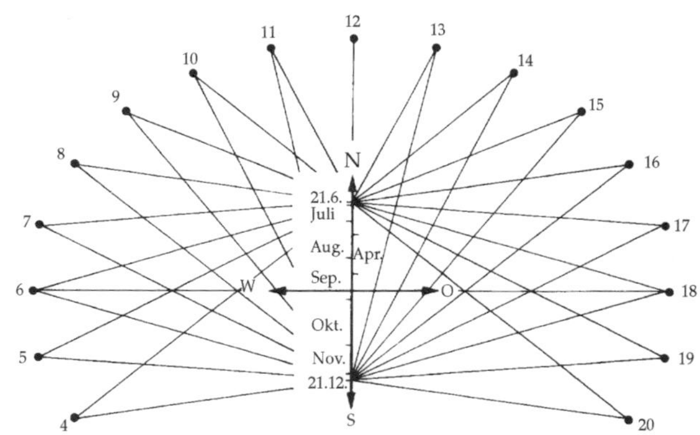

3.24. Konstruktion einer analemmatischen Sonnenuhr

Die Konstruktion einer derartigen Sonnenuhr erfordert etwas mehr Zeitaufwand als bei den Polstabuhren. Auch hier beginnen wir wieder mit dem Achsenkreuz Nord-Süd und Ost-West (Bild 3.24). Auf dem oberen Teil der Nord-Süd-Achse (Meridian) wird ein Punkt markiert, dessen Abstand vom Schnittpunkt beliebig gewählt werden kann. Seine Lage ist aber für die Größe der Sonnenuhr ausschlaggebend, deren Ausdehnung in Ost-West-Richtung etwa das Vierfache dieses Abstandes beträgt. Unterhalb des Schnittpunktes wird ein gleich weit entfernter Punkt auf der Achse markiert. Beide Punkte kennzeichnen die extremen Stellungen des beweglichen Stabes am 21. 6. und 21. 12. Am 21. 3./23. 9. steht der senkrechte Stab auf dem Achsenschnittpunkt (Ost-West-Linie).

Man kann auch ein Konstruktionsschema für die Datums- oder Deklinationsstrecke verwenden (Bild 3.25), bei dem sich die Datumsabstände auf der Geraden aus den Deklinationswerten bei A ergeben. Bei größeren Bodensonnenuhren kann die Gerade noch weiter unterteilt werden, die Deklinationswerte sind der Tafel 10.1 zu entnehmen.

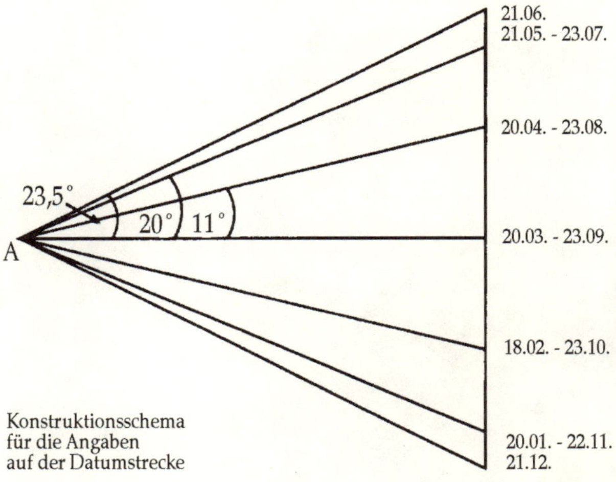

3.25 Konstruktionsschema der Datums- oder Deklinationsstrecke

Uhrzeit (WOZ) h	h	47° Breite 21.6. °	21.12. °	51° Breite 21.6. °	21.12. °	55° Breite 21.6. °	21.12. °
12		0	0	0	0	0	0
11	13	32,2	14,5	28,4	14,2	25,5	14,0
10	14	56,0	27,6	51,3	27,9	47,3	27,6
9	15	72,6	41,0	68,6	40,7	64,9	40,5
8	16	85,4	52,6	82,4	52,6	79,5	52,8
7	17	96,3	63,3	94,3	63,9	92,2	64,5
6	18	106,5	73,5	105,3	74,7	104,0	76,0
5	19	116,7	83,7	116,1	85,8	115,5	87,8
4	20	127,4	94,6	127,4	97,3	127,2	100,5

Tafel 3.4. Azimutwinkel

Bau einer "Sonnenuhr", wie man es oft auf Campimgplätzen oder am Strand beobachten kann (Foto: A. Zenkert)

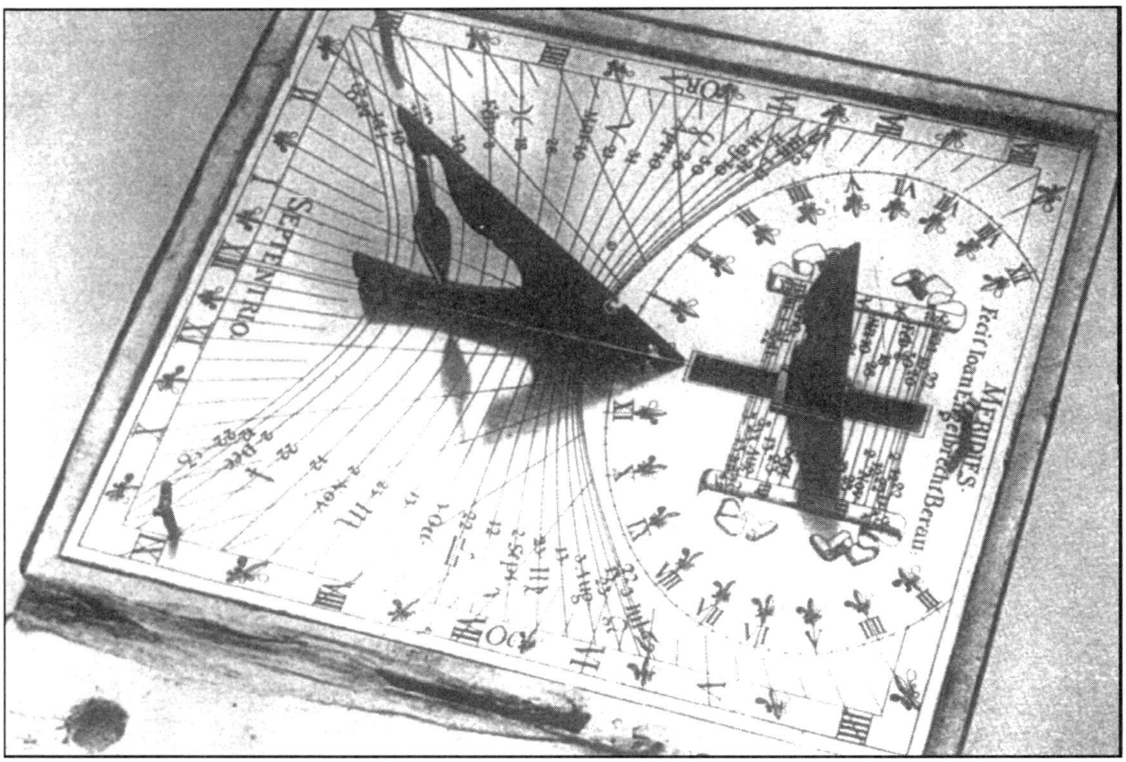

Analemmatische Horizontal-Sonnenuhr um 1800 Signatur: "Fecit Joan Engelbrecht Berau". Neben der Horizontaluhr mit polwärts gerichtetem Schattenwerfer befindet sich die analemmatische Uhr mit senkrechtem Schattenwerfer, der auf das betreffende Datum gestellt wird. Ein Kompaß zum Einrichten dieser Doppeluhr ist daher nicht erforder lich.

(Foto: Staatl. Mathem.-Physikal. Salon, Dresden)

Danach werden die Azimute eingezeichnet, um die Lage der Stundenpunkte zu ermitteln. Es genügen dafür die Winkel für den 21. 6. und den 21. 12., da durch den Schnittpunkt von jeweils zwei Geraden, die der gleichen Stunde entsprechen, die Stundenpunkte eindeutig festgelegt werden. In der Tafel 3.4. sind die Azimutwinkel für die geographischen Breiten von 47° n. Br., 51° n. Br. und 55° n. Br. angegeben. Die Azimute für die dazwischen liegenden Breitengrade müssen durch Interpolation der Tafelwerte ermittelt werden, doch wird durch Berechnungen eine größere Genauigkeit erreicht. Bei den eingeklammerten Werten befindet sich die Sonne nicht mehr über dem Horizont, für die Berechnung sind sie aber erforderlich.

Das Azimut-Analemma findet man häufig mit einer normalen Horizontaluhr als Doppeluhr verbunden. Die in Sammlungen vorhandenen beweglichen Objekte benötigen keinen Kompaß zum Einrichten der Sonnenuhr, die daneben befindliche analemmatische Sonnenuhr macht diesen entbehrlich. Man stellt den Gnomon auf das richtige Datum (Deklination) und dreht die ganze Uhr so, daß bei beiden Sonnenuhren die gleiche Stunde angezeigt wird. Auf diese Weise wird die Uhr exakt in die Meridianrichtung gebracht und zeigt so die wahre Ortszeit an. Das Analemma enthebt einen der Mühe, die Nord-Süd-Richtung zu finden und diese dann auch dauerhaft zu markieren, was bei allen anderen Uhren ohne diese Einrichtung notwendig ist.

Blick in den Sonnenuhrgarten bei Herrn V. Philippi in Siersburg-Rehlingen (Saarland) mit der "lebenden Sonnenuhr" (analemmatische Bodenuhr)

(Foto: V.Philippi)

Analemmatische Sonnenuhren eignen sich gut als horizontale *Bodensonnenuhren* in größerer Ausführung. Der bewegliche Gnomon kann ähnlich einem Stativ aufgestellt werden. Besonders beliebt sind sie als "*lebende Sonnenuhren*", wenn man selbst als Schattenwerfer fungieren und damit "Sonnenuhr spielen" kann. Dazu muß man sich auf die Monatsteilung der Datumsstrecke stellen. Bei höher stehender Sonne kann es vorkommen, daß der Körperschatten die Stundenpunkte nicht mehr erreicht. Durch das senkrechte Emporheben eines Armes wird eine Verlängerung des Schattens erzielt. Derartige Bodensonnenuhren findet man in zunehmendem Maße auf Schulhöfen und Spielplätzen. Das lernende Spiel hat bei ihnen natürlich den Vorrang vor der genauen Zeitanzeige. Beim Festlegen der Datumsstrecke sollte man beachten, daß diese nicht zu groß gewählt wird, da sonst die Stundenpunkte zu weit entfernt liegen. Für die Länge der Datumsstrecke sind 1,5 bis max. 2 m zu empfehlen, was ungefähr der Entfernung vom Ende der Datumsstrecke (21.6.) bis zum Stundenpunkt 12h entspricht.

Die analemmatische Sonnenuhr als Kompaß

Ein wichtiger und bewährter Anwendungsbereich der analemmatischen Uhr ist noch zu wenig bekannt: Das Bedürfnis, sich im Gelände mittels eines Kompasses zu orientieren, kann eine analemmatische Sonnenuhr als *Sonnenkompaß* in vollem Maße erfüllen. Es genügt dafür die Größe einer Postkarte, die mit den Himmelsrichtungen versehen wird. Durch das Eintragen der Halbstunden wird die Genauigkeit der Vorrichtung erhöht. Eine Nadel wird senkrecht auf das betreffende Datum gesteckt, dann wird die Vorrichtung so lange gedreht, bis der Schatten auf die betreffende Uhrzeit (WOZ) fällt. Der Sonnenkompaß liegt dann entsprechend den Himmelsrichtungen und ist eingenordet. Auf die horizontale Halterung ist zu achten. Will man den Sonnenkompaß in einem größeren Breitenbereich anwenden, können die Stundenpunkte für mehrere Breiten eingetragen werden.

In diesem Zusammenhang soll noch erwähnt werden, daß auch eine horizontale Polstabuhr ebenfalls als Sonnenkompaß dienen kann. Am Rand werden die Himmelsrichtungen gekennzeichnet, die Sonnenuhr wird so lange gedreht, bis der Schatten auf die betreffende Uhrzeit (WOZ) fällt. Die Sonnenuhr ist dann eingenordet, die Himmelsrichtungen stimmen mit denen der Wirklichkeit überein.

Die Polstabuhr ohne Polstab

Eine andere Art der "lebenden Sonnenuhr", die der Verfasser erstmals im Sonnenuhrengarten von Herrn V. PHILIPPI in Siersburg-Rehlingen (Saarland) sah, sei noch erwähnt. Der den senkrechten Gnomon Darstellenden steht hier aber nicht auf dem entsprechenden Datum, sondern auf der Marke seiner Körpergröße. Es handelt sich hier auch nicht um eine analemmatische Uhr, sondern um eine horizontale Sonnenuhr mit einem zum Himmelspol gerichteten Schattenwerfer, der aber nicht vorhanden ist. Dies mag alles recht seltsam und kompliziert klingen, ist aber ganz einfach.

Auf einer ebenen Fläche werden die Stundenlinien einer Horizontaluhr gekennzeichnet, der Schattenwerfer wird nicht benötigt. Wichtig ist die Markierung des Fußpunktes F, von dem die Stundenlinien ausgehen. Auf der von Nord nach Süd verlaufenden 12h-Linie befindet sich eine Skale mit Angaben der Körpergrößen von 70 bis 200 cm. Die Skale für die Körpergröße wird nach einer einfachen Formel berechnet: $b = a / \tan \varphi$ (Bild 3.26).

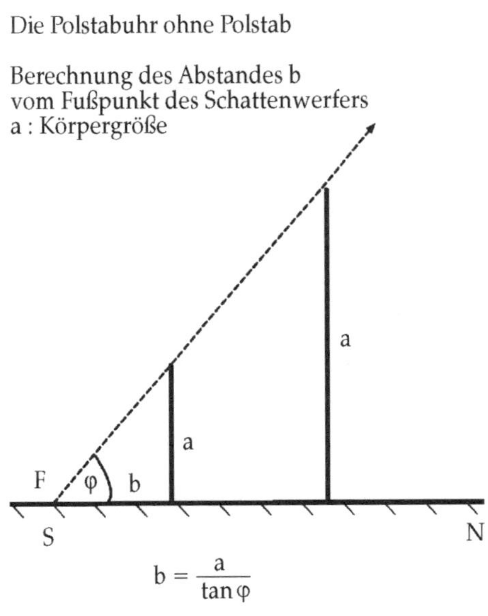

3.26. Die Polstabuhr ohne Polstab

Die Ferse muß auf der jeweiligen Marke der Körpergröße stehen. Beim Ablesen der Zeit ist darauf zu achten, auf welche Stundenlinie der Schatten des Kopfes fällt. Angenommen, der Schattenwerfer wäre vorhanden, dann könnte man sich darunter stellen, so daß der Schatten des oberen Teil des Kopfes mit dem Stabschatten zusammen auf die betreffende Stundenlinie fallen muß. Man sollte diese Variante einern Bodensonnenuhr ebenfalls in das Gebiet der "spielerischen Gnomonik" mit einbeziehen und den Schulen empfehlen.

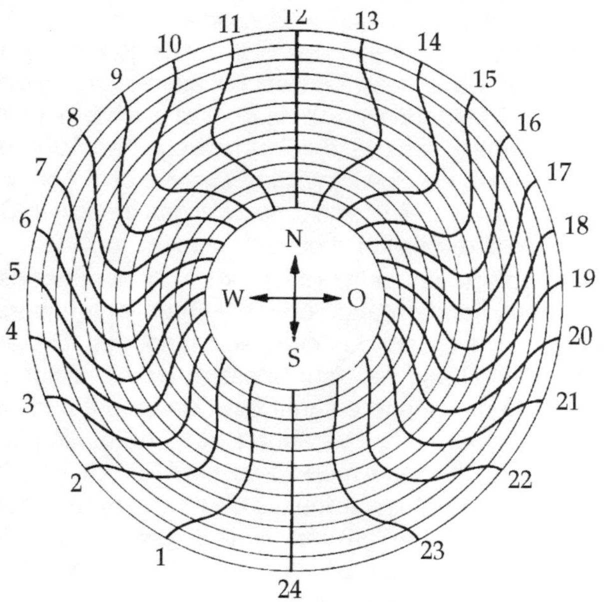

3.27. Sonnenuhrenspinne

3.6.1. Sonnenuhrenspinne

Das Gebiet der Bodensonnenuhren ist damit aber noch nicht erschöpft, da es auch analemmatische Sonnenuhren ohne verstellbaren Schattenwerfer gibt. Sie haben keine Stundenpunkte, sondern eigenartig geformte Stundenlinien, die an das Aussehen einer Spinne erinnern. Diese Sonnenuhrenspinne (Bild 3.27) hat einen beliebig langen Schattenstab, der senkrecht auf der Zifferblattfläche steht. Er befindet sich im Mittelpunkt von 13 Kreisen. Der innere Kreis kann beliebig groß sein, der Zwischenraum zu jedem weiteren Kreis wird gleich groß gewählt. Die Kreise kennzeichnen jeweils den Monatsersten und werden von innen nach außen in der Reihenfolge der Monate bezeichnet. Der 1. Januar erscheint zweimal - und zwar auf dem innersten und auf dem äußersten Kreis. Auf jedem Kreis (Monat) werden die den Stunden entsprechenden Azimutwinkel als Stundenpunkte eingezeichnet. Abschließend werden die zusammengehörenden Stundenpunkte miteinander verbunden. Die starke Ausbuchtung der Linien fällt in die Zeit um die Sommersonnenwende.

Abschließend sei noch erwähnt, daß es die analemmatischen Sonnenuhren mit verstellbarem Gnomon sowie die Sonnenuhrenspinnen auch als vertikale Ausführungen gibt.

3.7. Sonnenuhren auf gekrümmten Flächen

3.7.1. Kugelsonnenuhr

Es ist wenig bekannt, daß die Kugel ein idealer Träger für eine Sonnenuhr ist. Ebenso wie auf unserem Planeten wandert auf einer *Kugelsonnenuhr* die Licht-Schatten-Grenze (Terminator) über die Oberfläche. Da eine solche Uhr aufschlußreiche Einblicke in die Sonnenscheinverhältnisse der Erde vermittelt, wird sie auch als *Globussonnenuhr* bezeichnet.

Die Herstellung einer solchen Sonnenuhr scheitert in vielen Fällen an der Beschaffung einer geeigneten Kugel aus witterungsbeständigem Material, beispielsweise aus Stein. Für die Verwendung in einem Innenraum sind auch andere Materialien geeignet.

Sind wir nun glückliche Besitzer einer Kugel, die allerdings nicht zu klein sein darf, so legen wir zuerst deren Achse vom Südpol zum Nordpol fest. Wichtig ist ferner der Äquatorkreis, der am besten mit Hilfe eines großen Zirkels konstruiert wird.

Für die Zeitablesung benötigen wir auf dem Äquatorkreis genaue Stundenmarkierungen. Diese erhält man auf einfache und durchaus exakte Weise mit einem Papierstreifen. Der Streifen wird zuerst um den Äquator herumgewickelt und so der Kugelumfang ermittelt. Danach unterteilt man ihn in 24 gleiche Stundenabschnitte zu je 15°. Wieder um den Äquator gelegt, werden dort die Stundenpunkte markiert und mit der Uhrzeit beschriftet. Dabei ist zu beachten, daß die Vormittagsstunden auf der östlichen und die Nachmittagsstunden auf der westlichen Kugelseite liegen.

Für die Aufstellung der Kugelsonnenuhr ist eine *Dreipunktelagerung* gut geeignet. Die Aufstellung muß derart erfolgen, daß die Achse der Kugel unter dem Winkel der geographischen Breite geneigt ist und genau in Nord-Süd-Richtung verläuft (Bild 3.28). Die Kugel wird dann so gedreht, daß die 12h-Markierung auf dem obersten Punkt des Äquatorkreises liegt. Dem eigenen Standort entspricht demnach der oberste Punkt der Kugel, der gleichzeitig auf einem durch die Pole und die 12h-Markierung verlaufenden Großkreis liegt.

Die Zeitablesung kann im einfachsten Fall mit Hilfe eines Stabes erfolgen, der so zu halten ist, daß sein Schatten genau über die Pole verläuft. Um die Zeitablesung zu erleichtern, empfiehlt es sich jedoch, die Kugelsonnenuhr mit einem Metallbügel zu versehen, der an beiden Polen mit Hilfe von Stiften drehbar befestigt ist. Der Bügel, der somit über den Äquator geschwenkt werden kann, wird bei Sonnenschein so lange gedreht, bis sein Schatten senkrecht unter ihm liegt. Ist dies der Fall, so kann am Äquator die WOZ abgelesen werden. Die rechte Darstellung im Bild 3.28 stellt eine besondere Form einer äquatorialen Sonnenuhr dar.

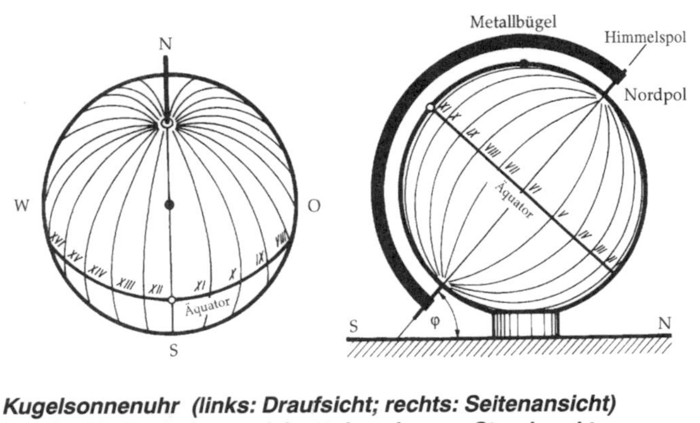

3.28. Kugelsonnenuhr (links: Draufsicht; rechts: Seitenansicht)
Der dunkle Punkt kennzeichnet den eigenen Standpunkt.

Eine andere Einrichtung der Kugelsonnenuhr erhält man, wenn man auf der Kugel unter Beibehaltung der φ -Achsenneigung anstelle des Himmelsäquators den Erdäquator sowie die Längenkreise der Erde, die sich in den beiden Polen schneiden, im Abstand von je 15° aufträgt. Der eigene Standpunkt ist dann der Erdmeridian, wenn er in der Ebene des astronomischen Meridians liegt. Auf dem obersten Punkt der Kugel befindet sich der eigene Standort. Dabei kann man einige große Städte oder die Umrisse der Kontinente einzeichnen. Bei der Aufstellung ist die Kugel wieder so zu drehen, bis die Markierung des eigenen Standortes auf dem obersten Punkt der Kugel liegt. Die Neigung der Kugelachse muß stets der geographischen Breite des betreffenden Aufstellungsortes entsprechen. Auf diese Weise kann bei Sonnenschein auf der Kugel abgelesen werden, wo in diesem Augenblick auf der Erde gerade der wahre Mittag (Sonnenkulmination) ist und wie im Laufe des Tages der Mittag über die Erde hinweggleitet. Auf diese Weise erhalten wir eine *Weltmittagsuhr*. Auf dem Äquatorkreis können die Zeitunterschiede zwischen beliebigen Orten (15° entsprechen 1h) abgelesen werden.

Eine Kugelsonnenuhr informiert uns nicht nur über den Zeitverlauf, sondern auch über die Raumlage unseres Planeten hinsichtlich des eigenen Standortes. Die augenblickliche Lage der Licht-Schatten-Grenze zeigt an, wo gerade die Sonne aufgeht bzw. untergeht und wie sie sich im Jahreslauf verändert. Nur im Frühling und Herbst verläuft diese meridional von Pol zu Pol, im Sommer und Winter werden die Meridiane unter einem mehr oder weniger großen Winkel geschnitten. Die Verbreitung von Polartag und -nacht ist damit gut zu erkennen. Diese Art einer Kugelsonnenuhr stellt damit gleichzeitig ein anschauliches Lehrmodell für die mathematische Geographie und Astronomie dar.

Man kann aber auch auf den Schnittpunkten der Längenkreise mit dem Äquator kleine Stifte befestigen, die alle gleich lang sein müssen. Der jeweils kürzeste Schatten gibt dann an, in welcher dem Längenkreis zugeordneten Zeitzone gerade wahrer Mittag ist. Auf der entgegengesetzten Seite der Kugel ist zur gleichen Zeit Mitternacht.

Kugelsonnenuhr in Genthin, Fabrikstr. 7 (Sachs.-Anh.)
(Foto: F. Ihlow)

3.7.2. Hohlkugelsonnenuhr

Die Hohlhalbkugel sowie ihre verschiedenen Abarten bildeten in der Antike die Grundlage für den Bau von Sonnenuhren, die als *Skaphe* (griech.: skaphe = Wanne, Trog) bezeichnet werden. Wir hatten schon im Abschnitt 1.2. einige Beispiele kennengelernt. Die Hohlhalbkugel ist gewissermaßen ein Gegenstück zur scheinbaren Himmelshalbkugel mit ihren mathematisch-astronomischen Orientierungslinien.

Die Anfertigung des spinnennetzartigen Liniensystems dürfte im Vergleich zur Beschaffung einer geeigneten Halbkugel mit geringeren Schwierigkeiten verbunden sein. Verstehen wir die Zusammenhänge an der scheinbaren Himmelskugel, so werden wir auch bald ihr Spiegelbild in der Halbkugel verstehen, um an deren Innenwand die erforderlichen Linien einzeichnen zu können. Hierbei helfen uns kreisförmige Schablonen, auf denen vorher die entsprechenden Einteilungen vorzunehmen sind.

Zuerst ist eine kurze Orientierung nötig: Der Rand der Halbkugel stellt den mathematischen Horizont dar. Aus dem Mittelpunkt der Halbkugel - dem Zenit - ragt der senkrechte Stab, dessen Spitze genau in der Höhe des mathematischen Horizonts endet. Die Nord-Süd-Linie (Meridian) können wir beliebig festlegen. Dementsprechend kennzeichnen wir an der Halbkugel den Ost- und den Westpunkt (Bild 3.29). Da der Schatten stets in die der Lichtquelle entgegengesetzte Richtung fällt, sind auch die Himmelsrichtungen, die der Schatten in der Skaphe kennzeichnet, den wirklichen entgegengesetzt. So fällt der Mittagsschatten in der Skaphe zum Südpunkt (d. h. nach Norden) und wandert dann im Uhrzeigersinn im Lauf des Nachmittags zum Westpunkt (d. h., er zeigt in Wirklichkeit in östliche Richtung). Es ist daher ratsam, zusätzlich zu den gespiegelten Himmelsrichtungen die wirklichen Himmelsrichtungen anzugeben, beispielsweise auf der die Halbkugel tragenden horizontalen Unterlage.

Als nächstes zeichnen wir den Himmelsäquator ein, der den Meridian in einer Höhe von (90° - φ) schneidet. Dieser Winkel ist vom Südpunkt aus abzutragen. Der Äquator verläuft als halber Großkreis vom Ostpunkt über die genannte Höhe zum Westpunkt. Dementsprechend liegt der Himmelsnordpol in der Höhe φ unterhalb des Nordpunktes. Er ist jedoch für die Skaphe von untergeordneter Bedeutung.

Vom Meridian ausgehend werden auf dem Himmelsäquator in Abständen von 15° die Stundenpunkte markiert. Steht eine größere Halbkugel zur Verfügung, ist auch eine Halbstundenteilung möglich. Der Himmelsäquator ist gleichzeitig der Tagbogen der Sonne am 21. 3. und 23. 9., auf dem sie sich genau 12 Stunden lang über dem Horizont - in unserem Fall unter dem Kugelrand - befindet.

Nun werden die beiden Wendekreise markiert, die den Meridian in einer Höhe von (90° - φ ±23,44°) schneiden. Da die Sonnenbögen stets parallel zum Himmelsäquator verlaufen, müssen die Aufgangs- und Untergangspunkte an allen übrigen Tagen des Jahres vom Ost- bzw. Westpunkt entfernt liegen. Diesen Abstand hatten wir im Abschnitt 2.5. als Morgen- bzw. Abendweite der Sonne bezeichnet. Wie wir gesehen hatten, beträgt dieser Abstand in Bern 35,7° und in Rostock 42,7°.

Mit der Markierung der beiden Wendekreise ist das "Gerüst" der Skaphe fertig. Dazwischen können bei genügender Größe der Halbkugel beliebig viele Bögen eingezeichnet werden. Als Datum wählt man entweder die Monatsersten oder den 21. jeden Monats. Das jeweilige Datum oder die entsprechende Deklination kann man am Meridian angeben.

Abschließend werden zwischen den beiden Wendekreisen die Stundenlinien eingezeichnet. Sie liegen auf Großkreisen, die durch den betreffenden Stundenpunkt und den Himmelsnordpol verlaufen.

Nach Fertigstellung des Liniennetzes ist die Skaphe nicht nur ein Zeitanzeiger, sondern gleichzeitig ein ausgezeichnetes Lehrmodell des Äquatorsystems. Unsere Hohlhalbkugel vermag aber noch mehr: Sie kann auch ein Modell des Horizontsystems sein, wenn zusätzlich das dafür erforderliche Liniennetz eingezeichnet wird. Zieht man vom Zenit (Zeigerfußpunkt) Halbkreise, die in Abständen von 15° auf den Horizont (Kugelrand) treffen, so erhält man die Azimutlinien. Die hier vorgeschlagene 15°-Teilung ist nicht bindend; je nach Halbkugelgröße können die Abstände auch 10° oder 20° betragen. Die Höhenlinien verlaufen als Kleinkreise parallel zum Horizont; auch hier bleiben die Abstände jedem selbst überlassen.

Zur besseren Unterscheidung wird man den Linien des Horizontsystems (Azimut, Höhe) farblich von denen des Äquatorsystems (Stundenwinkel, Deklination) unterscheiden. Die geographische Breite hat übrigens auf das Liniennetz des Horizontsystems keinen Einfluß, währenddessen das des Äquatorsystems nur für eine bestimmte Breite gültig ist. Auf den beiden Polen unserer Erde stimmen die Kreise des Horizont- und Äquatorsystems aber überein, da hier die Höhe der Sonne deren Deklination entspricht.

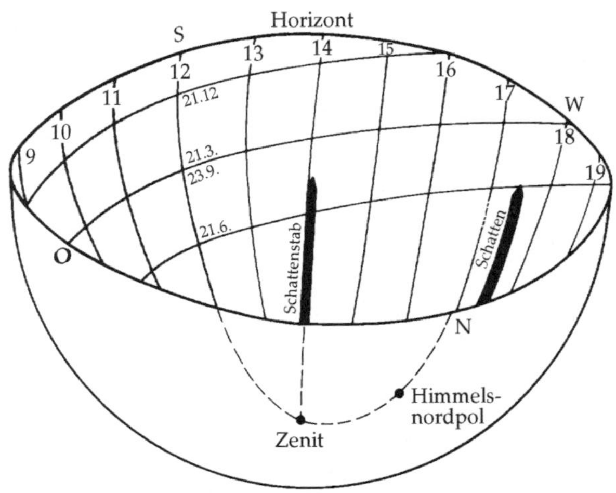

3.29. Hohlkugelsonnenuhr (Skaphe)

3.7.3. Zylindersonnenuhr

Im ausgehenden Mittelalter und in der Neuzeit waren *Zylinder-* oder *Säulchensonnenuhren* weit verbreitet. Ihr großer Vorteil bestand in der Unabhängigkeit von der Nord-Süd-Richtung, so daß ein Kompaß entbehrlich wurde. Ein weiterer Vorteil war ihre Verwendbarkeit als Reiseuhr, vorausgesetzt, man veränderte die geographische Breite nicht um mehrere Grade. Ein Reisebereich von 100 km nach Süden oder Norden hat noch keine nennenswerte Auswirkung auf die Anzeigegenauigkeit.

Es handelt sich hier um keine Polstabuhr, das Prinzip der Zylindersonnenuhr beruht auf der Messung der Sonnenhöhe über dem Horizont (Höhenwinkel). Erinnern wir uns: Der große Vorteil der Sonnenuhren mit polwärts gerichtetem Schattenwerfer besteht darin, daß dessen Schattenwurf entlang der Stundenlinien verläuft. Zur Zeitablesung wird deshalb allein die Richtung bzw. die Lage des Schattens benötigt.

Bei der Zylindersonnenuhr liegt dagegen eine völlig andere Situation vor: Ebenso wie der Azimutwinkel ändert sich auch die Sonnenhöhe nicht nur in Abhängigkeit von der Tageszeit, sondern auch durch die im Lauf des Jahres zu- und abnehmende Sonnendeklination. Für die Zeitablesung kann deshalb nicht mehr der Winkel des Schattens bezüglich der Meridianlinie genutzt werden, sondern nur die Lage des Schattenendpunktes, die jedoch mit dem Datum, der Sonnendeklination, variiert. Ähnlich wie bei der analemmatischen Sonnenuhr muß man daher auch hier den Schattenwerfer auf das betreffende Datum stellen. Stundenlinien entstehen bei der Zylindersonnenuhr nur dadurch, daß alle der gleichen Tagesstunde entsprechenden Stundenpunkte miteinander verbunden sind, wie wir das schon bei der Sonnenuhrenspinne kennengelernt haben. Für die Sonnenhöhe benötigen wir wieder die Formel:

$$\sin h = \sin \varphi \sin \delta + \cos \varphi \cos \delta \cos \tau \,.$$

Für 12h WOZ können wir uns die lange Formel sparen. Die Kulminationshöhe beträgt (90° - φ + δ). Eine Zylindersonnenuhr erfordert zahlreiche Berechnungen, doch sollte man davor nicht zurückschrecken. Der Taschenrechner bzw. Computer nimmt uns den größten Teil der Arbeit ab.

Beispiel:

Wie groß ist die Sonnenhöhe am 1.8. (δ: 18,2°) um 9h bzw. 15h WOZ (τ: 45°) in Potsdam (φ: 52,4°)? Ergebnis: 41,1°. Die Kulminationshöhe beträgt an diesem Tag 55,8°.

Zylinder-Sonnenuhr (Säulchen-Sonnenuhr). Nachbau einer alten Uhr von M. Wagener, Luxemburg *(Foto: M. Wagener)*

Tafel 3.5 enthält die Sonnenhöhe für die Tage der Sonnenwenden und der Tagundnachtgleichen für die geographischen Breiten von 47° n. Br. und 55° n. Br. Diese Übersicht ermöglicht aufschlußreiche Vergleiche zwischen den Sonnenhöhen verschiedener Stunden und Tage. Es fällt auf, daß z.B. bestimmte Höhen im Laufe des Jahres zu verschiedenen Tagesstunden vorkommen.

Für den Bau einer Zylindersonnenuhr benötigen wir zuerst einmal einen geeigneten Zylinder. Dafür bietet sich beispielsweise ein altes Nudelholz (Nudelwalze) an, das wir von jedem Beiwerk befreien. Für unser Vorhaben benötigen wir nur die zylinderförmige Walze sowie einen verstellbaren Schattenwerfer, der im Mittelpunkt der Kreisfläche befestigt wird und wie eine Nase über den Rand der Walze hinausragt. Die Größe des Zifferblattes sowie die Länge des Schattenwerfers richten sich nach der Größe des zur Verfügung stehenden Zylinders.

Verwenden wir z.B. einen Zylinder mit einer Höhe von 220 mm und einem Durchmesser von 70 mm, so hat die Mantelfläche die Gestalt eines Quadrates mit 220 mm x 220 mm Seitenlänge. Berücksichtigt man unten den Platz für die Angabe des Datums, wird die verfügbare Höhe für die Stundenkurven etwas verringert.

Als nächstes müssen wir für sämtliche Tagesstunden die Sonnenhöhe ermitteln. Es ergibt sich die Frage, für wie viele Tage des Jahres dies erforderlich ist. Es wäre völlig abwegig, wollte man dies für jeden Tag des Jahres tun. Das "Gerüst" für die Anfertigung des Zifferblattes bildet jeweils der 1. jeden Monats. Die Tage der Sonnenwenden und der Tagundnachtgleichen liegen innerhalb dieser Zeitabstände. Bei einem größeren Zylinder sollte man auch die Halbstunden berechnen sowie die Monate in Dekaden oder Wochen unterteilen.

Die berechneten Sonnenhöhen können allerdings nicht direkt auf dem Zifferblatt eingetragen werden. Sie müssen erst in die Schattenlängen L umgerechnet werden, die ein Schattenwerfer mit der Länge l erzeugt (Bild 3.30):

$$L = l \cdot \tan h \,.$$

Diese Umrechnung ist einfach und erfordert beim Taschenrechner nur einen zusätzlichen Tastendruck. Man wird selbstverständlich bemüht sein, die volle Höhe des

Uhrzeit (WOZ)		Sonnenhöhe am 21.6. geogr. Breite		21.3. / 23.9. geogr. Breite		21.12. geogr. Breite	
		47°	55°	47°	55°	47°	55°
h	h	°	°	°	°	°	°
12		66,4	58,4	43,0	35,0	19,6	11,6
11	13	63,5	56,5	41,2	33,6	18,3	10,5
10	14	56,4	51,4	36,2	29,8	14,5	7,5
9	15	47,2	44,3	28,8	23,9	8,7	2,7
8	16	37,1	36,1	19,9	16,7	1,3	
7	17	26,9	27,5	10,2	8,5		
6	18	16,9	19,0	0,0	0,0		
5	19	7,4	10,9				
4	20		3,6				

Tafel 3.5. Sonnenhöhen

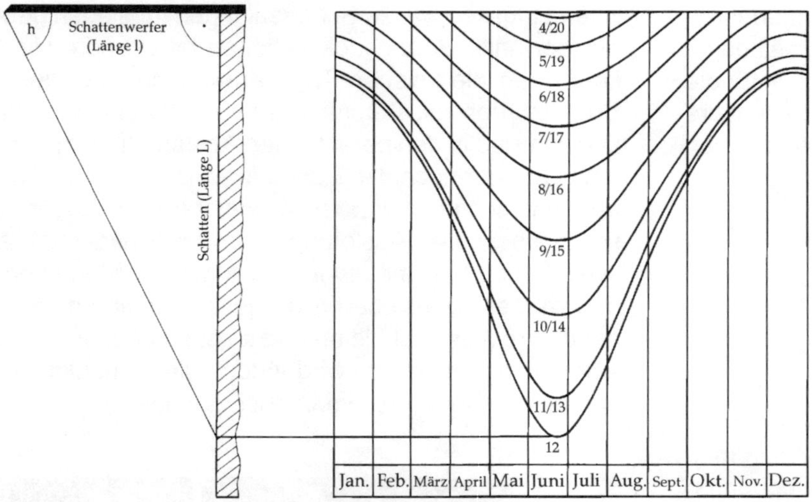

3.30. Konstruktion einer Zylindersonnenuhr

Zifferblattes auszunutzen, so daß der Mittagsschatten bei der größten Sonnenhöhe am 21. 6. in die Nähe des unteren Randes fällt. Der Schattenwerfer unserer Zylindersonnenuhr muß deshalb die dafür erforderliche Länge haben. Bei einem zu kurzen Schattenwerfer, der zwar etwas formschöner aussehen mag, gelangt der Schatten selbst im Sommer nur bis in die oberen Bereiche des Zylinders.

Mit Hilfe der zuletzt genannten Formel läßt sich die günstigste Länge bestimmen, indem für L die verfügbare Höhe des Zifferblattes und für h die Sonnenhöhe am 21. 6. eingesetzt wird. Bei einer Zifferblatthöhe von 220 mm muß der Schattenwerfer z. B. bei φ 52,4° (Potsdam) immerhin 110 mm über den Zylinderrand hinausragen, damit unten noch genügend Platz für die Datumsangaben bleibt (rund 21 mm).

Sind die Schattenlängen für sämtliche Tagesstunden der von uns ausgewählten Daten berechnet, werden die erhaltenen Werte auf das Zifferblatt übertragen. Die Verwendung von Millimeterpapier ist dabei unbedingt zu empfehlen. Zuvor muß die Zifferblattbreite (der Zylinderumfang) in 12 gleiche Teile (Monate) geteilt werden. Abschließend werden alle der gleichen Tageszeit entsprechenden Schattenendpunkte miteinander verbunden. Auf diese Weise erhält man eine Reihe von Kurven, die in den Sommermonaten nach unten ausbuchten und in den Wintermonaten nach oben zurücklaufen. Infolge der kurzen Tage entfallen in den Wintermonaten mehrere Stundenkurven.

Die Handhabung der Zylindersonnenuhr ist verhältnismäßig einfach. Sie muß auf eine waagerechte Unterlage gestellt, kann aber auch aufgehängt werden. Der Schattenwerfer wird genau über das betreffende Datum gestellt. Zwischenwerte in bezug auf das Datum sowie die Tageszeit werden interpoliert. Um die Zeit ablesen zu können, muß die ganze Zylindersonnenuhr so lange gedreht werden, bis der Schatten senkrecht verläuft, also parallel zur Datumslinie. Da für das Ablesen der Zeit der Schattenendpunkt möglichst genau ermittelt werden muß, ist eine deutliche Schattenabbildung anzustreben. Aus diesem Grunde sollte das Ende des Schattenwerfers schräg abgeflacht (Bild 3.30) oder mit einer kleinen Kugel versehen werden. Die lotrechte Lage der Zylindersonnenuhr kann am besten mit einer Aufhängevorrichtung erreicht werden.

Jede Sonnenuhrart hat ihre Vor- und Nachteile. Dies gilt auch für alle Sonnenuhren, die mit dem Höhenwinkel der Sonne arbeiten. Bei ihnen ist die Anzeigegenauigkeit um so geringer, je kleiner die Differenz zweier Höhenwinkel ist. Das ist sowohl täglich in den Mittagsstunden (11h bis 13h) als auch in den Wochen um die Wintersonnenwende (20.11 bis 20. 1.) der Fall. Dieser Mangel macht sich besonders bei kleineren Objekten störend bemerkbar.

Wer über künstlerische Fähigkeiten verfügt, kann dieser alten und einst sehr verbreiteten Art von Sonnenuhren ein ansprechendes Aussehen verleihen. Er erhält damit ein gnomonisches Kleinod sowie einen Schmuck für die Wohnung. In die Nähe des Fensters gestellt ist unsere Zylindersonnenuhr ein Zeitmesser, vorausgesetzt, man nimmt es mit der Zeit nicht ganz so *genau.*

3.8. Wanderstab-Sonnenuhr

Allmählich gelangen wir in immer eigenartigere Bereiche der Gnomonik. In Indien und Tibet wurde von den Pilgern ein siebenkantiger Wanderstab benutzt, der gleichzeitig als Sonnenuhr verwendbar war. Wenn man diesen Stab auch nicht gerade zu den Taschenuhren zählen kann, so gehört er doch ebenfalls zu den tragbaren Zeitmessern.

Genaugenommen handelt es sich dabei nicht um nur eine, sondern um sieben Sonnenuhren. Jede Fläche des Wanderstabes ist eine selbständige Sonnenuhr, die für eine jeweils andere Zeit im Jahr verwendet werden kann. Am oberen Ende jeder Sonnenuhrenfläche befindet sich dazu eine kleine Öffnung, in die bei Bedarf ein waagerechter Stab als Schattenwerfer hineingesteckt wird.

Das Funktionsprinzip ist ungefähr das gleiche wie bei der Zylindersonnenuhr. Da die Sonnenhöhe mit dem Datum (Deklination) wechselt, muß der Schattenwerfer auf das jeweilige Datum eingestellt werden. Das geschieht bei der Wanderstab-Sonnenuhr dadurch, daß die dem Datum entsprechende Stabfläche für die Zeitanzeige ausgewählt wird.

Die Wanderstab-Sonnenuhr beruht ebenfalls auf der Höhenmessung und ist nicht meridiangebunden, erfordert demnach keinen Kompaß. Zur Zeitablesung ist der Wanderstab so zu drehen, daß der Schattenwerfer in Richtung Sonne weist und der Schatten senkrecht nach unten fällt.

Die Zeitanzeige ist hier allerdings weniger genau als bei der Zylindersonnenuhr, weil die Stundenmarkierungen für mehrere aufeinanderfolgende Tage (mit unterschiedlichen Deklinationen) gemittelt sind. Die Genauigkeit ist deshalb bei der Wanderstab-Sonnenuhr an den Tagen am größten, für die die Stundenmarkierungen berechnet wurden. Etwa 15 Tage davor bzw. danach ist sie am kleinsten.

Die Herstellung dieser originellen Sonnenuhr ist einfach. Zuerst müssen wir die Schattenlängen für sieben geeignet gewählte Sonnendeklinationen berechnen. Hierfür kann man die sieben Tage auswählen, wie dies für Sonnenuhren mit Datumslinien (s. Abschn. 5) zutrifft. Danach sind in den berechneten Abständen vom Schattenwerfer nur noch die Stundenmarkierungen anzubringen, und schon ist unsere *Wanderstab-Sonnenuhr* fertig. Zur besseren Auslotung kann der Wanderstab anschließend oben mit einer Aufhängevorrichtung versehen werden. Die sieben Anzeigeflächen sind nicht bindend, ihre Auswahl bleibt jedem selbst überlassen. Bei einer kleineren Anzahl wird jedoch die Genauigkeit für den betreffenden Anzeigebereich geringer.

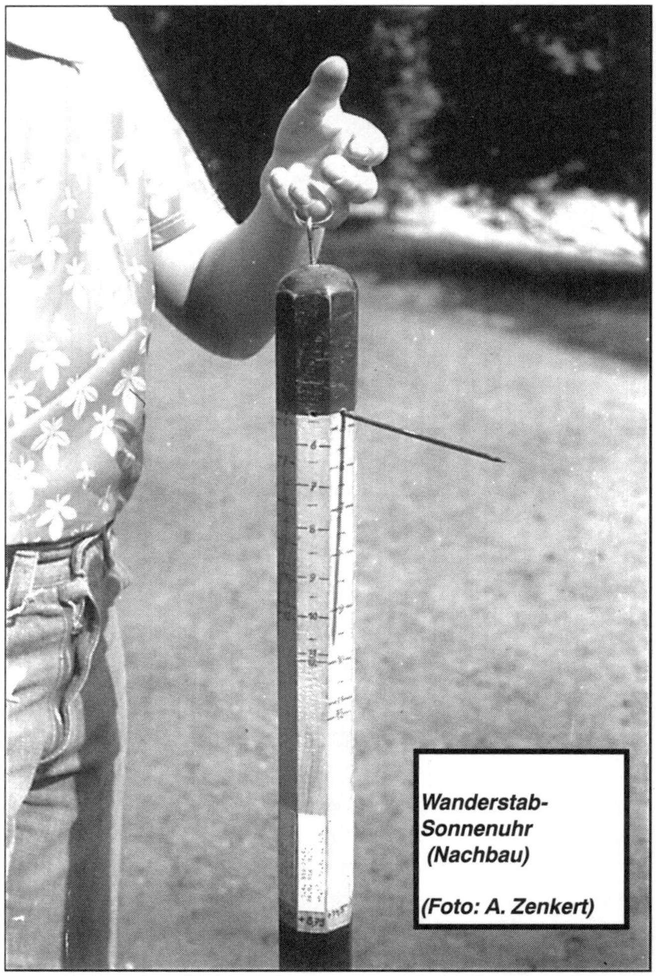

Wanderstab-Sonnenuhr (Nachbau)

(Foto: A. Zenkert)

3.9. Quadrantsonnenuhr

Im Französischen wird die Sonnenuhr als cadran solaire (wörtlich: Sonnenquadrant) bezeichnet. Daran erkennen wir die große Bedeutung, die einst der Quadrant (cadran) für die Zeitbestimmung hatte. Auf alten Stichen ist oft zu sehen, wie mittels verschieden großer Quadranten nicht nur die Höhe von Gestirnen bestimmt wurde, sondern auch die Zeit.

Die Quadrantsonnenuhr gehört zu den tragbaren Sonnenuhren, die auf der Höhenmessung der Sonne beruhen. Sie ist nicht an die Nord-Süd-Richtung gebunden, eignet sich daher gut als Reisesonnenuhr und ist ebenfalls ohne Kompaß verwendbar.

Die mathematischen Beziehungen zwischen Sonnenhöhe, Deklination und geographischer Breite können deshalb auch bei der Quadrantsonnenuhr genutzt werden. Ein Unterschied besteht darin, daß diese Sonnenuhrenart statt eines Schattenwerfers nur einen Lotfaden benötigt. Zur Zeitablesung wird die Sonne über eine Visiervorrichtung angepeilt. Der Neigungswinkel des Quadranten entspricht dann der Sonnenhöhe, die mit Hilfe des Lotfadens auf dem Rand des Viertelkreises direkt ablesbar ist (Bild 3.31). Anhand der Datums- und Stundenlinien kann

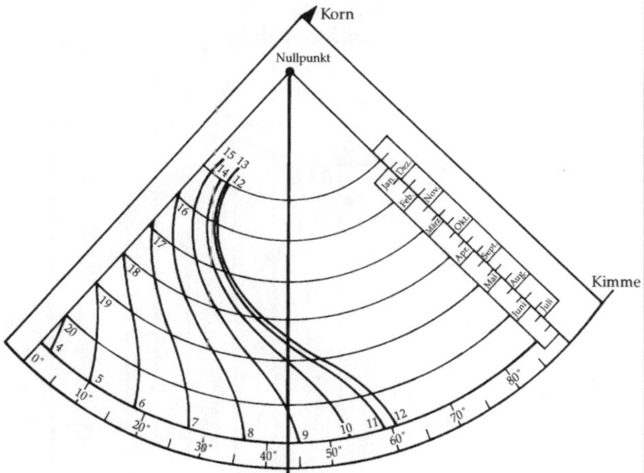

3.31. Quadrantsonnenuhr für 52,4° n. Br.

gleichzeitig die Zeit ermittelt werden. In dem abgebildeten Beispiel beträgt die Sonnenhöhe 43°. Der Lotfaden zeigt am 21. April auf 10h. Der gleichen Sonnenhöhe würde am 21. Mai etwa 9h 5min WOZ entsprechen.

Bei der Anfertigung des Zifferblattes ist folgendes zu beachten: Vom Befestigungspunkt des Lotfadens aus, dem Nullpunkt, werden zwei Geraden im rechten Winkel zueinander gezeichnet und durch einen Kreisbogen verbunden. Auf dem Rand dieses Viertelkreises wird eine Teilung von 0° bis 90° angebracht. Entlang der rechten Geraden, die einer Sonnenhöhe von 90° entspricht, verläuft die Datumsteilung, wir nehmen diese wie folgt vor: Der 21.6., der Tag mit der größten Sonnenhöhe, wird an den Rand des Viertelkreises gelegt. Für den 21.12. mit seinen geringen Sonnenhöhen wird ein beliebiger Abstand zwischen Viertelkreis und Nullpunkt gewählt. Der Abstand sollte allerdings nicht in die unmittelbare Nähe des Nullpunktes kommen, da dort die Stundenkurven zu eng beieinanderliegen. Es empfiehlt sich, etwa ein Drittel der zur Verfügung stehenden Strecke freizulassen und zwei Drittel für die Datumsfolge zu verwenden.

Für die von uns gewählten Tage des Jahres (z.B. für den 21. jeden Monats) müssen alle Sonnenhöhenwinkel auf das Gradnetz des Quadranten übertragen werden. Bei Verwendung von Polarkoordinatenpapier wird das Arbeiten beträchtlich erleichtert. Im Gegensatz zur Zylindersonnenuhr müssen die Sonnenhöhen nicht in Schattenlängen umgerechnet werden, bevor sie auf das Zifferblatt übertragen werden. Anschließend werden alle zusammengehörenden Stundenpunkte (evtl. auchHalbstundenpunkte) miteinander verbunden. Wie Bild 3.31 zeigt, entstehen wieder Stundenkurven, die in den Sommermonaten weit ausbuchten, in den Wintermonaten sich dagegen zusammendrängen.

Die Quadrantsonnenuhr ist ein Visiergerät, das auf der Oberseite entweder Kimme und Korn oder eine Visiereinrichtung mit Fadenkreuz haben muß. Eine verstellbare Perle am Lotfaden erleichtert die Zuordnung des Datums und das Ablesen der Zeitangabe. Verwendet man keine Perle, so muß man den Schnittpunkt des Lotfadens mit der betreffenden Datumslinie beachten. Nachdem der Lotfaden zur Ruhe gekommen ist, kann man ihn andrücken, um die Zeit besser ablesen zu können. Zur besseren Handhabung des Quadranten ist ein Griff auf der Außenseite zu empfehlen.

Anstelle des Lotfadens kann auch ein kleiner Stab verwendet werden, der rechtwinklig auf der Fläche des Zifferblattes steht. Seine Länge spielt keine Rolle, der Schatten muß aber noch den Außenrand des Viertelkreises erreichen. Diese Art der Quadrantsonnenuhr wird nicht als bewegliche Visiervorrichtung gehandhabt, sondern auf einer ortsfesten horizontalen Unterlage angebracht. Zur Zeitablesung ist sie so zu drehen, daß das Streiflicht der Sonne über das Zifferblatt fällt. Bei der Anfertigung der Stundenkurven muß jedoch beachtet werden, daß im Gegensatz zur Lotfaden-Sonnenuhr die Gradfolge umgekehrt angeordnet ist, so daß die Stundenkurven in den Sommermonaten nach unten ausbiegen. 90° liegen somit am unteren, 0° am oberen Ende des Viertelkreises. Derartige feststehende Sonnenquadranten sind oft auf alten Abbildungen zu sehen.

Wie jede Vorrichtung, die auf der Höhenmessung beruhen, gelten die Zylinder- und Quadrantsonnenuhren nur für eine bestimmte geographische Breite. In der Praxis wirken sich aber Differenzen von ±1° in der Breite (= 222 km) nur ganz geringfügig aus.

3.10. Universales Uhrentäfelchen

Zu den Sonnenuhren auf ebenen Flächen gehört eine bemerkenswerte Erfindung, die REGIOMONTANUS in seinem 1476 erschienenen Kalender beschrieb und abbildete. Vermutlich stammt sie von diesem bedeutenden Nürnberger Astronomen selbst.

Das *Uhrentäfelchen*, das auch als "Quadrans universalis Kungsberg" bzw. als *Kapuziner-Sonnenuhr* bezeichnet wird, ist eine Reiseuhr für die geographischen Breiten von 30° bis 65°. Mit ihm kann nicht nur die Tageszeit ermittelt werden, sondern auch die jeweilige Sonnenhöhe, der Zeitpunkt des Sonnenaufgangs- und -untergangs sowie die Dauer der Dämmerung, getrennt nach den drei Dämmerungsstufen (bürgerlich, nautisch, astronomisch). Die zuletzt genannte Funktion ist bei Sonnenuhren einmalig. Bis in das 18. Jahrhundert hinein wurden mehrere mathematische Dissertationen über diese Uhr verfaßt, was ebenfalls ihre Außergewöhnlichkeit bestätigt. Zugeben, zu den einfachen und leicht verständlichen Vorrichtungen der Gnomonik gehört das Uhrentäfelchen aber nicht.

Entsprechend ihrer Präzision und Sonderstellung unter den beweglichen Sonnenuhren wurden die Uhrentäfelchen oft aus Silber hergestellt, weshalb sie damals sicher sehr teuer waren. Ihr größtes Verbreitungsgebiet lag in Frankreich.

Das Äußere hat wenig Ähnlichkeit mit einer Sonnenuhr. Vom Mittelpunkt verläuft ein Strahlenbüschel divergierend nach oben. Dabei handelt es sich um die Deklinationswinkel der Sonne im Jahresverlauf. Am oberen Ende sind die entsprechenden Monate angegeben. An ihrer Stelle finden wir bei früheren Uhrentäfelchen die Tierkreiszeichen. Die positiven Deklinationen befinden sich links, die negativen rechts (Bild 3.32).

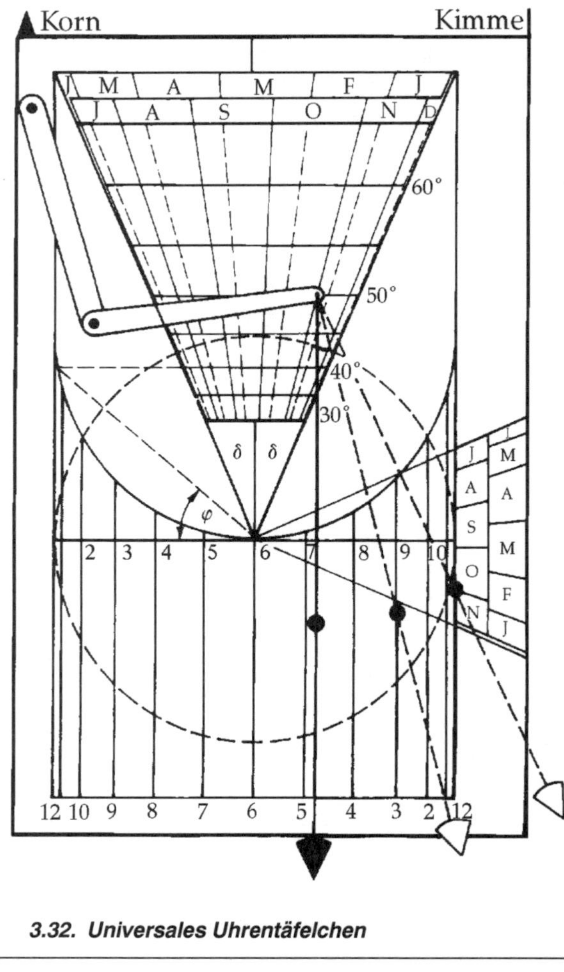

3.32. Universales Uhrentäfelchen

Vom Mittelpunkt verläuft ein zweites Strahlenbüschel von Deklinationswinkeln nach rechts, wobei sich diesmal die positiven Deklinationen oben befinden und die negativen unten. Auch hier werden entsprechend den Deklinationen die Monate angegeben.

Das nach oben verlaufende Strahlenbüschel enthält parallele horizontale Linien für die jeweilige geographische Breite. Diese ergeben sich, wenn der betreffende Winkel φ im Mittelpunkt abgetragen und dessen Schnittpunkt mit dem Rand der Uhr bestimmt wird. Die gestrichelte Linie bezieht sich auf $\Phi = 40°$.

Der obere gestrichelte Lotfaden zeigt die Einstellung des Datums (1.11.). Der mittlere gestrichelte Verlauf des Lotfadens entspricht einer Uhrzeit von 9h Der senkrechte Lotfadenverlauf zeigt den Zeitpunkt des Sonnenauf- bzw. Sonnenuntergangs (7h 10m bzw. 16h 50min WOZ).

Die Stundenteilung der Uhr erhält man, indem um den Mittelpunkt ein Kreis gezogen wird, dessen Radius der halben Uhrenbreite entspricht. Anschließend werden vom Mittelpunkt ausgehend auf den Umfang des Kreises die bekannten 15°-Winkel markiert. Je zwei von der Mittellinie gleich weit entfernte Markierungspunkte werden miteinander verbunden. Die so erhaltenen Stundenlinien verlaufen parallel zur Mittellinie. Die oberen Zahlenangaben beziehen sich auf die Vormittagsstunden; die unteren auf die Nachmittagsstunden. Rechts außen liegt die Mittagslinie, links außen die Mitternachtslinie.

Zur Zeitablesung wird zuerst der Nullpunkt des Lotes auf den Linienschnittpunkt zwischen der geographischen Breite und der Deklination (Monat) gelegt. Anschließend wird der Lotfaden nach rechts gehalten und die Perle wiederum auf die betreffende Monatsmarkierung geschoben. Somit befinden sich sowohl der Nullpunkt des Lotes als auch die Perle auf der gleichen Monatsmarkierung. Im Bild 3.32 wurde als Beispiel der 1.11. gewählt ($\varphi = 50°$ n.Br.). Beim weiteren Arbeiten ist darauf zu achten, daß der Nullpunkt des Lotes nicht verrutschen darf, was durch ein leichtes Andrücken mit einem Finger erreicht wird.

Das Uhrentäfelchen wird nun auf die Sonne gerichtet, wobei eine einfache Visiervorrichtung (Lochvisier, Kimme und Korn) hilfreich ist. Die Perle am frei herabhängenden Lot gibt jetzt die wahre Ortszeit (WOZ) an; maßgebend ist dabei ihre Lage bezüglich der Stundenlinien. Hätte das Lot am 1.11. die mittlere gestrichelte Lage, so wäre es zu diesem Zeitpunkt 9h WOZ.

Bringt man die Oberkante des Uhrentäfelchens wieder in die Waagerechte, so gibt die Perle den Zeitpunkt des Sonnenaufganges und -unterganges an. In unserem Beispiel wäre das um 7h 10min WOZ bzw. um 16h 50min WOZ.

Einschränkend muß erwähnt werden, daß sich das universale Uhrentäfelchen nicht zur Bestimmung der Sonnenkulmination eignet; die genauesten Angaben erhält man mit dieser Uhr zwischen 4h und 8h sowie zwischen 16h und 20h. Ihr großer Vorteil liegt aber in der raschen Ermittlung der Tageszeit.

3.11. Ringsonnenuhr

Die meist relativ kleinen *Ringsonnenuhren* gehören in den Sammlungen und Museen zu den kunstgewerblichen Kostbarkeiten. Ihre Anfertigung erfordert handwerkliches Geschick und feinmechanisches Können. Das Funktionsprinzip ist leicht verständlich, weil es viel Ähnlichkeit mit dem der ringförmigen Äquatorialuhr hat. Die Ringsonnenuhr besteht aus einem Meridianring, an dem rechtwinklig ein Stundenring befestigt ist. Um 90° gegenüber den Befestigungspunkten des Stundenringes versetzt, verläuft durch den Meridianring eine drehbare Achse mit einem Deklinationsschieber (Bild 3.33). Dieser hat einen verstellbaren Schlitten, mit dem das Datum (Deklination) eingestellt wird. Gleichzeitig dient der Schlitten als Lochgnomon.

Zur Zeitablesung wird die Ringsonnenuhr entsprechend der geographischen Breite am Meridianring aufgehängt und nach Süden ausgerichtet. Der Stundenring verläuft dann parallel zum Himmelsäquator, und die Achse zeigt zum Himmelsnordpol. Nachdem der Deklinationsschieber auf das betreffende Datum eingestellt wurde, dreht man die Achse so weit, bis auf dem Stundenring deutlich der Lichtpunkt abgebildet wird, den der Deklinationsschieber erzeugt. Anhand einer Zeitskale auf der Innenseite des Stundenringes ist dann die WOZ ablesbar.

Wie jede Sonnenuhrenart hat auch die Ringsonnenuhr ihre Vor- und Nachteile. Nachteilig ist, daß die Ringsonnenuhr zu Mittag sowie um die Äquinoktien (21. 3./23. 9.) "blind" ist, d.h. nicht die Zeit anzeigen kann. Beim Mittagsstand der Sonne ist der Meridianring und bei dem Stand der Sonne auf dem Himmelsäquator ist der Stundenring im Wege. Je dünner diese Bauteile sind, desto geringer ist allerdings die Anzahl der Stunden bzw. Tage ohne Zeitangabe.

Die Ringsonnenuhr zeichnet sich durch zwei Vorzüge aus, die nur wenige Sonnenuhren haben:

- Bei verstellbarem Aufhängepunkt läßt sie sich auf allen geographischen Breiten der Nord- und Südhalbkugel der Erde verwenden.
- Weniger bekannt ist, daß man sie auch als Sonnenkompaß zur Bestimmung der Himmelsrichtungen benutzen kann. Bei richtiger Handhabung und einer festen Halterung von unten zeigt der Meridianring genau dann nach Süden, wenn das Sonnenbildchen einwandfrei auf dem Stundenring erscheint. Voraussetzung dafür ist, daß die geographische Breite des Beobachtungsortes sowie die Sonnendeklination bekannt sind.

Die Ringsonnenuhr, auch Universalinstrument genannt, darf nicht mit dem *Sonnenring* verwechselt werden. Bereits die alten Römer benutzten für die Zeitbestimmung derartige Sonnenringe, die auf dem Prinzip der Höhenmessung der Sonne beruhen. Durch eine kleine Öffnung des Sonnenringes fällt ein Lichtpunkt auf den gegenüberliegenden, stets im Schatten befindlichen Innenrand. Anhand einer Gradeinteilung kann dort die Sonnenhöhe abgelesen werden, ohne daß die Sonne anvisiert werden muß. Bei genügender Ringbreite kann der Sonnenring ein Liniennetz mit einer Stunden- und Monatsteilung haben, so daß er direkt als Zeitmesser einsetzbar ist.

3.12. Sonnenuhren auf geometrischen Körpern

Es würde hier entschieden zu weit führen, wollte man alle Möglichkeiten erwähnen, Sonnenuhren auf verschiedenen geometrischen Körpern anzubringen. Auf den kunstvollen Polyedersonnenuhren sieht man sie bei hervorspringenden Kanten und Ecken oder in Vertiefungen. Die zahlreichen Kanten haben hier die Funktion der Schattenwerfer übernommen. Infolge der wechselnden Sonnenstellung kommt es außerdem zu reizvollen Licht-Schatteneffekten.

Die einfachste Art, mehrere Sonnenuhren auf einem Körper zu vereinigen, bildet die Würfelsonnenuhr mit ihren 5 Möglichkeiten: Vertikale Süduhr, vertikale Norduhr, Horizontaluhr sowie polare Ost- bzw. Westuhr.

Mit Phantasie entstehen mitunter recht sonderbare und originelle Zeitmesser, die infolge ihrer kleinen Oberflächen oft nur für wenige Stunden die Funktion einer Sonnenuhr ausüben und daher als Teilsonnenuhren zu bezeichnen sind. Zwei Beispiele sollen uns hier genügen, Aufbau und Herstellung derartiger Sonnenuhren kennenzulernen:

Wegen ihres sakralen Charakters waren im 18. Jahrhundert *Kreuzsonnenuhren* weit verbreitet. Ihre Stundenlinienfolge mag auf den ersten Blick kompliziert erscheinen; dennoch ist eine Sonnenuhr in Kreuzform leicht verständlich, und das Zeichnen der Stundenlinien bereitet

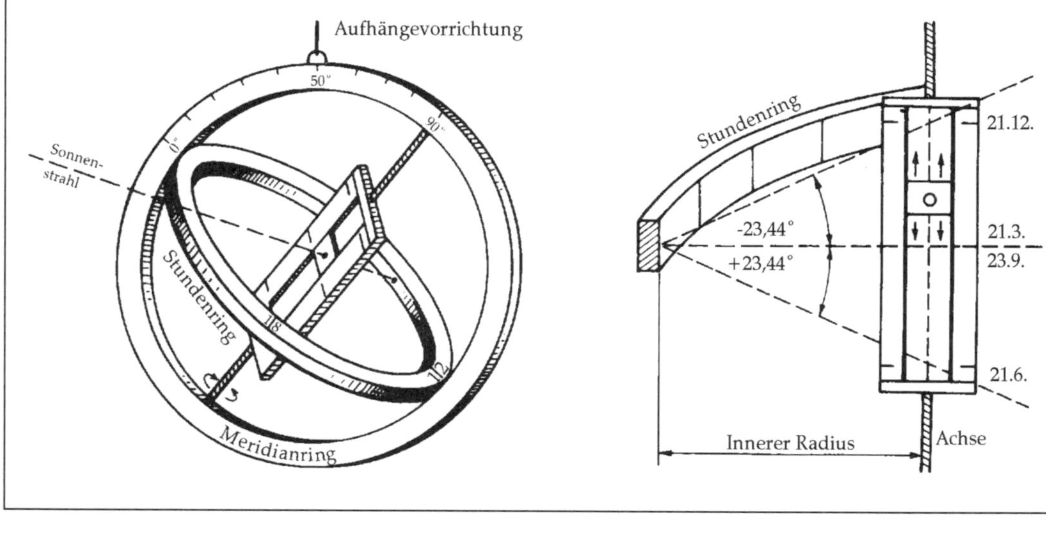

3.33. Ringsonnenuhr

keine großen Schwierigkeiten. Wie aus dem Bild 3.34 zu ersehen ist, zieht man 15°-Winkel von den Kanten zu den dahinterliegenden Querbalken des Kreuzes und erhält dort die Stundenlinien. Die Kreuzbalken müssen eine gewisse Dicke haben, damit ihr Schatten auch bei maximaler Deklination der Sonne noch auf den jeweiligen Querbalken fällt. Der Längsbalken des Kreuzes muß genau nach Süden ausgerichtet und unter dem Winkel (90° - φ) geneigt sein. Wir haben es hier also mit verschiedenen polaren Sonnenuhren zu tun.

Sehr beliebt waren auch *Sternsonnenuhren*, die man als eine Weiterentwicklung der Kreuzsonnenuhren auffassen kann. Ein regelmäßiger vierzackiger Stern kann mit einem Kreuz verglichen werden, das gleich lange Balken hat. Aus dieser Grundform lassen sich beliebig vieleckige Sterne abwandeln. Die Stundenlinien werden wie bei der Kreuzsonnenuhr durch 15°-Winkel festgelegt, die von den Spitzen der Zacken zu deren Seiten gerichtet sind. Je mehr Zacken ein Stern hat, desto mehr Stundenlinien lassen sich auf einer Zackenseite unterbringen. Bei einem zwölfzackigen Stern wie in dem abgebildeten Beispiel sind maximal fünf Stundenmarkierungen möglich.

Sternförmige Uhren müssen ebenfalls äquatorparallel aufgestellt werden, doch ist auch eine Aufstellung parallel zur Erdachse möglich. Gleich welche Stellung man wählt, die 12h-Linie muß genau in der Nord-Süd-Richtung liegen. Die Meridianlinie ist gleichzeitig die Bezugslinie für die 15°-Winkel.

Der Schatten der obersten Zacke (5h-Zacke) fällt am Nachmittag nacheinander auf die Marken 15h, 16h und 17h, die sich links davon auf der nächstunteren Zackenfläche befinden. Gleichzeitig bewegt sich der Schatten der 13h-Zacke rechts unten in derselben Weise über die links von ihr gelegene Zackenseite. Die hier erwähnte durchgehende Zählung der Tagesstunden, die erst zu Beginn des 20. Jahrhunderts eingeführt wurde, gab es im 17. oder 18. Jahrhundert noch nicht. Bei sternförmigen Sonnenuhren sind daher die Zeitangaben immer mehrfach vorhanden - eine Eigenart, die sich aus der Geometrie dieses Körpers ergibt. Aus diesem Grunde findet man Sternsonnenuhren häufig als Grundelement einer größeren Vielflächenuhr, wie das z.B. bei der Kunstuhr im Park von Sanssouci der Fall ist (s. Abschn. 1.7.). Beeindruckende und kunstvolle Polyedersonnenuhren gibt es auch im Weserbergland sowie in Schottland.

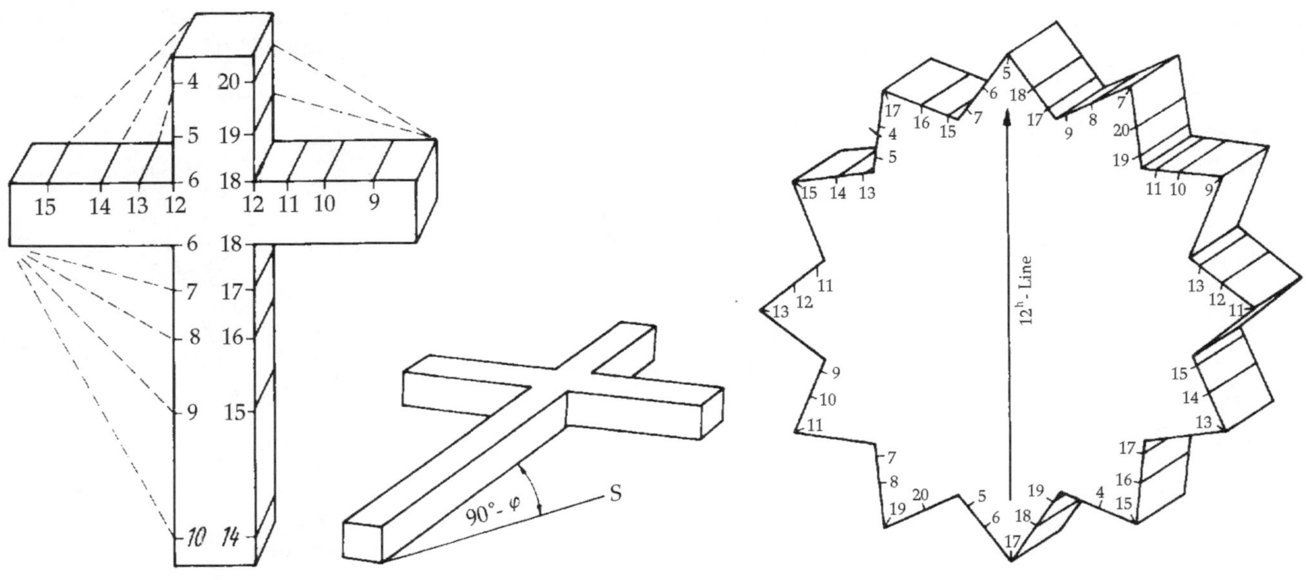

3.34. Sonnenuhren auf geometrischen Körpern (links Kreuzsonnenuhr; rechts: Sternsonnenuhr)

3.13. Sonnenuhren auf anderen geographischen Breiten

Bei der Berechnung und Konstruktion von Sonnenuhren sind wir bisher von einer geographischen Breite von 47° bis 55° n. Br., vom Brenner bis zur Insel Sylt, ausgegangen. Unwillkürlich ergibt sich dabei die Frage, wie die Sonnenuhren auf anderen geographischen Breiten aussähen. Wir werden zwar nicht so leicht in die Verlegenheit kommen, für einen Ort in Zentralafrika oder jenseits des Polarkreises eine Sonnenuhr bauen zu müssen. Es geht hierbei vielmehr um das Erkennen der Zusammenhänge, um Übereinstimmungen und Unterschiede. Der Schattenwerfer bildet natürlich in jedem Fall mit der Horizontalen einen Winkel, der der geographischen Breite des betreffenden Ortes entspricht. Analog dazu entspricht der Winkel mit der Senkrechten (Ebene des Himmelsäquators) stets der Ergänzung zu 90°.

Am Äquator der Erde verläuft der Schattenwerfer einer Horizontaluhr parallel zur Zifferblattfläche in Form eines Steges oder eines Schattenrechteckes (Bild 3.35). Die Horizontaluhr ist hier somit gleichzeitig eine polare Süduhr mit parallel verlaufenden Stundenlinien, wobei die Sonne im Sommerhalbjahr von der Nordseite, im Winterhalbjahr von der Südseite auf die Uhr scheint. Mit zunehmender geographischer Breite wird die Neigung des Schattenwerfers größer, und die Auffächerung der Stundenlinien ist in Äquatornähe noch gering, nimmt aber immer mehr zu. Bei φ : 30° (Kairo) betragen die Stundenlinienwinkel 7,6°, 16,1°, 26,6°..., bei 60° n. Br. (Oslo, St. Petersburg) bereits 13,1°, 26,6°, 40,9°... Die Winkel nähern sich immer mehr der 15°-Folge, die auf dem Nordpol erreicht wird. Dort ist unsere Horizontaluhr zu einer Äquatorialuhr mit horizontalem Zifferblatt und senkrechtem Schattenwerfer geworden, die aber nur im Zeitraum des Polartages vom 21.3. bis 23.9. die Zeit anzeigen kann.

Wir beziehen jetzt unsere Wanderung vom Äquator bis zum Nordpol auf eine Vertikaluhr (Bild 3.35). Der Schattenwerfer einer Vertikaluhr bildet am Äquator mit der senkrechten Wand einen rechten Winkel, verläuft also waagerecht. Das Zifferblatt entspricht dem einer Äquatorialuhr mit ihrer 15° Stundenteilung, die auf der Südseite bei negativer, auf der Nordseite bei positiver Sonnendeklination die Zeit anzeigt. Hier wäre eine Doppelsonnenuhr angebracht. Mit zunehmender geographischer Breite wird der Winkel zwischen dem Schattenwerfer und der Wand geringer; die Auffächerung der Stundenlinien nimmt ab. Wie man rechnerisch leicht überprüfen kann, sind die Stundenlinienwinkel einer Horizontaluhr auf 30° n. Br. und die einer Vertikaluhr auf 60° n. Br. gleich groß. Wir könnten daher die Berechnung bzw. Konstruktion der einen Sonnenuhrenart mit dem Komplementwinkel der anderen Art durchführen. Bei 45° n.Br. tritt - wie bereits

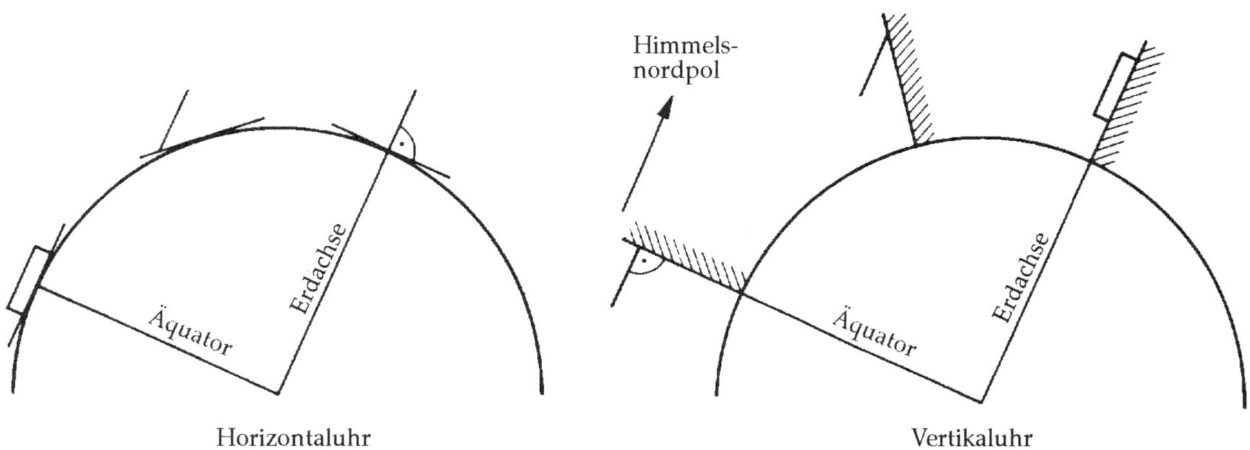

3.35. Einfluß der geographischen Breite auf die Gestalt der Horizontaluhr und der Vertikaluhr

erwähnt - der Fall ein, daß die Stundenlinienwinkel und die Neigung des Schattenwerfers bei der horizontalen und vertikalen Sonnenuhr identisch sind. Eine Kombination beider Uhrenarten (Doppelsonnenuhr) kann auf dieser Breite unter Veränderung der Stundenbezeichnungen beliebig aufgestellt werden. Am Nordpol wird die Vertikaluhr zu einer polaren Süduhr mit senkrechter Auffangfläche. Wie bei jeder polaren Uhr muß der Schattenwerfer aus der Zifferblattfläche herausragen (Steg, Rechteck). Übrigens kann hier die Mittagslinie beliebig definiert werden, da ja am Nordpol alle Meridiane zusammentreffen und es nur die Südrichtung gibt (am Südpol die Nordrichtung).

Die Zifferblätter der äquatorialen und polaren Sonnenuhren sind unabhängig von der geographischen Breite. Der Verlauf der Stundenlinien ändert sich nicht, wie aus der Berechnungsformel auch zu ersehen ist. Es ändert sich lediglich der breitenabhängige Neigungswinkel des Schattenwerfers. Bei den polaren Uhren sind die Stundenlinien von der Höhe des Schattenwerfers abhängig.

Für Globetrotter ist vielleicht die Frage von Interesse, ob man mit den bisher erworbenen Kenntnissen auch auf der südlichen Erdhalbkugel eine Sonnenuhr herstellen kann. Kurz gesagt: Ob eine Sonnenuhr auf der Nord- oder Südhalbkugel aufgestellt werden soll, hat auf die Formeln bzw. Konstruktionsverfahren keinen Einfluß, es gilt aber folgendes zu beachten:

Die Sonne geht auch dort im Osten auf und im Westen unter (das Gegenteil wird oft behauptet!); ihr Tagbogen erreicht in Richtung Norden seine größte Höhe. Der tägliche scheinbare Sonnenlauf vollzieht sich dort von rechts nach links, bei uns von links nach rechts am Himmel. Der Schattenwerfer zeigt nicht zum Himmelsnordpol (Polarstern), sondern zum Himmelssüdpol, der sich in einem fast sternenleeren Gebiet des Sternbildes Oktant (Octans) unweit eines winzigen Sternchens befindet.

Wichtig ist also, daß man die Laufrichtung des Schattens und damit die richtige Stundenfolge beachtet, die sich von der Nordhalbkugel unterscheidet. Sie ist in allen Fällen gegenläufig. Die Beschriftung der Stundenlinien ist demzufolge symmetrisch zur 12h-Linie zu vertauschen. Als der Verfasser vor Jahren auf eine alte Horizontaluhr aufmerksam gemacht wurde, die angeblich von "Seeräubern" von der Südhalbkugel bis nach Prerow auf dem Darß "verschleppt" worden sei, konnte diese abenteuerliche Behauptung mit einem Blick auf das Zifferblatt sofort widerlegt werden: Die Folge der Stundenlinien entsprach der auf der Nordhalbkugel.

Würfel-Sonnenuhr in Oberweißbach (Thüringen)
Grab der Eltern Friedrich Fröbels

(Foto: A. Zenkert)

Polare Süduhr in Silberhausen (Thür. Eichsfeld) um 1090 *(Foto: A. Zenkert)*

4. Anzeige der Tageszeit

"Ihre Schattenstriche schleichen
lautlos auf der Sonnenuhr,
Wenn der Sonne Strahlen weichen,
schwindet ihre Geisterspur." (Dominik Müller)

4.1 Ortszeitkorrektur

Wie genau geht eigentlich eine Sonnenuhr? Könnte man auch eine Minutengeauigkeit erzielen? - Fragen, die oft gestellt werden. Es kommt darauf an, was man unter "Genauigkeit" versteht. Bei der *Anzeigegenauigkeit* kann man unter Berücksichtigung der Größe des Objektes und des Schattenwurfes durchaus eine Minutengenauigkeit erzielen (s.4.4.). Meint man jedoch die Genauigkeit hinsichtlich unserer Normalzeit (MEZ), wird man beachtliche Unterschiede feststellen können. In diesem Falle haben wir es mit zwei "Störenfrieden" zu tun: Mit der Differenz zwischen der Sonnenuhrenzeit (WOZ) und unserer Normalzeit. Der zweite "Störenfried" ist die Zeitgleichung (Zeitausgleich).

Wie bereits mehrfach erwähnt, zeigen Sonnenuhren normalerweise die wahre Ortszeit (WOZ) an. Diese Zeitangabe spielt aber im Alltagsleben keine Rolle. Hier ist nur die jeweilige Normalzeit oder Zonenzeit gefragt. Diese bezieht sich auf die mittlere Ortszeit des 15. Längengrades, der durch Görlitz sowie Gmünd (Österreich) verläuft. Wer in unmittelbarer Nähe (±20 km) dieser wichtigen Zeitlinie wohnt oder keinen Wert auf Minutengenauigkeit legt, kann den folgenden Abschnitt übergehen und die Ortszeitkorrektur vernachlässigen.

Bei allen Sonnenuhren aber, deren Standort weiter vom 15. Längenkreis entfernt ist, weicht die angezeigte WOZ mehr oder weniger stark von der MEZ ab. Dieses permanente "Falschgehen" der Sonnenuhr wird meist als Nachteil empfunden. Der Kölner wird sich gewiß an der Ortszeitdifferenz von 32 min stören; und selbst geringere Unterschiede wie in Potsdam oder Salzburg mit 8 min. fallen bei einer Sonnenuhr bereits auf.

Soll nun eine Sonnenuhr nicht die wahre Ortszeit des Aufstellungsortes, sondern die Mitteleuropäische Zeit (MEZ) anzeigen, muß bei den Stundenlinienwinkeln eine *Ortszeitkorrektur* vorgenommen werden. Um es vorweg zu nehmen: Auch dann haben wir zumeist noch nicht die MEZ-Anzeige, da der zweite "Störenfried" dabei immer noch die Hand im Spiel hat. Damit werden wir uns etwas später befassen.

Könnte man nicht einfach das gesamte Zifferblatt drehen, um die Ortszeitdifferenz auszugleichen und die MEZ abzulesen? Hand aufs Herz, manch einer hat dies bei seiner Sonnenuhr getan! Hier muß jedoch Einhalt geboten werden, eine derartige Drehung des gesamten Zifferblattes ist nicht zulässig und führt zu falschen Zeitanzeigen.

Wie so oft, gibt es auch hier eine Ausnahme: Bei der Äquatorialuhr mit der 15°-Stundeneinteilung ist die Drehung des Zifferblattes um die Längendifferenz möglich, so bei Hamburg (10° ö.L.) um 5°. Die Drehung hat dergestalt zu erfolgen, daß die "12" um den betreffenden Betrag in Richtung Vormittag verstellt wird, denn die MEZ geht westlich von Görlitz gegenüber der Sonnenuhrenzeit vor! Dies trifft für das gesamte Gebiet der Bundesrepublik Deutschlands zu. In Österreich aber liegt ein Teil des Landes östlich von 15°, so daß die MEZ gegenüber der Sonnenuhrenzeit nachgeht und die "12" dort auf die Nachmittagsseite zu drehen ist. Es ist aber darauf zu achten, daß bei der Äquatorialuhr nur das Zifferblatt in der Ebene des Himmelsäquators zu drehen ist, nicht aber der Schattenwerfer.

Bei allen übrigen Sonnenuhrenarten muß die Ortszeitdifferenz schon bei der Berechnung bzw. Konstruktion der Stundenlinien berücksichtigt werden. Im Abschnitt 2.7. hatten wir festgestellt, daß zwischen Ortszeitdifferenz und geographischer Länge ein einfacher mathematischer Zusammenhang besteht. Sehen wir uns noch einmal Bild 2.11 an. Es zeigt, daß die Stundenwinkel τ der Sonne für den Aufstellungsort um einen konstanten Betrag τ von denjenigen in Görlitz abweichen. Die Abweichung des Stundenwinkels ist dabei gleich der Längendifferenz zwischen dem Aufstellungsort (geogr. Länge λ) und Görlitz (15° ö.L.).

$$\Delta\tau = 15° - \lambda.$$

Die Berechnung der Stundenlinienwinkel z kann daher nicht mehr mit der normalen Stundenwinkelfolge von 15°, 30°, 45°...erfolgen. Diese Stundenwinkelfolge muß erst um den Korrekturbetrag $\Delta\tau$, die Längendifferenz, verändert werden. Dabei ist $\Delta\tau$ für die Vormittagsstunden zu addieren und für die Nachmittagsstunden zu subtrahieren.

Beispiel

Für Hamburg (10° ö.L.) sollen die Stundenlinienwinkel einer vertikalen Süduhr mit Ortszeitkorrektur berechnet werden. Die Abweichung $\Delta\tau$ der Stundenwinkel beträgt hier gemäß der obigen Gleichung 5°, was einer Ortszeitdifferenz von 20 min entspricht.Tafel 4.1 enthält die der jeweiligen Stundenlinie zugrunde liegenden Stundenwinkel sowie die gesuchten Stundenlinienwinkel.

Man beachte hier, daß der der Ortszeitdifferenz entsprechende Stundenwinkel von 5° für 12h "MEZ" in einen Stundenlinienwinkel von 3° verwandelt wird. Hier wird noch einmal der Unterschied zwischen *Stundenwinkel* und *Stundenlinienwinkel* deutlich.

Bei Korrektur der Ortszeitdifferenz verschieben sich die Stundenlinien zu den Vormittagsstunden, wenn sich der Aufstellungsort der Sonnenuhr westlich von Görlitz befindet, östlich von Görlitz dagegen zu den Nachmittagsstunden.

WOZ von Görlitz h	Korrigierte Stundenwinkel °	Stundenlinienwinkel °
9	50	35,3
10	35	22,6
11	20	12,2
12	5	3,0
13	10	6,0
14	25	15,5
15	40	26,5

Tafel 4.1. Veränderung der Stundenlinienwinkel z (vertikale Süduhr) bei Korrektur der Ortszeitdifferenz für Hamburg (φ: 53,6°), (λ: 10°)

Erfahrungsgemäß wird bei den Nachmittagsstunden der Fehler gemacht, daß bei der Korrektur des Stundenwinkels nicht subtrahiert wird. Bei unserem Beispiel bedeutet dies: Für 13h: 15° - 5° = 10°, für 14h: 30° - 5° = 25° usw.

Bei der Konstruktion der Stundenlinien wird die Ortszeitdifferenz dadurch korrigiert, daß der Hilfskreis mit der 15°-Teilung um den Betrag $\Delta\tau$ gedreht wird. Für Hamburg beispielsweise verschieben sich wie bei der Berechnung alle 15°-Winkel um 5° zu den Vormittagsstunden (Bild 4.1.). Die übrigen Konstruktionsschritte ändern sich nicht.

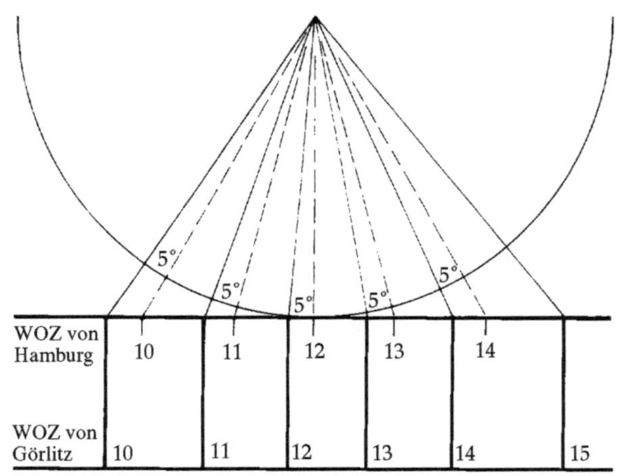

4.1. Veränderung des Stundenwinkels bei der Konstruktion eines Zifferblattes mit Ortszeitkorrektur

Das Zifferblatt einer Sonnenuhr mit Ortszeitkorrektur ist nicht mehr achsensymmetrisch; die 12h-Linie einer Vertikaluhr verläuft daher nicht senkrecht. Die Erwähnung im Abschn. 3.4. über die stets senkrecht verlaufende 12h-Linie und den "Kontrollblick" trifft für die ortszeitkorrigierten Sonnenuhren nur für 12h WOZ zu, nicht aber für 12h "MEZ". Wie 4.2. zeigt, ist der Winkel selbst auf der Länge von Aachen mit 5,6° aber noch recht klein. Man beachte dabei, daß die Zeitanzeige am Morgen verkürzt und am Abend verlängert wird. Die Lage der Linien für 6h und 18h ähnelt der einer abweichenden Vertikaluhr.

Bei der Anfertigung des Zifferblattes sollte man von der WOZ den wahren Mittag kennzeichnen, um damit auf den Zeitpunkt der Kulmination der Sonne, den Ortsmittag, zu verweisen. Bei größeren Ortszeitdifferenzen (z.B. im Rheinland) kann man sowohl die WOZ-Anzeige als auch die MEZ-Anzeige anbringen. Die Angabe der senkrechten Meridianlinie verdeutlicht die Differenz zwischen der WOZ von Görlitz und der des Aufstellungsortes.

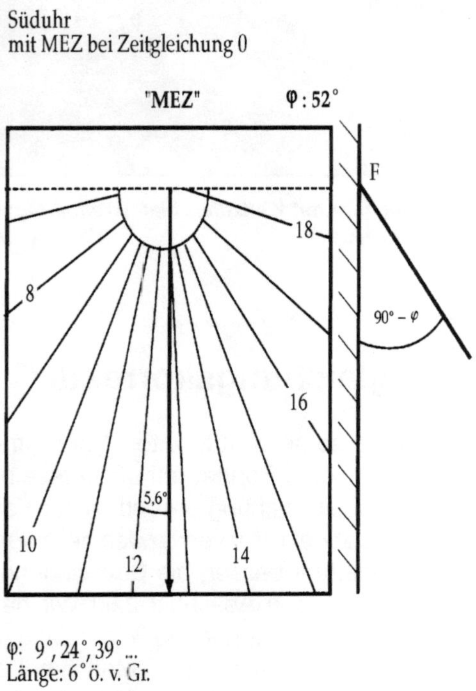

4.2. Ortzeitkorrigiertes Zifferblatt einer vertikalen Süduhr für die Länge von Aachen

4.2. Weltzeitzifferblatt

Die Tatsache, daß zwischen Orten verschiedener geographischer Länge eine Ortszeitdifferenz besteht, muß nicht unbedingt als ein Nachteil angesehen werden, den es durch eine entsprechende Korrektur zu beseitigen gilt. Man kann sich diese Tatsache auch zunutze machen, um eine spezielle Sonnenuhrenart zu konstruieren: die *Weltmittagsuhr.* Diese Sonnenuhrenart hatten wir schon im Zusammenhang mit der Globussonnenuhr kennengelernt.

In dem Maße, wie sich die Erde um ihre Achse dreht, steht die Sonne über anderen Orten der Erde (mit anderen geographischen Längen) im Meridian. Der wahre Mittag wandert gleichsam in 24 h einmal um die Erdkugel, was uns bereits bekannt ist. Eine *Weltmittagsuhr* erhält man nun dadurch, daß man auf dem Zifferblatt neben den Stundenmarkierungen ausgewählte Städte angibt, wo zu den betreffenden Uhrzeiten gerade 12h WOZ ist. Das Foto auf Seite 102 oben zeigt ein Beispiel für diese Sonnenuhrenart.

Die Uhrzeiten des jeweiligen wahren Mittags lassen sich mit der in Abschnitt 2.7. angegebenen Gleichung sehr leicht ermitteln. Ausschlaggebend ist allein der Längenunterschied zwischen den betreffenden Orten und dem Aufstellungsort der Weltmittagsuhr. Die geographische Länge einiger großer Weltstädte ist aus der Tafel 10.3 zu entnehmen.

So besteht zwischen Görlitz und Taschkent ein Längenunterschied von 54°. Dem entspricht eine Ortszeitdifferenz von 216 min (= 3 h 36 min). Da in Taschkent demnach der Mittag um 3 h 36 min früher eintritt als in Görlitz, muß die Bezeichnung "Taschkent" auf dem Zifferblatt dort angebracht werden, der Schatten bei 8h 24min liegt.

Zwischen Görlitz und New York besteht ein Längenunterschied von 89°, was einer Ortszeitdifferenz von 356 min (= 5 h 56 min) entspricht. Der wahre Mittag tritt in New York um den genannten Zeitbetrag später ein, so daß die Bezeichnung "New York" auf dem Zifferblatt bei 17h 56 min stehen muß.

Am einfachsten läßt sich wiederum die Äquatorialuhr zu einer Weltmittagsuhr abwandeln. Die regelmäßige 15°-Teilung kann mit den Zeitzonen der Erde verglichen werden. Die Längendifferenz stimmt hier mit der Differenz der Stundenwinkel sowie der Stundenlinienwinkel überein.

Auf die genannten Aufstellungsorte Görlitz und New York bezogen, müßte bei einer Äquatorialuhr die Bezeichnung "Taschkent" 54° westlich der Meridianlinie (Vormittagsseite), die Bezeichnung "New York" 89° östlich davon (Nachmittagsseite) sein.

Bei allen übrigen Sonnenuhrenarten wird der Winkel zur Meridianlinie am besten dadurch ermittelt, daß man ihn für einen mit der Längendifferenz identischen Stundenwinkel berechnet oder konstruiert. Man findet auch Weltmittagsuhren, die nur die Städtebezeichnungen enthalten und auf die Stundenmarkierungen verzichten.

Von ganz besonderem Reiz sind Kombinationen mehrerer Sonnenuhren, von denen jede die WOZ eines anderen Ortes anzeigt. Dabei ist die Orientierung des Polstabes selbstverständlich bei all diesen Ortszeitsonnenuhren gleich. Die Zifferblätter unterscheiden sich nur durch die Lage der Stundenlinien bzw. durch die jeder Stundenlinie zugeordnete Uhrzeit. Auf diese Weise lassen sich mehrere kleine Sonnenuhren auf einer Fläche anbringen. Wegen der ganztägigen Besonnung eignen sich dafür die Horizontaluhren und Äquatorialuhren besser als die Vertikaluhren.

Nehmen wir an, eine solche Kombination von Sonnenuhren wird in Görlitz aufgestellt. Neben der Ortszeitsonnenuhr von Görlitz befinde sich eine für Taschkent. Bei der Taschkenter Ortszeitsonnenuhr muß die Zahl 12 gemäß dem obigen Beispiel bei der Stundenmarkierung für 8h 24min stehen, die Zahl 8 demzufolge bei der 4h 24min-Stundenmarkierung, die Zahl 24 bei der 20h 24min-Stundenmarkierung. Dieses Beispiel läßt sich beliebig fortsetzen, um mehrere solcher Welt-Ortszeitsonnenuhren anzubringen. Das bedeutet, daß bei einigen Ortszeitsonnenuhren auch Stundenangaben für die Nacht erscheinen können. Hier beachte man auch die Datumsgrenze, wobei mitunter noch die Zeit des vergangenen bzw. bereits des folgenden Tages angezeigt werden kann.

Sonnenuhren mit Weltzeitzifferblättern demonstrieren sehr anschaulich die globalen Zusammenhänge der Längen- und Zeitdifferenzen. Erfahrungsgemäß werden derartige Sonnenuhren sehr interessiert betrachtet, da sie einen Einblick in die "weite Welt" sowie in den Tagesablauf der Völker auf unserem Erdball eröffnen und nicht zuletzt ein Ausdruck des völkerverbindenden Gedanken sein können. Nicht zuletzt kann uns die Weltmittagsuhr zu der Frage anregen, ob wirklich alle Menschen auf unserer Erde zu dieser Stunde auch ausreichend zu essen haben.

Horizontal-Sonnenuhr mit Weltziffernblatt (Weltmittagsuhr) in Silberhausen um 1990 (Foto: A. Zenkert)

4.3. Zeitgleichungskorrektur

Wir kommen somit zum zweiten "Störenfried". Natürlich zeigt eine Sonnenuhr mit Ortszeitkorrektur die MEZ nur bei Zeitgleichung 0 - und dieser Fall tritt nur an vier Tagen im Jahr ein. Wir verwenden bei einer ortszeitkorrigierten Sonnenuhr besser die Bezeichnung "MEZ". Erinnern wir uns an den Abschnitt 2.8.! Wir hatten dort erfahren, daß sich die Sonne ungleichmäßig über die scheinbare Himmelskugel bewegt. Manchmal steht sie etwas zu früh, manchmal etwas zu spät im Meridian. Diese Ungleichmäßigkeit, die Differenz zwischen der wahren und mittleren Ortszeit, hatten wir als *Zeitgleichung* oder

Zeitausgleich bezeichnet. Bei Kenntnis der Zeitgleichung können wir die MEZ ohne weiteres aus der von einer Sonnenuhr angezeigten Zeit berechnen, beispielsweise mit Hilfe der Tafel 10.1. bzw. des Nomogramms von Tafel 10.4. Ist aber auch eine direkte Anzeige der MEZ möglich, ohne daß zusätzliche Tafelwerke benötigt werden?

Diese Frage kann bejaht werden. Im Laufe der Zeit wurden sogar mehrere Varianten entwickelt, die eine Anzeige der MEZ gestatten. Die bekannteste ist die sog. *Zeitgleichungsschleife.* Man findet sie häufig auf Vertikaluhren, in manchen Fällen sogar als Einzeldarstellung ohne Stundenlinien. Das Bild 4.3. zeigt, daß es sich hierbei um eine eigenartig deformierte, längliche Acht handelt, die sich auf der Meridianlinie, der 12h-Linie des Zifferblattes, befindet.

Es ist einleuchtend, daß der Schattenwurf z.B. auf der senkrechten Mittagslinie einer Vertikaluhr infolge der wechselnden Sonnenhöhe im Sommer tiefer und im Winter höher liegen muß. Die unterschiedliche Deklination der Sonne hat eine vertikale Verschiebung des Schattenendpunktes zur Folge. Der Schatten müßte somit im Laufe eines Jahres einmal hinab und wieder hinauf wandern, wobei der Schattenendpunkt im Sommer tiefer und im Winter höher liegt. Dies trifft jedoch nicht zu, sondern es kommt noch zusätzlich zu einer kleinen seitlichen Bewegung des Schattens. Die Zeitgleichung bewirkt somit eine seitliche Verschiebung des Schattenendpunktes, die ebenfalls vom Datum abhängig ist. Wählt man das Ende des Schattenstabes, darf dieser nicht allzu lang sein, da die Schleife bei hohem Sonnenstand im unteren Teil viel Platz benötigt. Eine weitere Möglichkeit ist eine Kugel oder eine Lochblende auf dem Stab. Für die Ablesung sind das Schattenende, der Kugelschatten oder das Sonnenbildchen maßgeblich.

Wir können uns das ganz einfach so vorstellen, wobei wir uns erst einmal auf den 15. Längengrad beschränken wollen: Ist der Zeitgleichungsbetrag positiv (Sonnenuhr geht vor), dann ist um 12h MEZ der wahre Mittag (12h WOZ) schon überschritten, und der Schattenendpunkt befindet sich zu diesem Zeitpunkt bereits rechts von der Meridianlinie auf der Nachmittagsseite. Bei negativem Zeitgleichungsbetrag (Sonnenuhr geht nach) ist es genau umgekehrt; der Schattenendpunkt befindet sich dann links von der Meridianlinie auf der Vormittagsseite.

Nur viermal im Jahr, wenn der Zeitgleichungsbetrag Null ist, befindet sich der Schattenendpunkt um 12h MEZ genau auf der Meridianlinie. Verbindet man die auf- und absteigenden sowie hin- und herpendelnden Punkte in der Reihenfolge des Datums, so erhält man die Zeitgleichungsschleife, wegen der Ähnlichkeit mit der Ziffer "8" auch als Achterschleife bekannt.

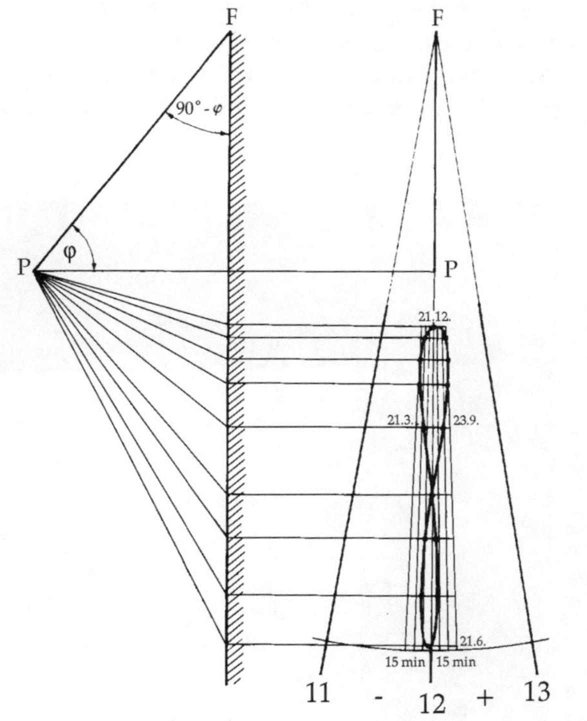

4.3. Konstruktion der Zeitgleichungsschleife bei einer vertikalen Süduhr

Der Zeitausgleich wirkt sich selbstverständlich nicht nur auf die 12h-Stundenlinie aus. Von ihr sind alle Stundenlinien gleichermaßen betroffen (s. Abbildung auf Seite 102). Demzufolge müßten anstelle der übrigen geraden Stundenlinien eigentlich auch Zeitgleichungsschleifen gezeichnet werden, wie es auf einigen wenigen Sonnenuhren auch zu sehen ist. Der Übersichtlichkeit halber verzichtet man aber auf die Vielzahl der Achterschleifen. Beim Ablesen einer beliebigen Zeitanzeige muß man sich einfach anhand der vorhandenen Zeitgleichungsschleife über die momentane Größe des Zeitgleichungsbetrages informieren. Die MEZ erhält man dann, indem man den Zeitgleichungsbetrag zu der abgelesenen Zeitangabe addiert bzw. davon subtrahiert - vorausgesetzt, die Ortszeitkorrektur wurde berücksichtigt.

Bild 4.3 zeigt den Konstruktionsvorgang einer Zeitgleichungsschleife. Betrachten wir zuerst den rechten Teil der Zeichnung. Vom Fußpunkt F aus wird die 12h Linie gezeichnet. Da sich die Schleife zeitlich nur 16,5 min vor und 14,1 min nach dem Mittag bewegt, ist die Konstruktion weiterer Stundenlinien nicht erforderlich, wohl aber von Minutenlinien, wofür Abstände von je 5 min (τ: 1,25°) zu empfehlen sind. Die Winkel für die Minutenlinien sind anhand der zur betreffenden Sonnenuhrenart gehörenden Formel zu berechnen und einzuzeichnen (in unserem Fall entsprechend Abschnitt 3.4.1. bzw. 3.4.3.).

Als nächstes muß für ausgewählte Daten bzw. Sonnendeklinationen die Lage des Schattenendpunktes ermittelt werden. Dazu wenden wir uns dem linken Teil der Zeichnung zu. Zuerst wird bei F der Winkel (90°- φ) aufgetragen. Je nach der gewünschten Größe der Zeitgleichungsschleife wird die Länge des Schattenwerfers gewählt, wodurch der Punkt P festliegt. Anschließend werden verschiedene Einfallswinkel eingezeichnet, unter denen die Sonnenstrahlen im Lauf des Jahres von P zur Zifferblattfläche verlaufen. Am 21.3./ 23. 9. beträgt

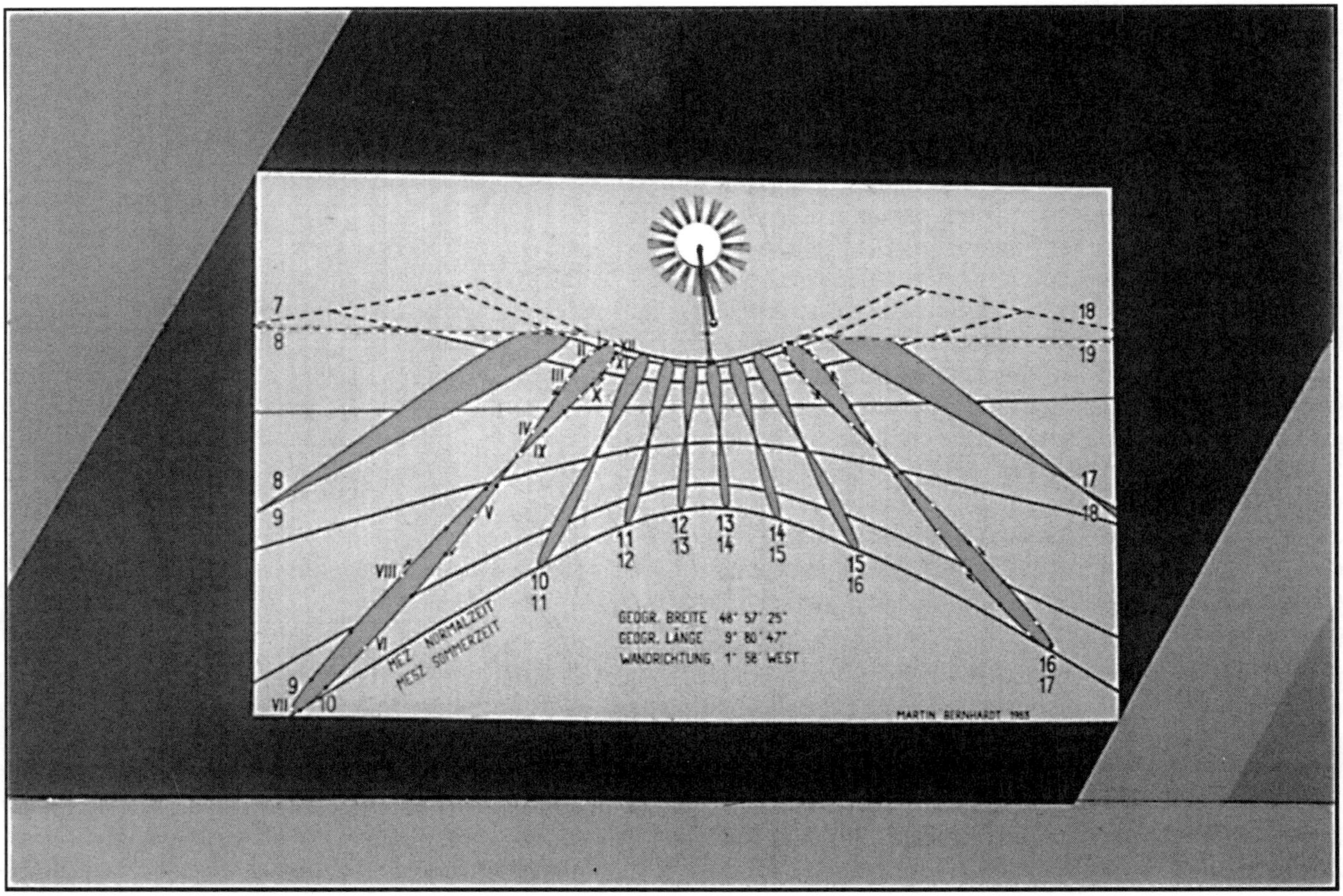

Vertikale Sonnenuhr mit Zeitgleichungsschleife für jede Stunde in Bietigheim-Enz ***(Foto: M. Bernhardt)***

der Einfallswinkel bezüglich der Achse des Schattenwerfers 90°. Für die übrigen Tage des Jahres werden geeignete Deklinationswinkel ausgewählt und beiderseits von der Linie für die Tagundnachtgleichen aufgetragen. Auf diese Weise erhält man eine Reihe von Schnittpunkten mit der senkrecht verlaufenden Geraden. Die Länge des Schattens bzw. die Lage des Schattenendpunktes liegt damit in Abhängigkeit vom Datum fest.

Die so ermittelten Schattenendpunkte werden jetzt auf den rechten Teil der Zeichnung projiziert. Dadurch erhalten wir die Scheitelpunkte der dazugehörigen Datumslinien, die im Abschnitt 5 ausführlich behandelt werden.

Mit Hilfe von Tafel 10.1 wird abschließend der jedem Datum entsprechende Zeitgleichungsbetrag anhand der 5-Minutenlinien mit einem Punkt markiert. Die Verbindung dieser Punkte ergibt dann die Zeitgleichungsschleife.

Beim Interpolieren zwischen den 5-Minutenlinien sind die dabei auftretenden Ungenauigkeiten minimal. Bei den Datumslinien wird die Genauigkeit größer, wenn mit mehr Deklinationswerten - etwa in Abständen von jeweils 10 Tagen - gearbeitet wird.

Die Zeitgleichungsschleife kann auch berechnet werden. Den Stundenlinienwinkel z ermitteln wir dazu mit der entsprechenden Gleichung aus den Abschnitten über die Vertikaluhr. Bezeichnen wir mit FP die Länge des Schattenwerfers, so liegt der Schattenendpunkt im Abstand x von dessen Fußpunkt F

$$x = FP \frac{\sin(90° + \delta)}{\sin(\varphi - \delta)} .$$

Die seitliche Auslenkung y von der Mittagslinie beträgt dann

$$y = x \sin z.$$

Es ist zweckmäßig, folgende Daten mit den dazugehörigen Deklinationen und Zeitgleichungsbeträgen auszuwählen, um genügend Punkte für das Zeichnen der Zeitgleichungsschleife zu bekommen:

- den 1. Tag jeden Monats
- die vier Tage des Anfangs der Jahreszeiten
- die vier Tage mit den größten Zeitgleichungsbeträgen
- die vier Tage mit dem Zeitgleichungsbetrag 0 min.

Mit Hilfe dieser 24 Punkte läßt sich eine formschöne Zeitgleichungsschleife mit hinreichender Genauigkeit zeichnen. Tafel 4.2 enthält als Beispiel die Werte für die ersten 7 dieser Punkte, wobei eine Schattenwerferlänge von 300 mm vorausgesetzt wird.

Beim Zeichnen der Zeitgleichungsschleife geht man wie folgt vor: Zuerst wird der Abstand x des Schattenendpunktes (bzw. die Schattenlänge) auf der Mittagslinie mittels eines Hilfspunktes markiert. Von dort aus trägt man dann im rechten Winkel die seitliche Auslenkung y ab, und zwar bei positiver Zeitgleichung nach rechts, bei negativer nach links. Diese Arbeitsweise ist zwar nicht ganz exakt, aber der dabei auftretende Fehler ist so minimal, daß wir ihn bedenkenlos vernachlässigen können.

Datum d	Dekl. °	Schattenlänge x mm	Betr. d. Zeitgl. min	Stundenwinkel τ °	Stundenlinienw. z °	Seitl.Auslenk. y mm
1.1.	-23,1	287	- 3,5	0,875	0,55	2,8
1.2.	-17,3	308	-13,6	3,4	2,14	11,5
12.2.	-13,9	322	-14,3	3,575	2,25	12,6
1.3.	- 7,8	347	-12,4	3,1	1,95	11,8
21.3.	0,0	386	- 7,3	1,825	1,15	7,7
1.4.	4,3	411	4,0	1,0	0,63	4,5
16.4.	9,9	450	0,0	0,0	0,0	0,0

Tafel 4.2. Berechnung der Zeitgleichungsschleife für eine vertikale Süduhr (φ = 51°)

Da die Stundenlinien von F aus divergieren, nimmt die Breite der Schleife mit zunehmendem Abstand von diesem Punkt zu. Oft stimmt das so konstruierte oder berechnete Schleifenbild nicht mit den zeichnerischen Darstellungen in der Literatur überein. Das liegt daran, daß letztere in erster Linie der Veranschaulichung des Sachverhaltes dienen und darum meist wesentlich breiter als in Wirklichkeit dargestellt werden.

Wird bei der Zeitgleichungsschleife die Ortszeitkorrektur berücksichtigt, dann liegt sie für alle Orte westlich von Görlitz links der Senkrechten (12h WOZ) und nimmt eine mehr oder weniger große Schräglage in Richtung zur 11h-Linie ein. Man beachte hierfür die Ausführungen am Ende des Abschnittes 5.4!

Eine zweite Variante der MEZ-Anzeige zeigt Bild 4.4. Es handelt sich dabei um eine Äquatorialuhr, die anstelle eines Schattenstabes eine drehbare Anzeigevorrichtung hat. Diese besteht aus einer polwärts gerichteten Lochblende und einer ebenfalls polwärts gerichteten Auffangfläche. Beide stehen somit senkrecht auf der Äquatorebene.

Im Gegensatz zu den bisher erwähnten Sonnenuhrenarten befindet sich auf der Auffangfläche selbst keine Zeitskale, sondern eine Zeitgleichungsschleife. Wenn die Zeit abgelesen werden soll, muß die Anzeigevorrichtung in Richtung Sonne gedreht werden. Die Lochblende erzeugt dann auf der Auffangfläche einen kleinen Lichtpunkt. Die Anzeigevorrichtung muß soweit gedreht werden, bis sich dieser Lichtpunkt genau auf der Stelle der Zeitgleichungsschleife befindet, der dem betreffenden Datum entspricht. Das ist relativ einfach, da man sich nur zu merken braucht, welche Seite der Zeitgleichungsschleife gerade gültig ist. Wurde die Anzeigevorrichtung korrekt eingestellt, dann zeigt die hinter der Auffangfläche befindliche Zeigerspitze auf der kreisförmigen Zeitskale die MEZ in Stunden und Minuten an. Hat die Zeitskale einen Radius von 230 mm, so beträgt der Abstand der Minutenmarkierungen 1 mm.

Die Genauigkeit der Zeitanzeige ist relativ groß. Bei einer Abweichung des Einstellwinkels vom wirklichen Stundenwinkel der Sonne um einen Betrag, der einem Anzeigefehler von 1 min entspricht, entfernt sich der Lichtpunkt auf der Auffangfläche um 2 mm von der Zeitgleichungsschleife.

Voraussetzung für eine genaue Anzeige der MEZ ist natürlich als erstes, daß die *Minuten-Sonnenuhr* nach Süden ausgerichtet ist und daß die Drehung der Anzeigevorrichtung exakt in der Ebene des Himmelsäquators erfolgt. Ist die Äquatorebene wie in dem abgebildeten Beispiel verstellbar, so kann die Minuten-Sonnenuhr auf unterschiedlichen Breiten verwendet werden. Die zweite Voraussetzung betrifft die Markierungen der Stunden und Minuten auf der Zeitskale. Sie müssen um den Betrag der Ortszeitdifferenz versetzt sein, wie es in Abschnitt 4.1. erläutert wurde.

Zugegeben, der "Störenfried" Zeitgleichung erschwert die Wissenschaft von den Sonnenuhren ein wenig. Für die Praxis reicht die folgende, einfach zu handhabende Übersicht zur Zeitgleichungskorrektur aus (nach Dr. H. Philipp):

Bei dieser Übersicht ist die Ortszeitkorrektur noch zu berücksichtigen, um die wirkliche MEZ zu erhalten. Die Tafel 10.6. enthält sowohl die Zeitgleichung als auch die Ortszeitkorrektur, was eine wesentliche Erleichterung der Arbeit darstellt. Die "0" bedeutet stets 12 Uhr MEZ, woran auch zu erkennen ist, daß diese Zeitangabe westlich von 11° Länge nicht mehr eintreten kann. Mann beachte die großen Korrekturbeträge im Februar bei 6° Länge.

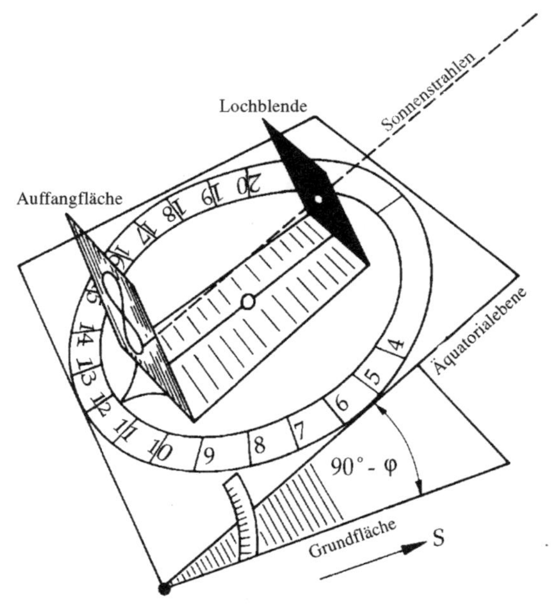

4.4. Minuten-Sonnenuhr

Übersicht zur Zeitgleichungskorrektur. Die Werte sind zur Sonnenuhranzeige hinzuzufügen (in Minuten)

Tag	JAN	FEB	MÄR	APR	MAI	JUN	JUL	AUG	SEP	OKT	NOV	DEZ
1.	4	14	13	4	-3	-3	3	6	- 1	-10	-16	-10
5.	6	14	12	3	-4	-2	4	6	- 2	-12	-16	- 9
10.	8	14	12	3	-4	-1	5	5	- 3	-13	-16	- 7
15.	10	15	9	0	-4	0	6	4	- 5	-14	-15	- 6
20.	12	14	8	-1	-4	1	6	3	- 7	-15	-14	- 2
25.	13	13	6	-2	-4	2	6	2	- 8	-16	-13	0
30.	14		5	-3	-3	3	6	0	-10	-16	-11	2

Oft wird deshalb die Frage gestellt: Könnte man nicht im Zeitalter der Hochtechnologie diesen "Störenfried" Zeitgleichung mit irgendeinem gnomonischen Trick ausschalten, um sofort die MEZ ablesen zu können? Diese Frage ist keineswegs absurd und hat schon viele Gnomoniker der Vergangenheit beschäftigt.

Es geht hierbei um den Ausgleich, d.h. die Kompensation der Zeitgleichung, die natürlich mittels eines normalen Schattenwerfers oder Lochgnomons nicht erreicht werden kann. Wenn aber die Form des Schattenwerfers so gestaltet wird, daß sie dem Hin- und Herpendeln des Schattens entspricht, kann dieser Ausgleich bewirkt werden. Aus dem schlanken Schattenstab bzw. Schattendreieck wird ein dicker, keulenartig verformter Schattenwerfer, auch als "*Bernhardtsche Walze*" bekannt (4.5).

Die Zeitangabe erfolgt auf einem halbkreisförmigen Zifferblatt einer ringförmigen Äquatorialuhr. Da der Schattenwurf zu einigen Zeiten sehr breit ist, wird grundsätzlich am Schnittpunkt der vorauseilenden Schattengrenze mit dem Kreis die Zeit abgelesen. Die andere Schattengrenze wird nicht beachtet.

Wenn sich die Sonne zwischen dem 21. 12. und dem 21.6. täglich höher bewegt, tastet der Sonnenstrahl jeden Tag eine andere Höhe des Schattenwerfers ab. Damit erzeugt jeden Tag eine andere Höhe der "Walze" den Teil des Schattens, der auf den Zahlenring fällt. Jedem Datum entspricht demnach eine ganz bestimmte Höhe des Schattenwerfers.

In jeder Höhe ist der Schattenwerfer verschieden stark ausgebildet. Die dabei auftretenden Ausbuchtungen bzw. Einschnürungen entsprechen der für diesen Tag gültigen Zeitgleichung, je nachdem, ob sie größer oder kleiner ist. Auf diese Weise wird der Schatten am Zahlenring selbsttätig um einen bestimmten Betrag vor- oder zurückverlegt.

Die Herstellung des eigenartig geformten Schattenwerfers erfordert eingehende Berechnungen sowie größte Sorgfalt. Die als Präzisions-Sonnenuhr (auch "Minutenwalze")

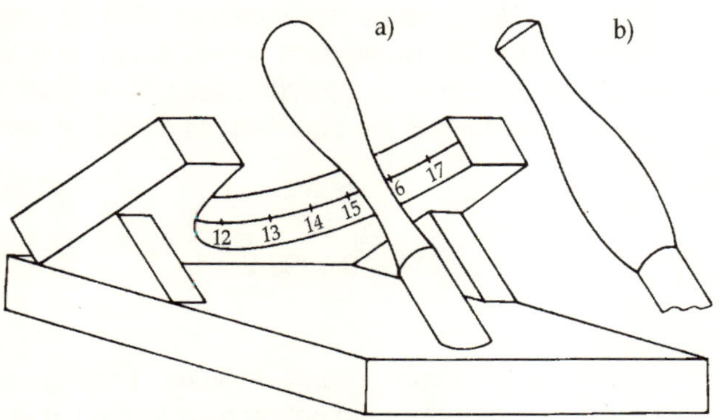

4.5. Äquatorialuhr nach der Konstruktion von M. Bernhardt, Freudenstadt
a) Schattenwerfer für Juni bis Dezember;
b) Schattenwerfer für Dezember bis Juni

bekannt gewordene, heute noch seltene Sonnenuhrenart, bezieht sich auf die äquatoriale Uhr. Für die horizontale und vertikale Sonnenuhr sind jedoch überaus komplizierte Berechnungen erforderlich.

Zur Zeit der Sommersonnenwende wird der Schattenwerfer gegen einen zweiten ausgewechselt, der durch seine andere Gestaltung die Zeitgleichung bis zur Wintersonnenwende kompensiert. Die Bernhardtsche Walze zählt zu den einfallsreichsten Erfindungen in der langen Geschichte der Gnomonik. Vor dem Planetarium Stuttgart sowie in Mainz, Deutschhausgäßchen, befinden sich exakt gearbeitete Sonnenuhren dieser Art.

4.4. Genauigkeit von Sonnenuhren

Wie groß ist die Ablesegauigkeit einer Sonnenuhr? - Eine oft zu hörende Frage. Häufig wird die Ansicht vertreten, daß die Sonnenuhr nur für eine "grobe" Zeitablesung geeignet sei; Zeitdifferenzen im Minutenbereich können angeblich nicht abgelesen werden. Im folgenden wollen wir uns deshalb mit der Frage beschäftigen, ob Minuten- oder vielleicht sogar Sekundengenauigkeiten bei einer Sonnenuhr möglich sind.

Wenn wir die Sonne am Himmel beobachten, erscheint sie uns nicht punktförmig, sondern als Scheibe mit einem Durchmesser von etwa 32 Bogenminuten (rund 0,50°). Infolge dieser Ausdehnung kann es zu keinem scharf begrenzten Schattenwurf kommen. Wir unterscheiden daher bei jedem Schattenwurf innen den Kernschatten, der überhaupt kein direktes Sonnenlicht erhält und den Halbschatten (Bild 4.6). Der Halbschatten wird von innen nach außen immer heller; er soll uns hier nicht interessieren. Die Breite BK des Kernschattens ist sowohl von der Entfernung E zur Auffangfläche (Zifferblatt) als auch von der Breite des Schattenwerfers abhängig:

$$Bk = Bs - 0{,}0093\ E.$$

Beispielsweise wirft ein 10 mm breiter Stab in 800 mm Entfernung einen Kernschatten von rund 2,6 mm Breite. Die Breite des Halbschattens beträgt dann auf jeder Seite rund 7,4 mm.

Bs Breite des Schattenwerfers; Bk Breite des Kernschattens; E Entfernung

Die obige Gleichung gilt für beliebig geformte Schattenwerfer, also auch für solche, die punkt- oder scheibenförmig sind. Sie gestattet uns eine wichtige Schlußfolgerung: Zum Entstehen des Kernschattens ist eine Mindestbreite des Schattenwerfers erforderlich. Die Breite muß größer sein als 0,0093 E. Erreicht die Entfernung etwa das 107fache der Breite des Schattenwerfers, dann verschwindet der Kernschatten gänzlich. Eine genaue Zeitanzeige ist in diesem Fall bei einer Sonnenuhr nicht mehr möglich. Der Kernschatten unserer Erde reicht übrigens bis in eine Entfernung von rund 1,4 Mill. km!

Aus dem gleichen Grund ist die Meinung, die Genauigkeit der Zeitanzeige bei einer Sonnenuhr kann durch Verwendung eines dünnen Schattenstabes bzw. Drahtes erhöht werden, mit Vorsicht aufzunehmen. Entscheidend für die Anzeigegenauigkeit ist wie gesagt die Entfernung, weshalb sich bei größeren Sonnenuhren infolge des "Kernschattenverlustes" Schwierigkeiten ergeben dürften. So muß z. B. bei einer Äquatorialuhr mit 800 mm Radius ein Mindestdurchmesser des Stabes von 7,4 mm vorhanden sein, um überhaupt noch einen schmalen Kernschatten zu erhalten. Will man einen 3 mm breiten Schatten erzielen, muß man bereits 10,4 mm als Stabdurchmesser wählen. Nur bei kleinen Sonnenuhren (Reiseuhren, Tischuhren) sind wegen der geringen Entfernung zum Zifferblatt dünne Drähte oder Fäden zur Erzeugung eines Kernschattens verwendbar.

Anstelle eines Stabes oder anders geformten Schattenwerfers haben manche Sonnenuhren ein kleines Loch, das wie eine *Lochkamera* (Camera obscura) wirkt. Es erzeugt auf der Auffangfläche ein Lochbild, ein kopfstehendes, seitenverkehrtes Bildchen der Sonne. Das Lochbild ist auf seiner ganzen Fläche von gleichmäßiger Helligkeit, die ihrerseits von der Größe des Loches abhängt. Die Sonnenstrahlen verlassen ein Loch mit dem Durchmesser DL unter dem schon genannten Winkel von 32 Bogenminuten und bilden auf einer Auffangfläche in der Entfernung E ein Lochbild mit dem Durchmesser DA:

$$DA = 0{,}0093\ E + DL.$$

So beträgt die Lochbildgröße in 100 mm Entfernung rund 1 mm, in 1 m Entfernung schon rund 9 mm und in 10 m

Entfernung 93 mm. Mit zunehmender Entfernung nimmt die Helligkeit des Sonnenbildes jedoch stark ab. Man wird daher in jedem Einzelfall die geeignete Größe des Loches ausprobieren müssen, um die angestrebte Anzeigegenauigkeit zu erhalten.

Für die Genauigkeit einer Sonnenuhr ist es auch von Interesse, mit welcher Geschwindigkeit sich die Schattenspitze bzw. das Sonnenbild über die Auffangfläche bewegt. Diese Geschwindigkeit hängt von der Entfernung E zwischen Schattenwerfer bzw. Loch und Auffangfläche ab. Bei den meisten Sonnenuhren ändert sie sich in Abhängigkeit vom Einfallswinkel der Sonnenstrahlen beständig.

Bei einer äquatorialen Sonnenuhr mit einem Radius von 230 mm bewegt sich die Schattenspitze um 1 mm in der Minute weiter. Für eine Sekundengenauigkeit wäre aber eine Mindestentfernung von 13751 mm (= 13,751 m) erforderlich. Dabei bewegte sich das Sonnenbild bzw. der Schatten je Sekunde um 1 mm weiter. Diese Überlegung hat selbstverständlich nur einen theoretischen Wert, da man wohl kaum eine derartige Genauigkeit bei Sonnenuhren anstrebt. Außerdem muß sowohl beim Schattenwurf als auch beim Lochbild gemittelt werden.

Wie rasch sich der Schatten weiterbewegt, soll abschließend der 365 m hohe "Riesengnomon" Fernsehturm am Alexanderplatz in Berlin verdeutlichen: In der Mittagszeit im Sommer bewegt sich der Schatten der Antennenspitze auf dem Erdboden etwa 1,7 m je Minute weiter, bei tiefem Sonnenstand im Winter aber 6 m und mehr.

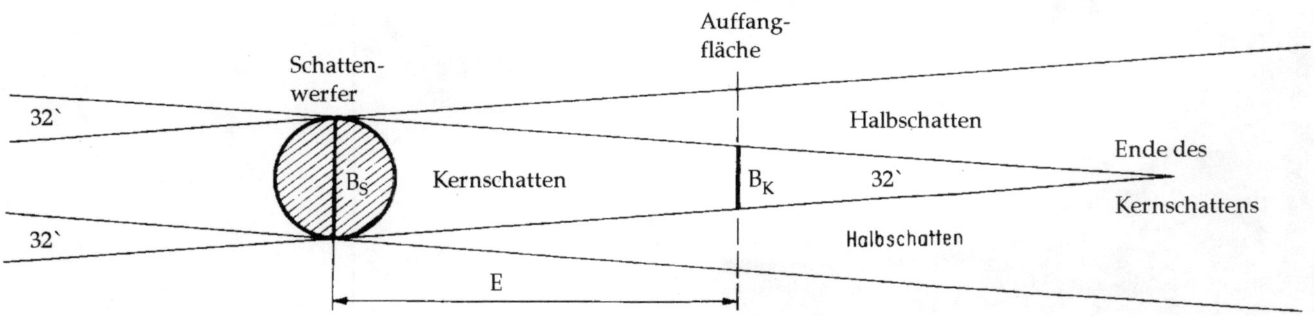

4.6. Kern- und Halbschatten bei Sonnenuhren

Die "Bernhardtsche Walze" zur Eliminierung der Zeitgleichung (Foto: M. Bernhardt)

5. Anzeige des Datums

"Die Sonnenuhr, die uns begegnet,
ist Schmuck am Haus,
auch wenn es regnet." *(H. Schumacher)*

5. 1. Datums- oder Tierkreislinien

Im Zusammenhang mit der Geschichte der Sonnenuhren wurde schon erwähnt, daß auf einigen Zifferblättern quer zu den geraden Stundenlinien eigenartig gebogene Linien verlaufen. Über den Zweck dieser Linien besteht vielfach Unklarheit, ebenso über ihre Berechnung bzw. Konstruktion. In ihrer Gesamtheit bilden sie ein Kalendarium, das den Funktionsbereich der Sonnenuhr erweitert: Die Sonnenuhr zeigt damit außer der Zeit auch das Datum an. Die vom Zeigerfußpunkt ausstrahlenden Stundenlinien bilden mit diesen *Datumslinien* ein Netz, das an ein Spinnengewebe erinnert, weshalb man es früher als Arachne bezeichnete (arachnion stammt aus dem Altgriechischen und bedeutet Spinnengewebe).

In früheren Zeiten, als die Astrologie noch in Blüte stand, ging es weniger um die Datumsangabe, sondern hauptsächlich um die Kenntnis, in welchem Tierkreiszeichen sich die Sonne zu einer bestimmten Zeit aufhält und wann sie das nächste erreichen wird. Die Ekliptik war in 12 gleiche Abschnitte von je 30° unterteilt, deren Bezeichnungen auf alte mythologische Vorstellungen der Babylonier zurückgehen (s. Tafel 2.1). Um den 21. des Monats wechselte die Sonne in das nächste Tierkreiszeichen über. Deshalb finden wir an manchen Sonnenuhren anstelle von Datumsangaben die Symbole der Tierkreiszeichen. Aus dem gleichen Grund werden die Datumslinien in der gnomonischen Literatur vielfach als *Tierkreislinien* bezeichnet.

Infolge der Änderung der Sonnendeklination beschreibt die Sonne beständig einen anderen Tagbogen, so daß der Endpunkt eines Schattenwerfers infolge der täglich wechselnden Sonnenhöhe einen veränderten Bogen auf

Nach Westen abweichende Vertikaluhr mit Datumslinien am Stallhof des Dresdner Schloßes, 1591
Der Sinnspruch lautet:
Der Tod ist gewiß, die Stunde ungewiß. ***(Foto: F. Ihlow)***

die Zifferblattfläche zeichnet. Diese Schattenkurven sind je nach Art der Sonnenuhr und Größe der Sonnendeklination verschieden, weshalb man auch von *Deklinationslinien* sprechen kann. Seit der Einführung des Polstabes war man bestrebt, neben den Stundenlinien auch diese Datums- oder Tierkreislinien darzustellen. Wir finden sie besonders häufig auf älteren Uhren, aber auch in vereinfachter Form sind sie auf modernen Sonnenuhren anzutreffen.

Das Prinzip der gekrümmten Datumslinien, die zu den "harten Nüssen" in der Gnomonik zu zählen sind, haben wir uns schon im Abschnitt 4.3. veranschaulicht. Die von der Sonne kommenden und über den Endpunkt des Schattenwerfers verlaufenden Strahlen umschreiben im Tagesverlauf einen Kegel. Der Neigungswinkel und damit auch der Winkel der Mantellinien bezüglich der Kegelspitze verändern sich von Tag zu Tag.

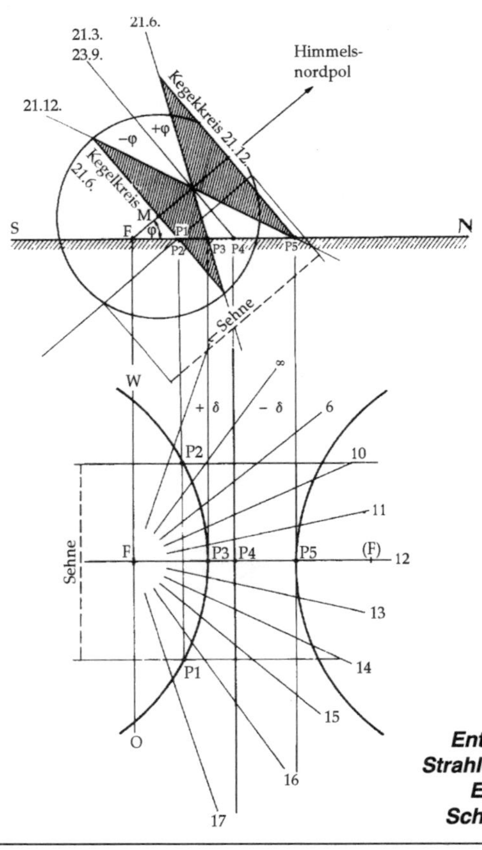

5.1. Entstehung von Strahlenkegeln am Endpunkt des Schattenwerfers

Wir können diesen Strahlenkegel mit einem *Lampenschirm* vergleichen, der an der Spitze des Schattenwerfers befestigt ist und dessen Achse parallel zur Polrichtung (bzw. zur Schattenwerferachse) verläuft (Bild 5.1). Die Datumslinien entstehen durch den Schnitt der ebenen Zifferblattfläche mit der Mantelfläche des Strahlenkegels, der täglich wechselt. Um bei unserem Beispiel mit dem Lampenschirm zu bleiben: Eigentlich müßte man für jeden Tag einen neuen Lampenschirm anbringen, an den beiden Sonnenwendtagen den spitzesten, an den Tagundnachtgleichen aber nur eine ebene Fläche. Am 21.3. und 23.9. gibt es nämlich keinen Kegel, die Datumslinien bilden sich als Gerade ab, die "Öffnung des Lampenschirmes" hat den Betrag von 180° erreicht. An allen übrigen Tagen aber sind die Datumslinien gekrümmt, wobei die Krümmung an den Sonnenwendtagen am stärksten ist.

Geometrisch gesehen handelt es sich bei den gekrümmten Datumslinien um hyperbolische Bahnen des betreffenden Schattenendpunktes. Ihre Form und Lage hängen von folgenden Größen ab: der Deklination der Sonne, der geographischen Breite, der Schattenwerferlänge sowie der Form und räumlichen Lage der Zifferblattfläche. Die Schattenhyperbeln sind stets von der Geraden weggekrümmt; ihre Scheitelpunkte liegen auf der Zeigergrundlinie und sind der Geraden damit am nächsten.

5.2. Lage des Mittagsschattens

Die im Verlauf des Jahres auftretenden Winkel des Strahlenverlaufs und die Schattenlängen sind am einfachsten auf der senkrechten 12h-Linie einer Sonnenuhr verständlich. Deshalb wollen wir zuerst die Lage des Mittagsschattens in Abhängigkeit von der Sonnendeklination untersuchen.

Errichten wir am Ende des Schattenwerfers einer Horizontaluhr (s. Punkt P im Bild 5.3) eine Senkrechte zu dessen Achse und verlängern diese bis zur horizontalen Auffangfläche, so erhalten wir den Einfallswinkel der Sonnenstrahlen am 21.3./23.9. um 12h WOZ. Dieser Einfallswinkel ist gleich der Mittagshöhe (Kulminationshöhe) der Sonne an den beiden Tagen. Für die geographische Breite von 51° beträgt die Sonnenhöhe beispielsweise 39°. Tragen wir in P nach beiden Seiten je 23,5° ab, so erhalten wir die Kulminationshöhen für den

21.6. (62,5°) und den 21.12. (15,5°). Für die Kulminationshöhen bzw. Einfallswinkel hatten wir schon im Abschnitt 2.6. die mathematische Beziehung kennengelernt:

$$h = (90° - \varphi) + \delta.$$

Bei der Vertikaluhr liegen die Verhältnisse jedoch anders (Bild 5.4). Die Senkrechte, die am Ende des Schattenwerfers (Punkt P) errichtet wird, kennzeichnet auf der Vertikalen den Einfallswinkel der Sonne am 21.3./23.9., der an diesen beiden Tagen gleich φ ist. Werden wieder in P die maximalen Werte für die Deklinationen abgetragen, entstehen auf der Vertikalen Winkel von 27,5° am 21.6. und von 74,5° am 21. 12. Diese Werte entsprechen selbstverständlich nicht den Kulminationshöhen der Sonne wie bei der Horizontaluhr. Allgemein gilt für den Einfallswinkel β der Sonnenstrahlen auf das Zifferblatt einer Vertikaluhr folgende Beziehung

$$\beta = \varphi - \delta.$$

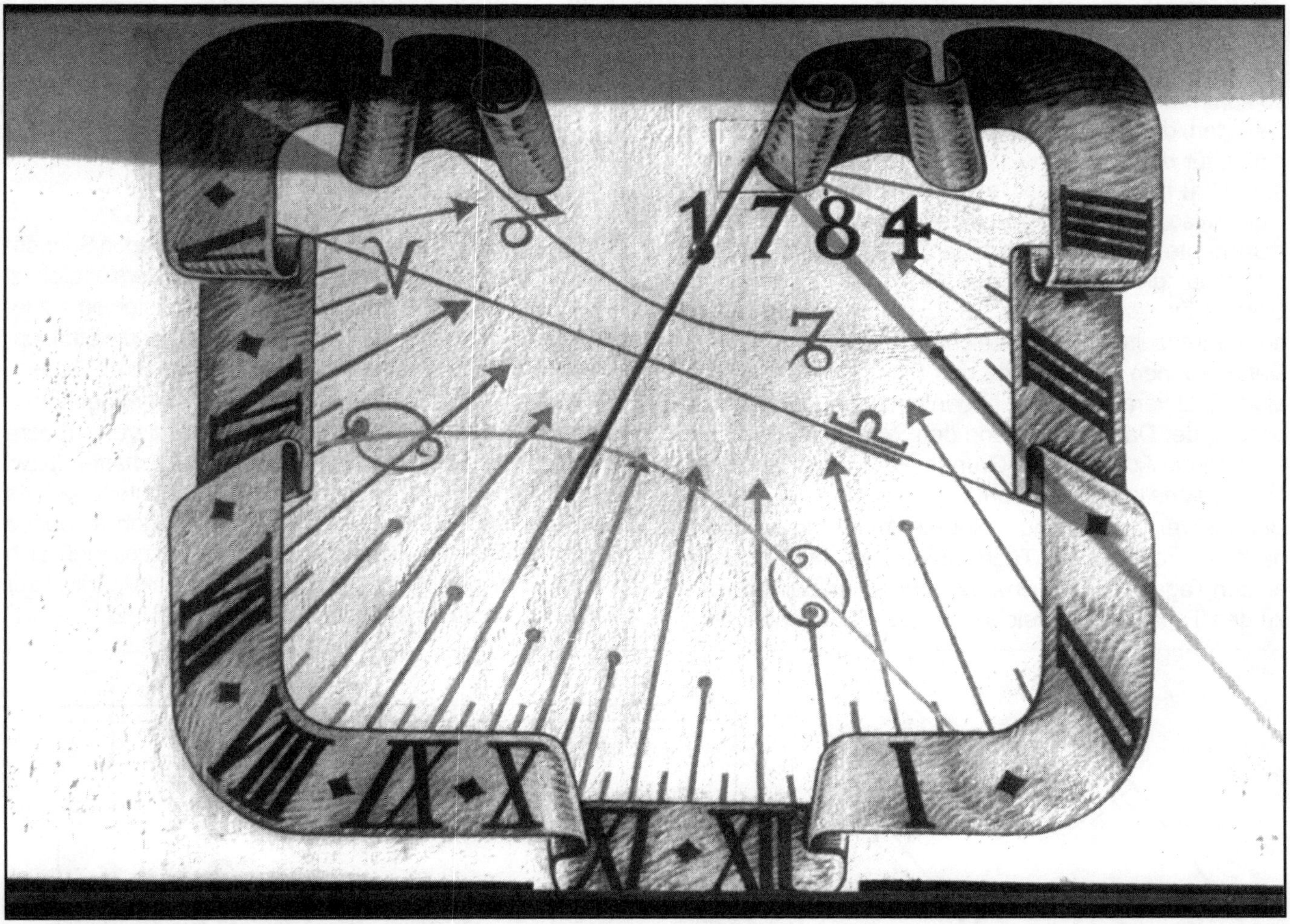

Nach Osten abweichende Vertikaluhr mit den Sonnenwendlinien und der Linie für die Tagundnachtgleiche am Rathaus zu Plauen im Vogtland (Foto: F. Ihlow)

5.3. Konstruktion der Datumslinien

Es wäre natürlich sinnlos, für jeden Tag des Jahres eine Datumslinie einzuzeichnen. Eine so große Anzahl ergäbe ein völlig unübersichtliches Bild. In diesem Zusammenhang ist die Frage von Interesse, wie viele solcher Linien in einem Jahr zustande kämen: Oft ist die Antwort rasch zur Stelle: 365 - selbstverständlich, im Schaltjahr 366! Diese Antwort ist jedoch gar nicht so selbstverständlich, sie ist sogar falsch. Rechnet man die extremen Linien für die Tage der Sonnenwenden ab, verbleiben 363. Da aber jeder Deklinationswert (ausgenommen δ: ± 23,5°) im Lauf des Jahres zweimal auftritt, - jeder Tag hat gleichsam seinen "Gegentag"-, ist die Gesamtzahl der Datumslinien nur halb so groß.

Will man für jeden Monat eine Datumslinie einzeichnen, so kommen zu den beiden Sonnenwendlinien sowie zur Geraden der Tagundnachtgleichen noch vier weitere hinzu: für den 21.1. bzw. 21.11., den 21.2. bzw. 21.10., den 21.4. bzw. 21.8. sowie für den 21.5. bzw. 21.7. - 7 Linien also insgesamt. Von dieser Vielzahl der Linien ist man heute etwas abgekommen. Man beschränkt sich meist auf die Linien für den 21.6., 21.12. sowie die Gerade für den 21.3. bzw. 23.9., um damit den Beginn der Jahreszeiten zu kennzeichnen. Die hier genannten Daten können sich infolge des Schaltjahreszyklus um einen Tag verändern. Wir haben gesehen, daß die Ausbildung der Datumslinien von den Sonnendeklinationen abhängen. Aus diesem Grunde kann man auch von *Deklinationslinien* sprechen.

Bei unserer Überlegung bleibt die Änderung der Deklination im Verlauf eines Tages unberücksichtigt. Diese ist an den Tagen der Sonnenwende unbedeutend, kann aber zu den Tagungnachtgleichen bis zu 12 Bogenminuten (0,2°) innerhalb von 12 h betragen. Streng genommen kann die Äquinoktiallinie daher keine Gerade sein, sondern weist ein mehr oder weniger starkes Durchbiegen auf.

Bei der Konstruktion der Datumslinien geht es darum, deren Schnittpunkte mit den einzelnen Stundenlinien zu ermitteln. Dabei muß gleichsam die Sonnenhöhe auf das Zifferblatt der Sonnenuhr übertragen werden. Diese Schnittpunkte werden dann anschließend miteinander zu den Hyperbeln verbunden. Wer eine größere Genauigkeit für die Linienzüge wünscht, wird die Werte für die Halbstunden ermitteln; im allgemeinen werden aber die Angaben für die vollen Stunden ausreichen. Erleichternd kommt hinzu, daß der Kurvenverlauf für nur eine Tageshälfte zu ermitteln ist, da dieser während der anderen Tageshälfte spiegelbildlich zur Mittagslinie bzw. bei abweichenden Vertikaluhren zur Substilaren liegt.

5.3.1. Datumslinien auf Äquatorialuhren

Die Datumslinien verlaufen bei den verschiedenen Sonnenuhrenarten unterschiedlich. Am einfachsten verständlich ist ihr Verlauf bei der Äquatorialuhr mit halbkreisförmig aufgebogener Auffangfläche (Ringkugeluhr), bei der die Stundenlinien in der Äquatorebene gleiche Abstände zu 15° haben. Wird der Schattenseite in der Mitte mit einer kugelförmigen Verdickung oder mit einer Lochmarkierung (Lochgnomon) versehen, so wandert der Kugelschatten (bzw. der Lichtfleck) im Sommer unterhalb, im Winter oberhalb der Mittellinie des Zifferblattes. Da die Tagbögen der Sonne stets parallel zum Himmelsäquator verlaufen, muß sich auch der Kugelschatten (bzw. der Lichtfleck) parallel zur Mittellinie über das Zifferblatt bewegen (Bild 5.2).

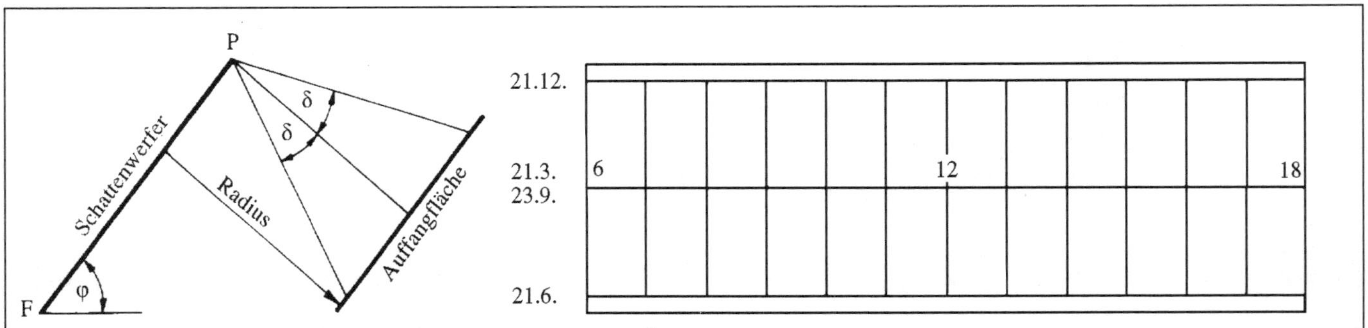

5.2. Konstruktion der Datumslinien bei einer Äquatorialuhr

Bei den meisten Äquatorialuhren dürfte die Breite der Zifferblattfläche nicht ausreichen, um den Kugelschatten bzw. den Lichtfleck in den extremen Lagen (21.6./21.12.) noch abzubilden. Derartige Datumsuhren verlangen eine breitere Auffangfläche, die sich rasch berechnen läßt. So muß z.B. bei einem Durchmesser der Sonnenuhr von 700 mm die Zifferblattfläche mindestens 303 mm breit sein. Dies ermöglicht schon eine recht beachtliche Genauigkeit bei der Anzeige des Datums.

Beispiel

Wo liegt der Schattenendpunkt am 21.4. bzw. 21.8. (δ: 12°)? Der Halbmesser der Sonnenuhr beträgt 350 mm.

Um den gesuchten Abstand der Datumslinie zu erhalten, muß man den Tangens von 12° mit dem Radius 350 mm multiplizieren. Der Schattenendpunkt liegt an den beiden Tagen rund 74 mm von der Mittellinie entfernt.

5.3.2. Datumslinien auf Horizontaluhren

Zuerst zeichnen wir gemäß Bild 5.3 ein gewöhnliches Zifferblatt mit sämtlichen Stundenlinien und links davon eine Seitenansicht der Horizontaluhr. Im Punkt P der Seitenansicht tragen wir die Strahlenverläufe für die uns interessierenden Daten (bzw. Sonnendeklinationen) ein. Hier wollen wir uns auf den rechten Winkel für die Tagundnachtgleichen sowie auf die beiden Winkel von ±23,44° für die Sonnenwenden beschränken. Der Punkt P stellt den Endpunkt des Schattenwerfers oder eine schattenwerfende Markierung (Kugel) dar.

Die Abstände FA1, FA2 und FA3 (in der Skizze nicht mehr dargestellt) übertragen wir auf die 12h-Linie des Zifferblattes und erhalten somit die Lage des Schattenendpunktes für den 21. 12., den 21.3./23.9. und den 21.6. um 12h. Da wir bereits wissen, daß die Datumslinie für die Tagundnachtgleichen eine Gerade ist, die senkrecht zur 12h-Linie verläuft, können wir sie schon jetzt einzeichnen. Wir erhalten so alle Schnittpunkte mit dem Index 2.

Die Abstände FB2, FC2, ... werden anschließend in die Seitenansicht übertragen und die Punkte B2, C2,... von F aus mit einem Zirkel auf dem Strahlenverlauf für die Tagundnachtgleichen markiert. Verbindet man die auf diese Weise erhaltenen Punkte mit dem Fußpunkt F des Schattenwerfers, dann erhält man "Quasi-Stundenlinien", die mit den Strahlenverläufen für die übrigen Daten die Schnittpunkte B1, C1,... und B3, C3 ergeben.

Abschließend sind nur noch die Abstände zwischen F und den zuletzt genannten Punkten in das Zifferblatt zu übertragen und miteinander zu verbinden. Dabei ist zu beachten, daß die Linie für die Sommersonnenwende (21.6.) über die Ost-West-Linie hinaus verläuft, da die Sommertage von etwa 4h bis 20h dauern. Die Linie für die Wintersonnenwende (21.12.) liegt dagegen sehr weit vom Fußpunkt F des Schattenwerfers entfernt, so daß sie nur bei kleinen Schattenwerfern eingezeichnet werden kann.

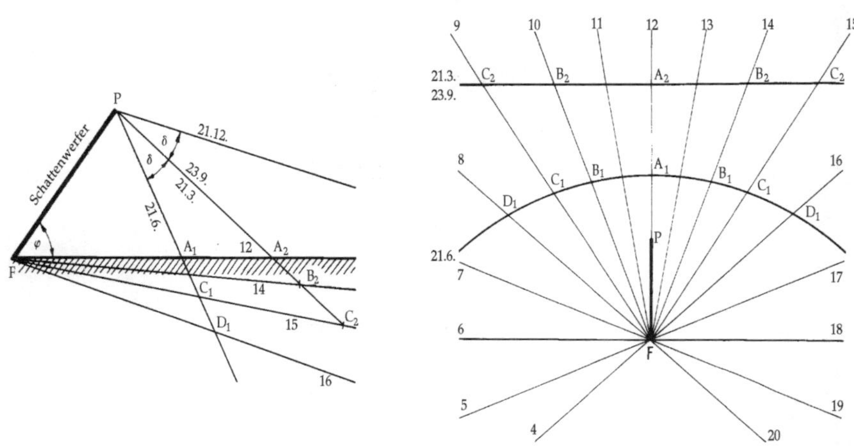

5.3. Konstruktion der Datumslinien bei einer Horizontaluhr

Aus dem bisher Gesagten dürfte deutlich geworden sein, daß der Schattenwerfer nicht allzu lang sein darf, wenn der Endpunkt des Schattens über einen möglichst großen Teil des Tages noch auf das Zifferblatt fallen soll. Sonnenuhren mit Datumslinien fallen daher durch ihren verhältnismäßig kurzen Stab auf. Wird das Datum aber nicht durch den Schattenendpunkt, sondern durch eine auf seiner Achse befestigte Kugel angezeigt, kann diese Schwierigkeit umgangen werden. Auf diese Weise erreicht der Schattenwurf immer die Stundenmarkierungen, ohne daß dabei das Netz mit den Datumslinien zu groß wird.

Soll eine ortszeitkorrigierte Sonnenuhr Datumslinien erhalten, so sind sämtliche Konstruktionsschritte unverändert auszuführen. Es ist nur zu beachten, daß die aus der Seitenansicht gewonnenen Punkte A1, A2 und A3 nach wie vor auf der Meridianlinie des Zifferblattes einzuzeichnen sind, d.h. auf der Linie für 12h WOZ und *nicht* auf der Linie für 12h Görlitzer WOZ. Gleichfalls verläuft die Äquinoktiallinie nach wie vor rechtwinklig zur Meridianlinie durch den darauf liegenden Punkt A2. Darüber hinaus ist zu beachten, daß die Schnittpunkte der Datumslinien mit den Stundenlinien nicht symmetrisch zur Linie für 12h Görlitzer WOZ liegen. Sie sind daher für jede Stundenlinie des Zifferblattes gesondert zu ermitteln.

Das hier beschriebene Konstruktionsschema ist unkompliziert, selbst wenn man auf den ersten Blick einen anderen Eindruck haben sollte. Es wird gewiß manchen Sonnenuhrenfreund anregen, seine Sonnenuhr auch als Datumsanzeiger auszustatten, um damit den Jahreslauf der Sonne anschaulich miterleben zu können.

5.3.3. Datumslinien auf vertikalen Süduhren

Das Konstruktionsprinzip ist das gleiche wie bei einer Horizontaluhr. Auch hier wird zuerst ein gewöhnliches Zifferblatt mit sämtlichen Stundenlinien und links davon eine Seitenansicht der Vertikaluhr gezeichnet (Bild 5.4). Im Punkt P der Seitenansicht tragen wir wieder die Strahlenverläufe für die uns interessierenden Daten (Sonnendeklinationen) ein. Auf diese Weise erhalten wir die Abstände FA1, FA2 und FA3, die auf der 12h-Linie des Zifferblattes die Schattenlängen für den 21.12., den 21.3./23.9. und den 21.6. um 12h angeben. Anschließend zeichnen wir wieder durch den Punkt A2 die Datumslinie für die Tagundnachtgleichen, wodurch wir alle Schnittpunkte mit dem Index 2 erhalten.

Die Abstände FB2, FC2,... werden danach in die Seitenansicht übertragen und die Punkte B2, C2,... von F aus mit einem Zirkel auf dem Strahlenverlauf für die Tagund-

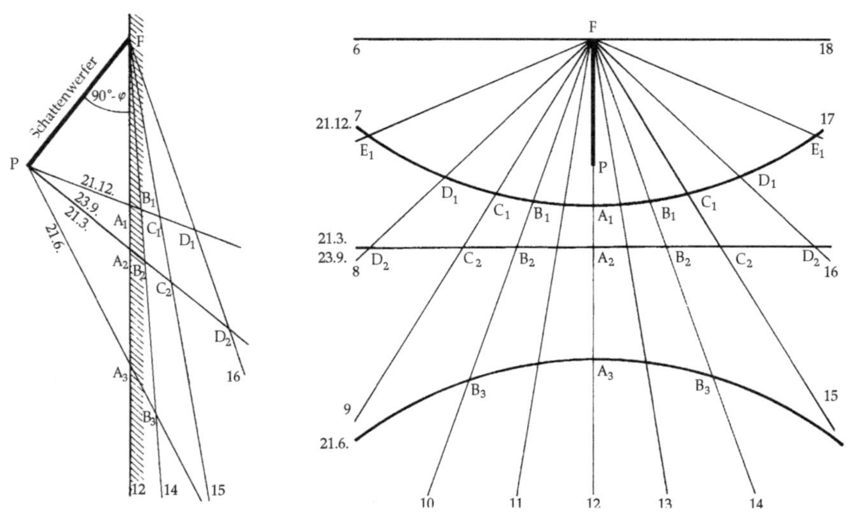

5.4. Konstruktion der Datumslinien bei einer vertikalen Süduhr

nachtgleichen markiert. Dadurch erhalten wir wieder "Quasi-Stundenlinien", die uns die übrigen Punkte B1, C1,... und B3, C3,... liefern.

Bei der Vertikaluhr liegt die Datumslinie für den 21. 6. relativ weit unten. Dies muß bereits bei der Anlage der Uhr berücksichtigt werden.

5.3.4. Datumslinien auf abweichenden Vertikaluhren

Für eine abweichende Vertikaluhr unterscheidet sich das Konstruktionsprinzip nur unwesentlich von dem einer Horizontaluhr bzw. Vertikaluhr. Auch hier arbeiten wir wieder mit der Seitenansicht und dem fertigen Zifferblatt mit sämtlichen Stundenlinien. Bei der Seitenansicht ist allerdings zu beachten, daß hier das Stützdreieck in seiner wahren Größe zu zeichnen ist. Der Schattenwerfer ist in diesem Falle gegenüber der Substilaren (Zeigergrundlinie) um den Erhebungswinkel g, der stets kleiner als 90° - φ sein muß, geneigt. Am Ende des Stützdreiecks ist der Verlauf der Sonnenstrahlen wie bei der Süduhr einzuzeichnen.

Auch hier ermitteln wir zuerst den Abstand von F bis zur Äquinoktiallinie. Wichtig ist hier, daß diese die Substilare im rechten Winkel schneidet, bei der Süduhr traf das für die 12h-Linie zu. Die übrigen Konstruktionsschritte sind dann wie für eine vertikale Süduhr auszuführen. Abschließend werden die so ermittelten Punkte auf dem Zifferblatt miteinander zu den Datumslinien verbunden.

An der Lage der geraden Linie für den 21.3./23.9. ist sofort die Wandabweichung zu erkennen: Bei einer Ostabweichung verläuft die Gerade von links nach rechts fallend, bei einer Westabweichung von links nach rechts steigend. Eine steil verlaufende Äquinoktiallinie deutet auf eine große Wandabweichung.

Die Anordnung der Datumslinien unterscheidet sich zwischen einer Horizontaluhr und Vertikaluhr: Bei der Horizontaluhr befindet sich die Linie für den 21.6. zwischen dem Fußpunkt des Schattenwerfers und der geraden Äquinoktiallinie. Die Linie für den 21.12. ist von dieser weit entfernt. Bei einer Vertikaluhr liegt die Linie für den 21.12. zwischen dem Fußpunkt und der Äquinoktiallinie. Die Linie für den 21.6. ist hier weiter von der Geraden entfernt. Man findet auch Sonnenuhren mit langen Schattenwerfern, bei denen unterhalb der Stundenzeige die Datumsanzeige angebracht ist. Dabei beschränkt man sich in einigen Fällen auf die Mittagslinie mit der Zeitgleichungsschleife.

Betrachten wir das Bild der Datumslinien vertikaler Sonnenuhren in Abhängigkeit von der Wandabweichung, so ergeben sich zwei Veränderungen: Bei zunehmender Wandabweichung nimmt die Krümmung, das "Durchbiegen" ab, es tritt eine "Verflachung" ein. Das Linienbild nähert sich infolge des kleiner werdenden Erhebungswinkels immer mehr dem einer polaren Uhr (s. Abschn. 5.3.5.) Ferner ändern sich die Entfernungen von der geraden Äquinoktiallinie. Bei zunehmender Wandabweichung entfernen sich die Linien für das Winterhalbjahr (negative Deklinationen), während sich die Linien für das Sommerhalbjahr (positive Deklinationen) sich ihr nähern. Der Verlauf der Linien im Winter- und Sommerhalbjahr werden einander immer ähnlicher.

So wird auch mit zunehmender geographischer Breite bei einer Horizontaluhr das "Durchbiegen" der Hyperbellinien immer größer, bis diese auf dem Pol zu konzentrischen Kreisen einer Äquatorialuhr werden. Mit abnehmender Breite tritt die vordem erwähnte "Verflachung" ein, bis am Äquator daraus eine polare Uhr wird. Darüber wird im nächsten Abschnitt berichtet.

5.3.5. Datumslinien auf polaren Sonnenuhren

Auch bei den polaren Sonnenuhren sind die Datumslinien für die Sonnenwendtage hyperbelförmig gekrümmt, die Linie für die Äquinoktien verläuft wiederum als Gerade. Im Unterschied zu den bisher beschriebenen Sonnenuhrenarten sind die Datumslinien bei den polaren Sonnenuhren doppelt vorhanden, wenn der Schattenwerfer die Form eines Rechtecks hat. Beide Ecken eines solchen Schattenrechtecks sind markante Punkte, deren Schatten in Abhängigkeit von der Sonnendeklination auf verschiedenen Stellen der jeweiligen Stundenlinie liegen und somit die Datumslinien kennzeichnen. Anders verhält es sich, wenn nur ein markanter Punkt (z.B. eine Kugel) der Datums- oder sogar der Zeitanzeige dient. Dann gibt es natürlich jede Datumslinie auch nur einmal.

Eine Besonderheit der polaren Sonnenuhren ist es, daß sämtliche Datumslinien symmetrisch zur Äquinoktiallinie liegen. Im Bild 5.5 trifft das auf die Datumslinien für die Sonnenwendtage zu. Sie scheinen um die Äquinoktiallinie gespiegelt zu sein. Außerdem verläuft jede Datumslinie symmetrisch zur Zeigergrundlinie.

Die Konstruktion der Datumslinien erfolgt wiederum mit Hilfe einer Seitenansicht des Schattenwerfers. Ausgehend von dessen markanten Punkten (den Eckpunkten oder der Kugel) wird der Verlauf der Sonnenstrahlen in Richtung des Zifferblattes eingezeichnet, und zwar für die von uns ausgewählten Tage des Jahres. Im Bild 5.5 sind das nur die Sonnenwendtage und die Tagundnachtgleichen.

Da die Sonnenstrahlen an den beiden Tagundnachtgleichen senkrecht auf das Zifferblatt fallen, können wir sofort die Datumslinie für diese Tage in das Zifferblatt einzeichnen. Sie verläuft als Gerade genau senkrecht unterhalb des betreffenden Eckpunktes des Schattenwerfers und rechtwinklig zu dessen Ebene. Diese Äquinoktiallinie schneidet die Stundenlinien des Zifferblattes in den Punkten A2, B2,... Außerdem können wir der Seitenansicht entnehmen, wo die Punkte A1 und A3 auf der Zeigergrundlinie liegen, so daß wir sie bereits in das Zifferblatt einzeichnen können.

Als nächstes wird ober- oder unterhalb von A2 die Höhe h des Schattenwerfers abgetragen und der Hilfspunkt M markiert. Falls die Stundenlinien nach der Beschreibung im Abschnitt 3.5.1. bzw. 3.5.2. konstruiert wurden, ist der Punkt M ja ohnehin schon vorhanden, weil von ihm die 15°-Winkel ausgingen.

Um die Lage der übrigen Schnittpunkte zu erhalten, übertragen wir nacheinander für jede Stundenlinie den Abstand ihres Schnittpunktes mit der Äquinoktiallinie vom Hilfspunkt M mit einem Zirkel in die Seitenansicht, wo wir den betreffenden Abstand, ausgehend vom Eckpunkt auf dem Strahlenverlauf für den 21.3./23.9. markieren. Abschließend zeichnen wir durch die so markierten Punkte wieder die "Quasi-Stundenlinien". Zum Unterschied von den anderen Uhrenarten verlaufen die "Quasi-Stundenlinien" bei den polaren Sonnenuhren alle rechtwinklig zum Strahlenverlauf für die Tagundnachtgleichen und parallel zueinander.

Die "Quasi-Stundenlinien" schneiden sich mit dem vom Eckpunkt des Schattenwerfers ausgehenden Strahlenbüschel in weiteren Schnittpunkten. Im Bild 5.5 erhalten wir so alle Punkte mit dem Index 1 und mit dem Index 3. Deren Abstand vom Strahlenverlauf für den 21.3./23. 9. braucht abschließend nur noch auf das Zifferblatt übertragen zu werden. Verbindet man dann alle Punkte mit gleichem Index, so erhält man die zugehörige Datumslinie.

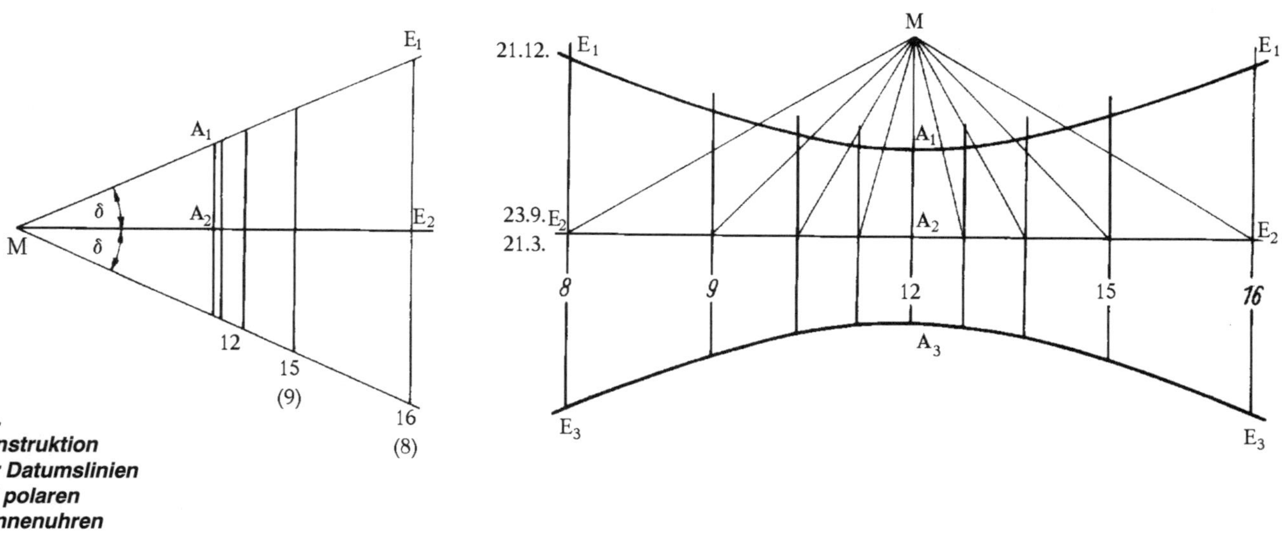

5.5. Konstruktion der Datumslinien bei polaren Sonnenuhren

5.4. Berechnung der Datumslinien

Wer am Berechnen mehr Freude findet, kann die Schnittpunkte der Datumslinien mit den Stundenlinien rasch mit einem Taschenrechner ermitteln. Für das kompliziert anmutende Liniensystem ist die Berechnung eigentlich verhältnismäßig einfach. Veranschaulichen wir uns die Situation am Bild 5.6!

Ein Schattenwerfer habe den Fußpunkt F und den Endpunkt P. FM sei die Mittagslinie. FS sei eine beliebige Stundenlinie, die mit der Mittagslinie den Stundenlinienwinkel z bilde. S ist demnach der Schnittpunkt der Stundenlinie mit der entsprechenden Datumslinie für eine bestimmte Sonnendeklination. Um die gesuchte Länge $\overline{FS}$ bestimmen zu können, muß zuerst der Hilfswinkel ε ermittelt werden. Es ist dies der Winkel zwischen dem Schattenwerfer und der jeweiligen Stundenlinie:

Horizontaluhr: $\cos \varepsilon = \cos \varphi \cos z$

Vertikale Süduhr: $\cos \varepsilon = \sin \varphi \cos z$

Abweichende Vertikaluhr

$$\cos \varepsilon = \sin \varphi \cos z + \cos \varphi \sin z \sin \pm \alpha$$

$+ \alpha$ für Westabw., $- \alpha$ für Ostabw.

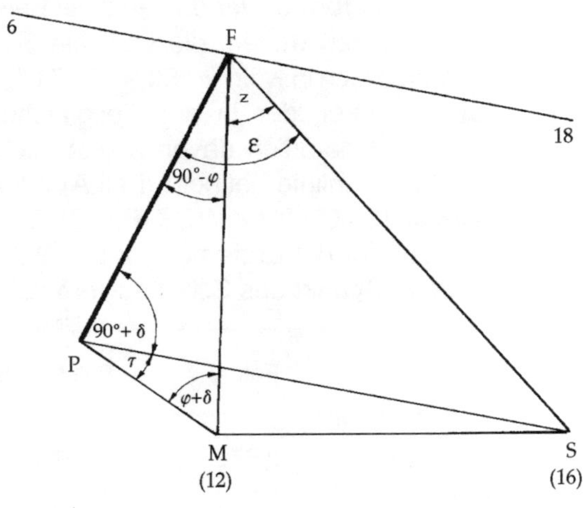

5.6. Berechnungsgrößen für die Datumslinien einer Vertikaluhr. FP: Länge des Schattenwerfers, FS Abstand der Datumslinie vom Fußpunkt

Der Abstand des Schattenendpunktes vom Fußpunkt des Schattenwerfers wird dann nach folgenden Gleichungen berechnet:

Horizontaluhr

$$\overline{FS} = \frac{\overline{FP} \cos \delta}{\cos (\varepsilon - \delta)}$$

Vertikaluhren

$$\overline{FS} = \frac{\overline{FP} \cos \delta}{\cos (\varepsilon + \delta)}$$

Es versteht sich von selbst, daß die beiden letzten Gleichungen nur dann sinnvolle Werte für die Lage der Schnittpunkte ergeben, solange die Winkeldifferenz (bzw. -summe) im Nenner der Brüche kleiner als 90° ist. Andernfalls liegt der Schattenendpunkt unendlich weit vom Fußpunkt des Schattenwerfers entfernt und ist nicht mehr darstellbar. In Tafel 5.1 sind die Schattenlängen für eine vertikale Süduhr auf der geographischen Breite von 51° angegeben, deren Schattenwerfer 300 mm lang ist. Bei den polaren Sonnenuhren entfällt die Berechnung des Hilfswinkels ε. Für den Abstand b des Schattenendpunktes von der Äquinoktiallinie gilt die Gleichung

$$b = \frac{h \tan \delta}{\cos \tau}$$

h: Höhe des Schattenwerfers

Die hier genannten Beispiele beziehen sich auf die zwei gekrümmten Sonnenwendlinien sowie auf die gerade Äquinoktiallinie. Werden auch die Datumslinien für die übrigen Monate gewünscht, so ist mit den Sonnendeklinationen der betreffenden Daten zu rechnen. Dabei erweist es sich wieder als günstig, jeweils den 21. jeden Monats zu wählen.

Es dürfte von Interesse sein, daß man mit Hilfe der erwähnten Gleichungen auch aus den Datumslinien die exakte Länge des Schattenwerfers ermitteln kann. Das ist dann erforderlich, wenn bei einer Sonnenuhr der Schattenwerfer abhanden gekommen ist. Nehmen wir folgendes Beispiel an:

Uhrzeit (WOZ)		Winkel z	Winkel ε	Schattenlängen am		
				21.12.	21.03/23.09.	21.06.
h	h	°	°	mm	mm	mm
12		0,0	39,0	286	386	595
11	13	9,6	40,0	287	391	615
10	14	20,0	43,1	292	411	691
9	15	32,2	48,9	305	456	906
8	16	47,5	58,3	335	571	1917
7	17	66,9	72,3	418	985	
6	18	90,0	90,0	692		

Tafel 5.1. Entfernung des Schattenendpunktes vom Fußpunkt F des Schattenwerfers (sie ist i. allg. mit der Schattenlänge identisch) für eine vertikale Süduhr φ = 51° n. Br.

Eine stark beschädigte vertikale Süduhr mit WOZ-Zifferblatt für φ: 51° soll restauriert werden. Der Schattenwerfer ist nicht mehr vorhanden. Auf dem Zifferblatt sind die Stundenlinien nur noch im Bereich der Datumslinie für den 21.6. zu erkennen. Deren Schnittpunkt mit der 12h-Linie läßt sich aber nicht mehr genau feststellen. Der Schnittpunkt mit der 11h-Linie befindet sich in einer Entfernung von 820 mm vom Loch des Schattenwerfers.

Für die Restaurierung stehen also folgende Daten zur Verfügung:

τ	= 15°	Stundenwinkel für die 11h-Linie
z	= 9,57°	Stundenlinienwinkel für die 11h-Linie
φ	= 51°	Standort der Sonnenuhr
δ	= 23,44°	Deklination für den 21. 6.
$\overline{FS}$	= 820mm	Entfernung des Schnittpunktes vom Loch

Aus diesen Daten berechnen wir wie gewohnt den Hilfswinkel. Er beträgt 39,975°. Wenn wir nun die Berechnungsgleichung für die Schattenlänge umstellen, können wir aus ε und $\overline{FS}$ die Länge des Schattenwerfers $\overline{FP}$ berechnen. Für die zu restaurierende vertikale Süduhr erhalten wir auf diese Weise $\overline{FP}$ = 400 mm für die Länge des Schattenwerfers.

Um noch einmal auf die Zeitgleichungsschleife zurückzukommen: Es wurde im Abschnitt 4.3. behauptet, daß der dort angegebene Weg zur Berechnung der Schattenlänge und der seitlichen Auslenkung zwar nicht völlig exakt sei, daß aber der dabei auftretende Fehler bedenkenlos vernachlässigt werden könne. Es ergibt sich natürlich jetzt die Frage, ob nicht auch bei der Berechnung der Zeitgleichungsschleife der Hilfswinkel ε berücksichtigt werden müßte. Überprüfen wir das an zwei Beispielen, wobei wir annehmen wollen, die vertikale Süduhr von Tafel 4.2 befände sich in Köln (φ: 50,9°, λ: 7,0°). Der maximale Stundenwinkel, der in der Zeitgleichungsschleife auftritt, hängt natürlich davon ab, ob sich die Schleife auf der Meridianlinie befindet (Fall A) oder auf der Stundenlinie für 12h Görlitzer WOZ (Fall B). Das hat auch Konsequenzen für die Entfernung x des Schattenendpunktes vom Fußpunkt des Schattenwerfers:

	Fall A	Fall B
max. Stundenwinkel τ	3,575°	11,575°
max. Stundenlinienwinkel z	2,3°	7,4°
Hilfswinkel ε	39,2°	39,7°
Schattenlänge x	321,99 mm	323,40 mm
seitl. Auslenkung y	13 mm	41 mm

Ohne Berücksichtigung von ε beträgt die Schattenlänge 321,85 mm. Die Differenz ist in beiden Fällen minimal. Dennoch sollte man bei Stundenlinienwinkeln von $z > 6°$ den Winkel berücksichtigen, um besonders im breiteren Teil der Zeitgleichungsschleife Ungenauigkeiten zu vermeiden.

Abschließend sei noch ein Vergleich gestattet: Auf den Polstabsonnenuhren sind die Stundenlinien gerade, die Datums- oder Deklinationslinien gekrümmt (von der Äquinoktiallinie abgesehen). Bei den Zylinder- oder Säulchensonnenuhren (s. 3.7.3.) sind die Stundenlinien gekrümmt, die Linien für das Datum (Deklination) aber gerade.

5.5. Babylonische, italische Stunden und Planetenstunden

Wer sich mit Erfolg durch den umfangreichen und nicht immer leichten Abschnitt der Datums- oder Deklinationslinien gearbeit hat, der hat die "Hohe Schule" der Gnomonik bestanden. Bevor wir diesen Abschnitt aber verlassen, sei noch auf weitere Linien verwiesen. Manch einer wird schon vor einer Sonnenuhr gestanden haben und mit der Vielzahl der Linien, die kreuz und quer über das Zifferblatt laufen, keinen Rat gewußt haben. Selbst die Ablesung der Zeit ist auf einer solchen Sonnenuhr nicht immer ganz einfach.

Die Tageseinteilung in 24 Stunden geht auf die alten Babylonier zurück, die den Tag vom Sonnenaufgang zählten. Sonnenuhren mit den *babylonischen Stunden* zeigen an, wieviel Stunden seit dem Sonnenaufgang vergangen sind. Die babylonischen Stundenlinien, die in der älteren Literatur als "Kriechisch Stund" benannt werden, verlaufen schräg von links nach rechts aufsteigend (s. Bild 5.7).

Die *italischen* (oft auch nicht zutreffend als italienische bezeichnet) *Stunden*, die im Islam noch eine gewisse Bedeutung haben und von denen aber Goethe wenig begeistert war, werden vom Sonnenuntergang gezählt. Diese, früher auch als "Welsch Stund" benannt, verlaufen auf dem Zifferblatt schräg von links nach rechts abfallend.

Werden die Stunden vom Sonnenuntergang nach rückwärts gezählt und mit Ziffern versehen, können die noch bis zum Sonnenuntergang verbleibenden Stunden abgelesen werden. Auf diese Weise kann eine "Feierabend-Sonnenuhr" hergestellt werden. Eine Vertikaluhr ist aber nur sinnvoll, wenn die Anzeige stets bis zum Sonnenuntergang reicht. Dies erfordert eine Wandabweichung von etwa 40°. Zuvor muß zuvor die Tageslänge (Stundenwinkel) für den 21.6. und 21.12. berechnet werden. Davon subtrahiert man jeweils 15° und erhält so eine Folge von Stundenwinkeln, die von der normalen Reihe abweicht. Diese Stundenwinkel gehen in die Berechnungsformel für die "Feierabend-Stundenlinien" ein, die anzeigen, wieviel Stunden noch bis zum Sonnenuntergang vergehen werden. Man erhält so ein Bild mit schräg verlaufenden Linien. Wie bei den Datumslinien ist der Schattenwurf des Schattenwerferendes bzw. einer Markierung (Lochblende, Kugel) für die Ablesung maßgeblich.

Die Tageseinteilung in babylonische und italische Stunden bürgerte sich zuerst in Nürnberg ein, man kann sie z.B. auch heute noch in Straßburg, Basel, Oppenheim und Görlitz finden. Dieses für uns schwer verständliche und überflüssig erscheinende Liniengewirr enthält viel Mathematik, die für jemand, der sich eingehender mit der Gnomonik befaßt, recht aufschlußreich ist. So kann z.B. die Anzahl der Stunden bis Sonnenuntergang unmittelbar abgelesen werden. Durch eine Addition erhält man die Länge des lichten Tages für jeden beliebigen Tag. Wo sich

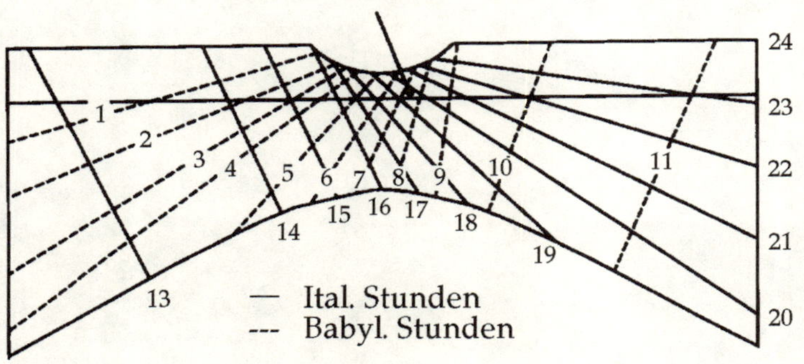

5.7.
Zifferblatt einer Horizontaluhr mit babylonischen und italischen Stunden. Die durchgezogenen Linien zeigen die WOZ an, bei den gekrümmten handelt es sich um die Datumslinien.

die babylonischen und italischen Stunden schneiden, befinden sich die Stunden bzw. Halbstunden, die man nicht mehr zu zeichnen braucht. Bei den Schnittpunkten der babylonischen und italischen Stunden mit der Mittagslinie kann die Zeit des Sonnenaufganges sowie des Sonnenunterganges abgelesen werden - auch bei fehlendem Sonnenschein. Mittels der erwähnten Schnittpunkte ist die Überprüfung des Zifferblattes möglich.

Die Planetenstunden

Der Zweck dieser für uns unbedeutenden Tagesteilung war die Astrologie (Sterndeuterei), um den Einfluß der Planeten besser zu verstehen, die die einzelnen Stunden regieren sollen. Als Beispiel sei die bekannte Görlitzer Sonnenuhr an der Alten Ratsapotheke genannt (s. S. 122). Der rechte Teil, die Arachne, enthält für astrologische Zwecke Hyperbeln für die Sonnenhöhe von 0° bis 60° und senkrechte Linien, die das Sonnenazimut anzeigen. So betrachtet, ist es ein Meßinstrument der Koordinaten im Horizontsystem, bezogen auf Görlitz. Die Arachne stellt eine Ergänzung zum Solarium (s.S. 25) dar, die Zeitmessung erfolgt in *Planetenstunden,* auch *judäische (biblische)* oder *Temporalstunden* genannt. Es sind dies 12 Streifen, die in ihrer Verlängerung keinen gemeinsamen Schnittpunkt haben. Zwischen den Linien reihen sich die Zeichen für die Planeten sowie Sonne und Mond aneinander, hinzu kommen noch die Angaben der Wochentage. Maßgeblich für die Ablesung ist der Schattenendpunkt auf der betreffenden Planetenstunde, um dann die Reihe des betreffenden Wochentages aufzusuchen, wo der Regent in einer Planetenstunde abgelesen werden kann. Zu der Fülle kommen noch die astrologischen Himmelshäuser mit ihren unterschiedlichen Farben und der Bezeichnung DOM (lat. domus: Haus). Nach astrologischer Überlieferung ordnete man jedem Planeten für Tag und Nacht ein Tierkreiszeichen als "Haus" mit seiner stärksten "Wirkung" zu. Mag dies für uns längst nicht mehr aktuell sein, so gehört es ebenfalls zur Gnomonik und versetzt uns in die Lage, die Denkweise der Menschen früherer Zeiten an historisch bedeutsamen Sonnenuhren zu verstehen.

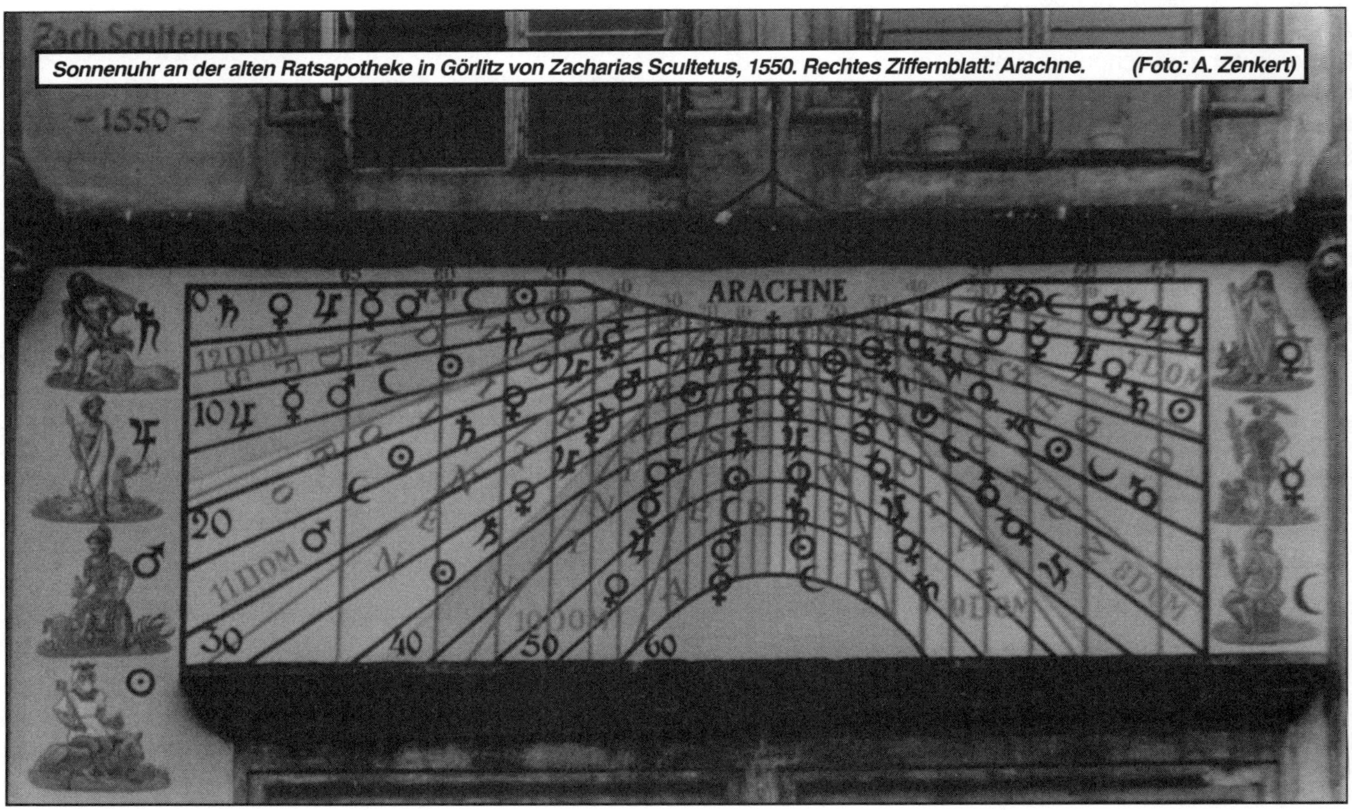

Sonnenuhr an der alten Ratsapotheke in Görlitz von Zacharias Scultetus, 1550. Rechtes Ziffernblatt: Arachne. ***(Foto: A. Zenkert)***

5.6. Datums-Sonnenuhr

Die Vielfalt der Sonnenuhrenarten ist wesentlich größer, als oft angenommen wird. Betrachten wir die Äquatorialuhr von Bild 5.8. Sie unterscheidet sich nur geringfügig von einer gewöhnlichen Äquatorialuhr.

Schattenwerfer und Zifferblattfläche vertauschen hier ihre Funktion: Die äquatorparallele Kreisfläche wird zum Schattenwerfer; der polwärts gerichtete Stab erhält eine Datumseinteilung. Um die Datumsablesung zu erleichtern, empfiehlt es sich, anstelle des Stabes eine etwas breitere Leiste anzubringen.

Die Datumsleiste muß natürlich unter dem Winkel der geographischen Breite geneigt sein. Das kann man erreichen, wenn die Größe der Kreisscheibe geeignet gewählt wird. im Bedarfsfall kann sie aber auch an der Auflagestelle abgeschnitten werden.

Die Lage der Datumsmarkierungen ist vom Radius der Kreisscheibe abhängig. Sie läßt sich aus dem Tangens der Sonnendeklination berechnen.

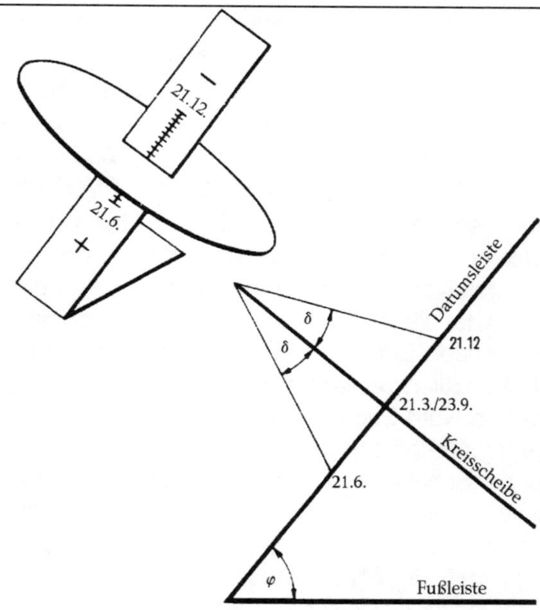

5.8. Datums-Sonnenuhr

Beispiel

Die Kreisscheibe habe einen Radius von 200 mm. Wie hoch über der Kreisscheibe muß die Markierung für den 21.5. angebracht werden?

Die Deklination der Sonne beträgt an diesem Tag gemäß Tafel 10.1. rund 20°, tan 20° = 0,36397 · 200 = 72,8. Damit erhält man eine Schattenhöhe von 72.8 mm.

Bei Sonnenschein entsteht durch die Kreisscheibe ein Schattenkegel, dessen Spitze dann auf der Leiste das Datum anzeigt. Die Anzeigegenauigkeit ist bei einem Radius von 200 mm schon recht groß. Die Datumsablesung ist unabhängig von der Höhe und dem Azimut der Sonne während des ganzen Tages möglich.

Wird anstelle der Scheibe ein Schattenstab angebracht, der rechtwinkelig zur Polachse (Datumsleiste) steht und in die Ebene des Himmelsäquators weist, können damit die Datumslinien als Kreisbögen dargestellt werden (Bild 5.8, rechte Zeichnung).

5.7. Der Mittagskalender

Eine vereinfachte Abart der eben beschriebenen Datumsuhr zeigt Bild 5.9. Es handelt sich dabei um einen Mittagskalender, der nur in der Südstellung der Sonne, im wahren Mittag, das Datum anzeigt. Das Funktionsprinzip ist das gleiche wie bei der Äquatorialuhr. Der Polstab hat in der Mitte eine kleine Öffnung (Lochgnomon), die auf einer zur Polrichtung parallelen Auffangfläche ein Lochbild erzeugt.

Wie wir schon wissen, verlaufen die Sonnenstrahlen am 21.3./23.9. rechtwinklig durch den Lochgnomon. Am Tage der Sommersonnenwende liegt der Lichtpunkt 23,44° unter dem Äquinoktialpunkt, am Tage der Wintersonnenwende 23,44° darüber. Da seine jeweilige Lage von der Sonnendeklination und damit vom Datum abhängig ist, kann der Lichtpunkt zur Datumsanzeige verwendet werden. Dazu wird die Projektionsfläche sowohl mit einer Deklinations- als auch mit einer Datumseinteilung versehen (mit Hilfe von Tafel 10.1). Diese Einteilung kann auch durch die Kulminationshöhe der Sonne erweitert werden.

Die Genauigkeit der Angaben ist erstaunlich hoch. Bei einem Abstand zwischen Lochgnomon und Auffangfläche von 300 mm stehen zwischen dem 21.6. und dem 21.12. insgesamt 260 mm für die Datumsskale zur Verfügung.

Ein noch einfacherer *Mittagskalender* läßt sich mittels eines kleinen senkrechten Stabes und einer horizontalen Leiste herstellen, auf der sich eine Einteilung für die Sonnenhöhen, für die Deklinationen und für die dazugehörigen Daten befindet. Eine solche Vorrichtung ähnelt dann der ägyptischen Ellensonnenuhr von Bild 1.1 (Seite 8). Sie muß ebenfalls in Nord-Süd-Richtung aufgestellt werden, wobei auf die genaue horizontale Auflage zu achten ist. Ein 100 mm langer Schattenstab ist für diesen Gnomon-Mittagskalender völlig ausreichend. Die Leiste muß so lang sein, daß der Mittagsschatten auch am 21. 12. diese noch erreicht. Das bedeutet, daß die Mindestlänge der Leiste für Bern das 2,8fache und für Rostock das 4,5fache der Höhe des Gnomons betragen muß.

Die Größe der Anzeigefläche ermöglicht es, neben Datum, Deklination, Kulminationshöhe aber auch bestimmte Angaben, wie Feiertage oder Geburtstage einzutragen, was übrigens auch bei den Datumslinien möglich ist. Dieser einfache Mittagskalender erfordert wenig Arbeit und eignet sich gut für häusliche Schülerbeobachtungen. Im Großformat bildet eine solche Anlage ein sinnvolles Lehrmodell auf dem Schulgelände, das gleichzeitig die exakte Nord-Süd-Linie darstellt. Für Schüler der oberen Klassen wird man auf das "Vor- und Nachgehen" der Anzeige, d.h. auf den Zeitausgleich (Zeitgleichung) eingehen.

Bei der Herstellung wird der Lehrer die erforderliche mathematische Hilfestellung leisten. Bekannt sind: geographische Breite, Deklination des betreffenden Datums (Tafel 10.1.) sowie die Stabhöhe s. Zuerst gilt es, die Mittagshöhe h der Sonne zu berechnen, die dann in die Berechnung der Schattenlänge L eingeht:

$$L = \frac{s}{\tan h}$$

Abschließend sei noch ein ganz einfacher Mittagskalender erwähnt, den man aus einer Käseschachtel, die zumeist einen Radius von 60 mm haben, bauen kann. Die gerade Seite, die in der Mitte ein kleines Loch enthält, wird unter dem Winkel φ fest auf einer Unterlage angebracht. Auf der gegenüberliegenden, halbkreisförmigen Innenseite befindet sich die Einteilung mit Daten, Sonnendeklination und Kulminationshöhe, die mittels des kleinen Sonnenbildes abgelesen werden können.

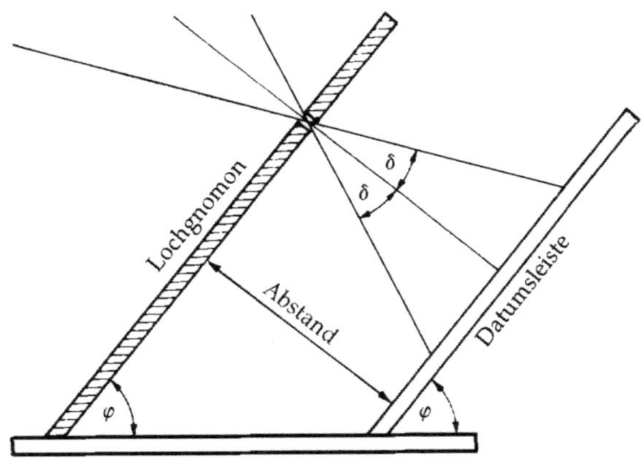

5.9. Mittagskalender

6. Praktische Hinweise zum Selbstbau von Sonnenuhren

"Die Sonnenuhr ist faszinierend!
Dies Thema, es ist riesengroß.
Es läßt den, der sich ihm gebührend
Verschrieb, im Leben nicht mehr los." *(H. Schumacher)*

In den vergangenen Kapiteln haben wir die theoretischen Grundlagen sowie die Funktionsweise verschiedener Arten von Sonnenuhren kennengelernt. Wir wollen es aber bei der Theorie und der Betrachtung von Sonnuhren nicht belassen. Vielleicht haben Sie dabei den Wunsch verspürt, selbst eine Sonnenuhr anzufertigen, um auf ihr den Lauf des Schattens beobachten und die Zeit ablesen zu können. Die Gnomonik reizt ja förmlich zur Selbstbetätigung und zum Basteln von Sonnenuhren. Der folgende Abschnitt soll Ihnen hierzu einige Anregungen vermitteln.

6.1. Anfertigung des Zifferblattes

6.1.1. Diaprojektor als Hilfsmittel

Die Bewegung der Sonne über die scheinbare Himmelskugel wird mit Hilfe zweier Koordinaten beschrieben, die wir im Äquatorsystem als Deklination und als Stundenwinkel bezeichnet hatten. Für die jeweilige Tageszeit ist nur eine dieser beiden Koordinaten ausschlaggebend: der Stundenwinkel. Die Tageszeit, der Ortsstundenwinkel der Sonne, ist unabhängig von der Größe der Deklination der Sonne.
Machen wir einmal folgendes Gedankenexperiment: Ein Schattenwerfer beliebiger Länge sei in Richtung der Himmelspole geneigt. Die Sonne stehe bezüglich dieses Schattenwerfers genau im Meridian. Verändern wir nun die Deklination von -90° bis +90°, so bewegt sich die Sonne vom Himmelssüdpol über den Himmelsäquator bis zum Himmelsnordpol. Die Sonnenstrahlen, die zum Schattenwerfer gelangen, verlaufen dabei alle in einer Ebene. Für sämtliche dieser Sonnenstrahlen ist es 12h WOZ. Das bedeutet, daß der wahre Mittag im Äquatorsystem sozusagen durch eine "Stundenebene" charakterisiert wird. In gleicher Weise können wir auch für andere Tagesstunden verfahren und weitere "Stundenebenen" gewinnen, die gegenüber der Ebene für 12h WOZ unter dem Stundenwinkel geneigt sind. Diese "Stundenebenen" können wir uns wie die aufgeschlagenen Seiten eines Buches vorstellen (Bild 6.1).

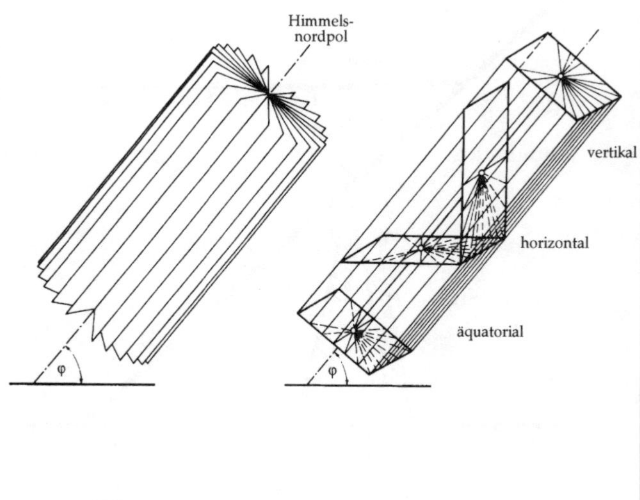

6.1. Harmonie der Stundenlinien verschiedener Sonnenuhrenarten

Aus dem so erhaltenen Büschel von Ebenen im Abstand von 15° lassen sich beliebig geneigte Zifferblätter herausschneiden, bei denen die Stundenlinien i. allg. aber nicht mehr unter einem Winkel von 15° zueinander verlaufen können.

Diese Erkenntnis ist von großem praktischem Wert: Die Konstruktion von Zifferblättern beliebiger Form und Neigung können wir uns wesentlich erleichtern, indem wir ein Diapositiv mit einer 15°-Teilung auf die gewünschte Fläche projizieren. Streng genommen müßte man dabei den Bildwerfer so neigen, daß die Projektion in Richtung des Himmelsnordpols erfolgt. Aber das können wir umgehen, indem wir den Bildwerfer in seiner waagerechten Stellung belassen und statt dessen die Projektionsfläche neigen (Bild 6.2). Wichtig ist nur, daß die Projektion in Richtung der Achse des Schattenwerfers erfolgt. Das setzt natürlich voraus, daß der Schattenwerfer zuvor auf dem Zifferblatt befestigt wurde. Die genaue Projektionsrichtung ist erreicht, wenn die Spitze des Schattenwerfers punktförmig beleuchtet wird. Der Schattenwerfer darf dann selbst keinen Schatten mehr werfen, d. h., sein Schatten muß in die Achse der Projektionsrichtung fallen.

Projizieren wir das Dia auf eine zur Projektionsrichtung senkrecht stehende Fläche, so erhalten wir dort das 15°-Zifferblatt der äquatorialen Uhr. Der Schattenwerfer steht bei dieser Sonnenuhrenart senkrecht auf dem Zifferblatt und damit auch auf der Projektionsfläche. Bei allen anderen Sonnenuhrenarten aber ist der Schattenwerfer unter einem bestimmten Winkel zur Zifferblattfläche geneigt. Letztere kann daher nicht senkrecht zur Projektionsrichtung stehen. Das hat zur Folge, daß die Stundenlinien in verschiedenen Winkelabständen zueinander verlaufen und im Vergleich zur Äquatorialuhr "verzerrt" erscheinen (s. Bild 6.1., rechts).

Die Herstellung eines Dias mit einer 15°-Teilung dürfte kaum Schwierigkeiten bereiten. Bei der Projektion ist darauf zu achten, daß man die Bezeichnung der Stundenlinien nicht vertauscht. Wird die Projektionsfläche nicht nur geneigt, sondern auch um einen bestimmten Winkel gedreht, kann man den Verlauf der Stundenlinien auch für abweichende Vertikaluhren durch Projektion ermitteln, was für die etwas komplizierte Sonnenuhrenart vorteilhaft ist. Abschließend muß jedoch kritisch bemerkt werden, daß mit dem Projektionsverfahren nicht die Genauigkeit wie bei einer Berechnung bzw. Konstruktion von Zifferblättern erreicht wird.

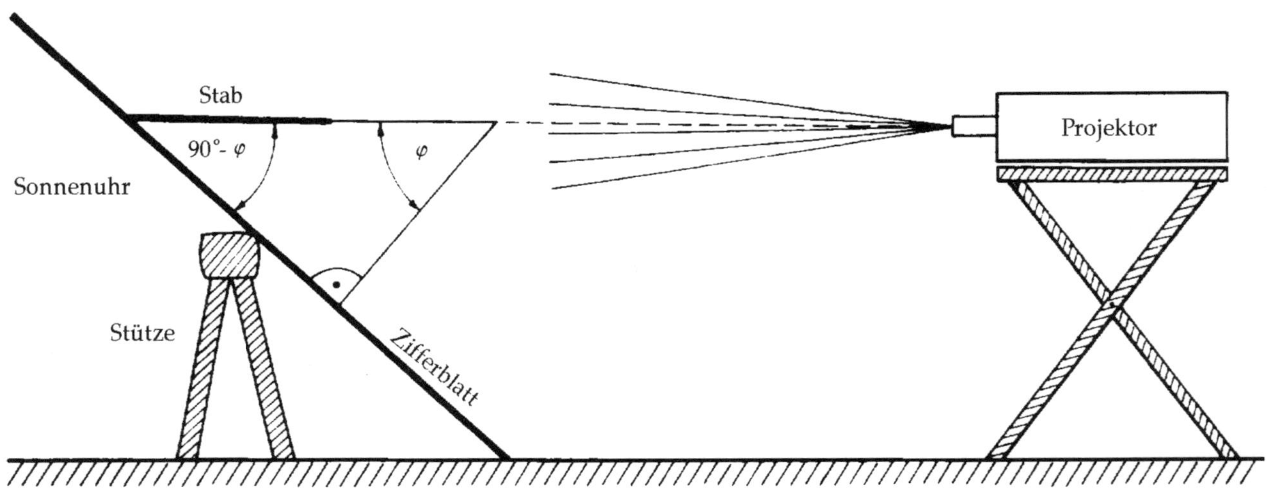

6.2. Markierung der Stundenlinien mit Hilfe eines Diaprojektors
Die Projektionsrichtung muß genau mit der Richtung des Schattenwerfers übereinstimmen (nach H. Schumacher).

6.1.2. Die Uhr als Hilfsmittel

Gibt es nicht einen viel einfacheren und bequemeren Weg, eine beliebige Sonnenuhr zu bauen? Könnte man nicht die Stundenlinien mit Hilfe einer genaugehenden Uhr auf dem Zifferblatt markieren und sich dabei viel Rechnerei und mühsame Konstruktionen ersparen?

Vorausgesetzt, daß der Schattenwerfer richtig an der Wand befestigt wird, erhält man mit einem solchen Verfahren wirklich eine exakte Sonnenuhr, bei der sogar die Ortszeitdifferenz korrigiert ist. Folgende Konstruktionsschritte sind aber beispielsweise bei einer abweichenden Vertikaluhr dennoch erforderlich:

1. Die Wandabweichung wird auf 1° genau mit einem der beschriebenen Verfahren ermittelt.

2. Substilarwinkel f und Erhebungswinkel g werden berechnet. Anschließend wird das Stützdreieck hergestellt.

3. Auf der Wand markiert man den vorgesehenen Punkt des Schattenwerfers und von diesem ausgehend 2 Hilfslinien: die senkrechte Linie für 12h WOZ (wahrer Mittag) und unter dem Substilarwinkel f die Zeigergrundlinie.

4. Wenn nun das Stützdreieck so auf die Substilare gehalten wird, daß es in bezug auf die Wand senkrecht steht, dann gibt der von der Wand wegweisende Schenkel des Stützdreiecks den richtigen Verlauf des Schattenwerfers an.

5. Der Schattenwerfer wird in der unter 4. ermittelten räumlichen Orientierung im Fußpunkt F befestigt.

6. An einem der vier Tage mit Zeitgleichung Null wird zu jeder vollen Stunde MEZ der Verlauf des Schattens markiert. Anschließend werden die so erhaltenen Stundenlinien beschriftet. Eine Abweichung von bis zu ±3 Tagen ist dabei belanglos.

Will man die Stundenlinien an einem anderen Tag des Jahres markieren, muß die Zeitgleichung unbedingt berücksichtigt werden. Der Betrag für die Zeitgleichung ist Tafel 10.1 zu entnehmen und zur MEZ zu addieren bzw. zu subtrahieren.

7. Auch ist die Ortszeitdifferenz zu berücksichtigen

Beispiel für Görlitz/Gmünd

Am 21. 5. beträgt die Zeitgleichung +3,5 min. Die Sonne geht um diesen Betrag eher durch den Meridian. Die Stundenlinien sind daher 3,5 min vor jeder vollen Stunde zu markieren.

Am 4. 8. beträgt die Zeitgleichung -6,0 min. Die Sonne geht um diesen Betrag später durch den Meridian. Die Stundenlinien sind daher 6,0 min nach jeder vollen Stunde zu markieren.

Die Vorteile dieses Markierungsverfahrens sind also weitaus geringer, als es auf den ersten Blick den Anschein hatte. Ohne Berechnungen kommen wir auch hier nicht aus. Außerdem ist man einen ganzen Tag lang damit beschäftigt, zum richtigen Zeitpunkt die Stundenlinien zu markieren. Hinzu kommt noch das Problem, daß bei einer abweichenden Vertikaluhr an keinem Tag des Jahres der volle Funktionsbereich ausgenutzt wird. Bei unserer um +30° nach Westen abweichenden Vertikaluhr beispielsweise kann die 19h-Linie nur zwischen dem 21.4. und dem 22.8. gekennzeichnet werden. Nur in dieser Zeit des Jahres wird die Wand noch so spät von der Sonne beschienen. So kann auch die 9h-Linie zu dieser Zeit meist nicht markiert werden. Nur zwischen dem 20.8. und dem 24.4. liegt die Wand schon um 9h in der Sonne.

6.2. Gestaltung des Schattenwerfers

Ein einfacher Stab als Schattenwerfer wirkt oft etwas dürftig und phantasielos. Besser sieht es dagegen schon mit ein oder zwei Stützen aus, die rechtwinkelig oder gespreizt auf dem Zifferblatt stehen (Bild 6.3). Die bei den vertikalen Uhren angebrachten Stützen haben den Nachteil, daß sie durch ihren Schattenwurf bei der Zeitablesung irritieren können.

Viele Sonnenuhren haben statt dessen ein *Schattendreieck* aus Metall, das weitaus ansprechender aussehen kann als ein bloßer Stab. Dabei kann die dem Zeigerfußpunkt gegenüberliegende Dreiecksseite eine geschwungene Form erhalten, die dem Charakter der Sonnenuhr angepaßt ist (Bild 6.3). Derartige künstlerisch gestaltete Schattenwerfer findet man häufig bei transportablen Sonnenuhren.

Der Schattenwerfer kann aber auch die Form eines *Punktzeigers* erhalten, bei dem nur ein markanter Punkt auf der Polachse als Zeitanzeiger dient. Dazu gehören z. B. der Endpunkt eines beliebig geformten Schattenwerfers, eine Kugel, eine Kerbe in einer massiven Kante sowie ein kleines Loch in einer Scheibe. Ein solcher markanter Punkt kann sich gelegentlich auch außerhalb der eigentlichen Sonnenuhr befinden oder dort befestigt sein. Die Stundenlinien laufen dann nicht im Befestigungspunkt zusammen, sondern im Durchdringungspunkt der Polachse mit der Fläche des Zifferblattes.

Für den Schattenwerfer ist nichtrostendes Material am vorteilhaftesten. Eine Schwierigkeit ergibt sich oft bei seiner Befestigung an der Wand. Von einem schrägen Hineinklopfen in die Wand ist unbedingt abzuraten; es dürfte selten gelingen, auf diese Weise den Schattenwerfer exakt anzubringen. Hat er die Form eines Stabes, so empfiehlt es sich, dessen Ende um den Erhebungswinkel (90° + g) abzuwinkeln. Das Stabende kann dann senkrecht in die Wand eingelassen werden. Der übrige Teil des Stabes hat in diesem Fall bezüglich der Wand den erforderlichen Erhebungswinkel g. In allen Fällen ist darauf zu achten, daß die verlängerte Achse des Schattenwerfers genau auf den Fußpunkt F stoßen muß.

Stabzeiger besitzen auch den Nachteil, daß sie mutwillig leichter zerstörbar sind als vollwandige Schattendreiecke aus Metall oder Stein. Die Stärke eines Stabes, Schattendreiecks oder Punktzeigers richtet sich nach der Größe der Sonnenuhr sowie nach der Anzeigegenauigkeit, die man erreichen will (s. Abschn. 4.4). Bei Sonnenuhren aus Stein bemerkt man oft sehr breite und massive Schattenwerfer, bei denen jede Kante für sich am Vor- oder Nachmittag die Zeit anzeigt.

Die Länge des Schattenwerfers ist für die Anlage einer Sonnenuhr nicht nur eine Frage der Ästhetik, sondern auch der Stabilität. Man wird sie nicht größer als unbedingt nötig wählen; dennoch muß der längste Schatten noch die Einteilung des Zifferblattes erreichen. Das ist bei einer horizontalen Uhr zur Wintersonnenwende der Fall, bei einer vertikalen zur Sommersonnenwende.

Bei der Anlage der Stundenlinien bzw. Stundenpunkte sollte man unbedingt auf diese Gesichtspunkte achten. Mittels einer Zeichnung der Seitenansicht kann man sich eine Vorstellung über die zu erreichende Schattenlängen machen. Dieser Gesichtspunkt ist wichtig bei Sonnenuhren mit Datumslinien, wo der Schattenwerfer verhältnismäßig klein sein muß.

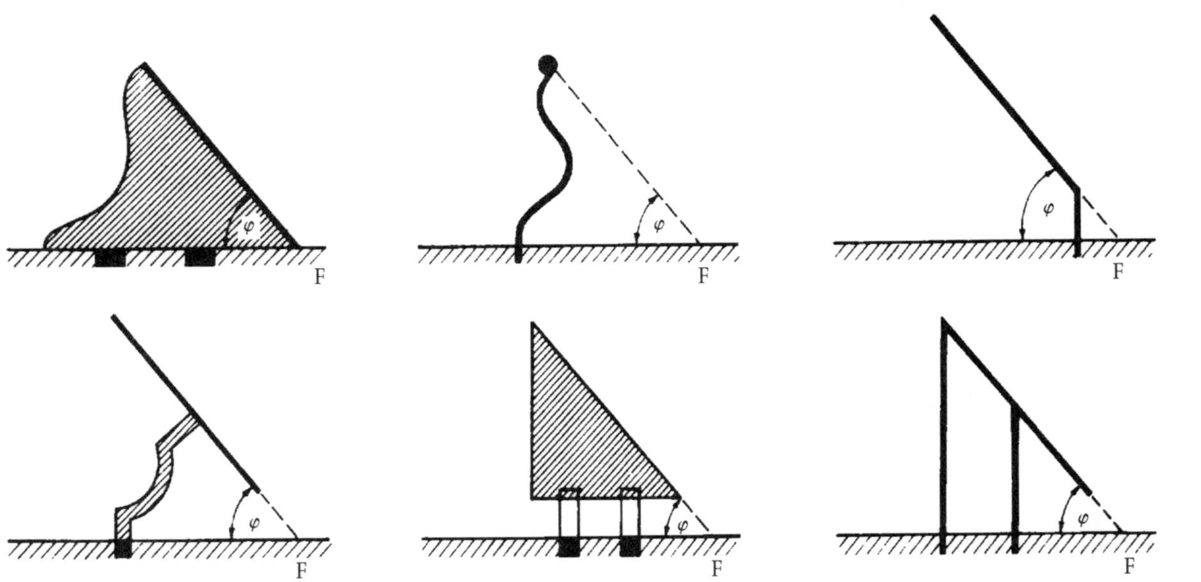

6.3. Beispiele für die Gestaltung des Schattenwerfers. Ausgangspunkt der Stundenlinien muß immer der Fußpunkt F sein.

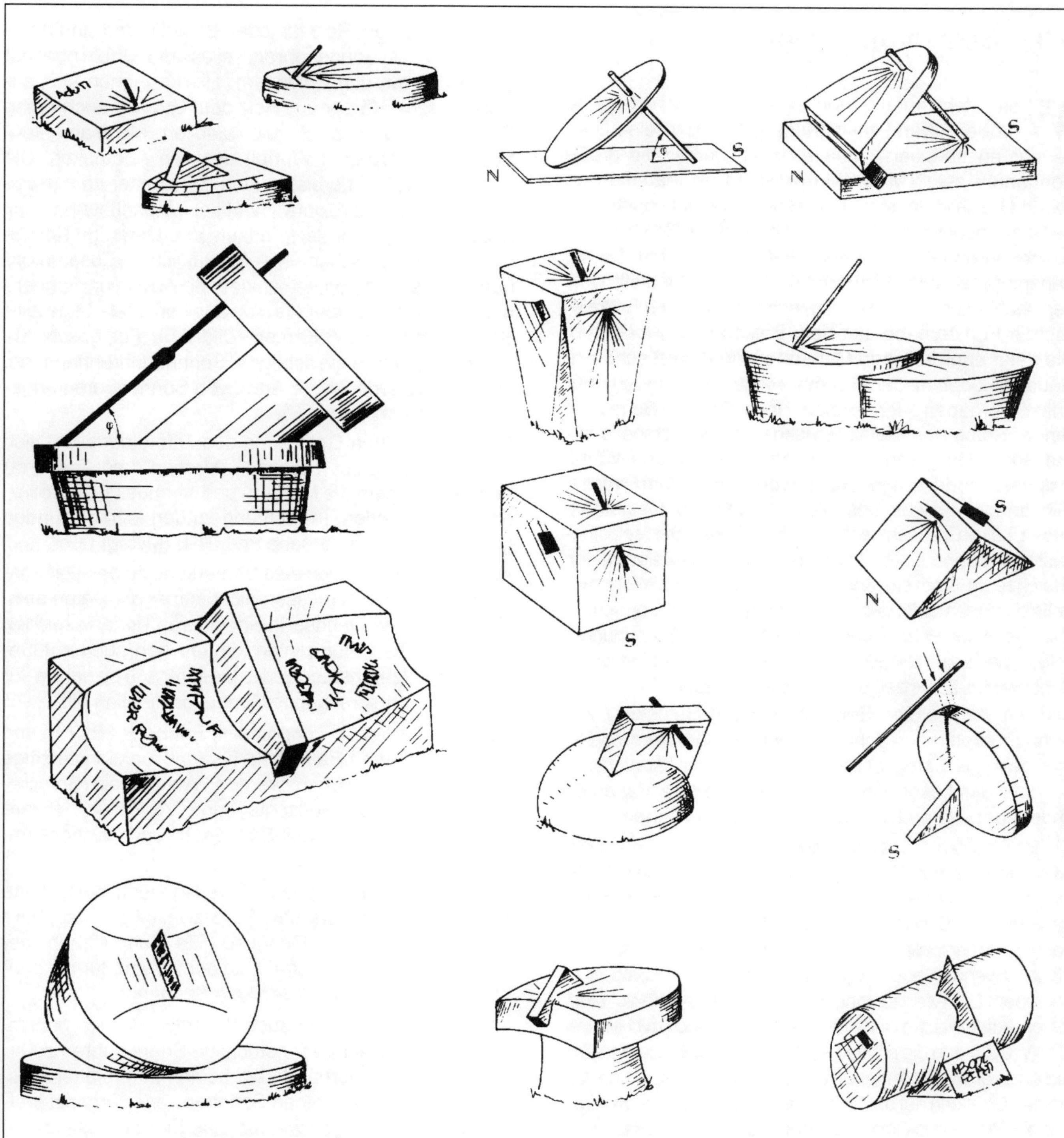

Bild 6.4. Beispiele für den Selbstbau von Sonnenuhren (nach H. Schuhmacher)

6.3. Bastelvorschläge

Wem steht auch schon eine Freifläche oder eine größere Wand zur Verfügung, um dort eine Sonnenuhr anzubringen? Muß es auch immer die große Sonnenuhr sein? Mit wenig Aufwand an Material und etwas Geschick lassen sich zahlreiche funktionstüchtige Sonnenuhren im Kleinformat herstellen. Solche Minisonnenuhren nehmen wenig Platz in Anspruch. Da sie transportabel sind, können sie überall aufgestellt werden, wohin unser Tagesgestirn scheint - auf dem Schreibtisch in Fensternähe, auf dem Balkon oder im Garten. Die dafür erforderlichen Materialien sind meist schon im Haushalt oder in der Hobbywerkstatt vorhanden. Für unser Vorhaben eignen sich Holz, Pappe, Scheiben, Ringe, Stäbe aus Metall, Stricknadeln, Wurstspeile sowie aus Gips geformte geometrische Körper (Würfel, Prisma, Zylinder, Kugel, Hohlkugel u.a.m.). Dem Einfallsreichtum sind, was das Material und die Gestaltung betrifft, keine Grenzen gesetzt. Selbst die kleinsten selbstgebastelten Sonnenuhren haben ihren Wert als Zeitanzeiger. Gleichzeitig sind sie anschauliche Demonstrationsmodelle der Gnomonik, der Wissenschaft von den Sonnenuhren. Oberstes Prinzip beim Selbstbau von Sonnenuhren sollte aber sein: Die Freude an der Sache, selbst einen Schönwetter-Zeitanzeiger hergestellt zu haben!

Bild 6.4 zeigt einige Beispiele für den Selbstbau von Sonnenuhren (nach Schuhmacher, "Sonnenuhren"). Die hier gezeigten Möglichkeiten sind aber längst nicht erschöpft; der Leser wird selbst noch weitere Varianten finden, um eigene Ideen verwirklichen zu können.

Die im Abschnitt 3.7. beschriebenen Sonnenuhren auf gekrümmten Flächen eignen sich ebenfalls gut für die Herstellung im Kleinformat. Da es sich in den meisten Fällen um transportable Sonnenuhren handelt, muß die Ausrichtung nach der Meridianlinie gesichert sein. Es ist aber nicht unbedingt notwendig, jedes Objekt mit einem kleinen Kompaß zu versehen. Die Kennzeichnung der Nord-Süd-Linie auf einer festen Aufstellfläche ist dafür ausreichend. Auch mit Hilfe der Uhr (WOZ) kann die richtige Aufstellung erreicht werden. Bei nicht zu großen Längendifferenzen von Görlitz kann bei kleinen Objekten auf die Ortszeitkorrektur verzichtet werden. Für die Praxis des Sonnenuhrenbaus ist es vorteilhaft, sich für häufig vorkommende Winkel, wie φ, $(90° - \varphi)$ und 90° kleine Schablonen anzufertigen.

Von besonderem Reiz für jeden Bastelfreund sind Kombinationen von Sonnenuhren, sei es auf Würfeln oder auf anderen Arten von Polyedern. Hierfür eignen sich sowohl massive Körper aus Holz oder Gips als auch kleine Schachteln, wie z. B. die stabilen Medikamenten-Schachteln (Quader, Würfel) aus den Apotheken. Die Flächen für die Zifferblätter sind dabei unter dem jeweiligen Winkel (horizontal, vertikal, erdachsenparallel, äquatorparallel) sorgfältig anzulegen. Derartige Kombinationen verdeutlichen sehr anschaulich die Zusammenhänge zwischen den verschiedenen Arten von Sonnenuhren, besonders aber die polwärts gerichtete Lage aller Schattenstäbe bzw. Kanten (Bild 6.5). Für geschickte Bastler bietet sich ein richtiges "Sonnnenuhrenhaus" an, an dem alle erdenkliche Arten von Sonnenuhren angebracht werden können.

Bei der farblichen Gestaltung des Zifferblattes läßt sich eine Beziehung zur Tageszeit (Morgen- und Abendrot) herstellen, indem die Morgen- und Abendstunden rötlich dargestellt werden. In Richtung zu den Mittagsstunden geht es ins Orangefarbene und Gelb (Mittag) über.

Abschließend sei noch eine Bemerkung zu den Datumslinien gestattet: Es müssen nicht immer die Daten sein, die sich auf den Wechsel in ein anderes Tierkreiszeichen beziehen. Die Datumslinien können sich auch auf Geburts- und Namenstage sowie Gedenktage beziehen, für welche die entsprechende Sonnendeklination gilt.

Aus dem Verlag für Lehrmittel in Pößneck (Thür.) kann ein *Sonnenuhren-Bastelheft* für fünf funktionstüchtige Sonnenuhren bezogen werden: Äquatoriale Sommeruhr, Kombinierte Horizontal- und Vertikaluhr, Polare Süduhr (Pultuhr), Würfel-Sonnenuhr und Sonnenkompaß.

Eine zusammenklappbare Reisesonnenuhr ist ohne größere Mühe herstellbar. Eine zweiteilige, klappbare Schachtel bildet das Gehäuse. Ein Gummifaden, der sich beim Aufklappen strafft, ist der Polstab für die horizontale als auch für die vertikale Sonnenuhr.

In gleicher Weise kann auch *die gelbe Beilage* genutzt werden, um zwei funktionstüchtige Sonnenuhren zu erhalten. Die dort vorhandenen beiden Zifferblätter müssen nur noch durch einen Schattenwerfer ergänzt werden. Dazu befestigen wir das eine Ende eines dünnen Fadens in der Mitte der 6h-Stundenlinie auf der Horizontaluhr und das andere Ende auf der der eigenen geographischen Breite entsprechenden Stelle des Zifferblattes der Vertikaluhr. Letzteres hat dazu Markierungen für 40° bis 56° n.Br. Diese Sonnenuhrenkombination ist somit zwischen den geographischen Breiten von Madrid und Kopenhagen verwendbar.

Zur Befestigung des Polfadens sind die Zifferblätter an den betreffenden Stellen vorsichtig zu durchbohren. Bevor der Faden durch die so entstandenen Öffnungen hindurchgeführt und auf den Rückseiten der Zifferblätter befestigt (verknotet oder verklebt) wird, ist das Zifferblatt der Horizontaluhr (die erste Seite des Buches) mit einer Unterlegscheibe zu verstärken. Die Länge des Fadens ist so zu wählen, daß er straff gespannt ist, wenn die Zifferblätter genau horizontal bzw. vertikal ausgerichtet werden (also etwa 18 cm).

Anstelle des Polfadens kann man selbstverständlich auch ein Schattendreieck geeigneter Größe verwenden, das mit einem durchsichtigen Klebestreifen auf einem der beiden Zifferblätter befestigt wird. In beiden Fällen ist darauf zu achten, daß die erste Seite des Buches nicht beschädigt wird, wenn man das Buch aufschlägt.

Aus dem beigelegten weißen Bastelbogen kann man unter Berücksichtigung der Bauanleitung eine Würfelsonnenuhr bauen, die sogar eine Norduhr enthält. Auch hier werden die Schattenwerfer aufgeklebt und nicht durch die Ritzungen in den Würfel gesteckt. Die Stundenlinien beziehen sich auf eine geographische Breite von 51° (Köln, Erfurt, Dresden), eine Breitendifferenz von ±2° ist hier noch ohne Bedeutung. Bei einem größeren Breitenunterschied wird der Würfel im Süden bzw. Norden um die Breitendifferenz angehoben, so daß die Polhöhe wiederum der betreffenden Breite entspricht. Beträgt die Breitendifferenz 4°, so um 4,5 mm. Dieses Verfahren ist übrigens bei jeder Sonnenuhrenart möglich.

Das alte *Wagenrad* ist in der heutigen Zeit wieder zu Ehren gekommen und schmückt Wochenendhäuser und Gärten. Ob es wirklich immer ein Schmuck ist, ist Geschmacksache. Doch was halten Sie davon, ein solches Wagenrad in eine Sonnenuhr zu verwandeln? Wir benutzen dazu den Radkranz als äquatoriales Zifferblatt und die Achse als Polstab. Um die erforderliche Neigung zum Himmelspol zu erhalten, muß die Lage des Rades durch Unterlegen eines Steines oder durch Verlängern bzw. Verkürzen der Achse entsprechend verändert werden. Der zum Pol weisende Teil der Achse wird als Schattenwerfer im allgemeinen zu kurz sein, weshalb dort ein Polstab anzubringen ist, der etwa die Länge des Wagenradhalbmessers hat. Auf dem Radkranz werden in Abständen von 15° die Stunden bzw. in Abständen von 7,5° die Halbstunden markiert und beschriftet. Um die WOZ ablesen zu können, stellen wir unsere Wagenradsonnenuhr dann so auf, daß die Achse in Nord-Süd-Richtung zeigt. Dabei muß sich die 12h-Markierung auf dem untersten Punkt des Radkranzes befinden. Soll statt dessen die MEZ (bei Zeitgl. 0) werden, ist die 12h-Markierung um die Längendifferenz vom untersten Punkt des Radkranzes in Richtung zu den Vormittagsstunden (Westen) zu drehen (s. Abschn. 4.1).

Für Bastelfreunde gibt es eine Möglichkeit, die etwas umfangreiche Korrekturtabelle (Tafel 10.6) als einfache Drehscheibe zu gestalten, um damit rasch und übersichtlich die Mitteleuropäische Zeit (MEZ) abzulesen. Wie bei der Tabelle sind Ortszeitdifferenz sowie Zeitgleichungung bereits berücksichtigt.

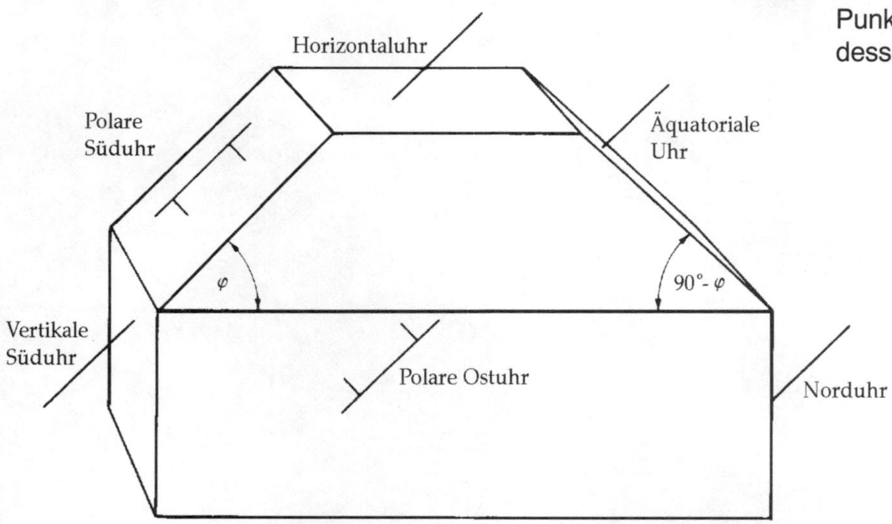

6.5. Kombination verschiedener Sonnenuhrenarten

Bauanleitung für die Drehscheibe zur Ermittlung der MEZ und Berücksichtigung der Ortszeitdifferenz und Zeitgleichung:

Auf der Grundscheibe (Durchm. 12 bis 15 cm) werden zuerst die geogr. Längen von 6° (Aachen) bis 17° (Ostgrenze Österreichs) aufgetragen. Eine Unterteilung ist zu empfehlen. Gegenüber der Längenteilung befindet sich die Einteilung der Zeitgleichung. Die Angabe "0" (Min.) liegt der Angabe "15°" (Länge) genau gegenüber. Die Minutenteilung der Zeitgleichung ist so zu gestalten, daß diese mit der Längenteilung korreliert, d.h., auf 1° Länge kommen jeweils 4 Minuten. Die negativen Zeitgleichungsbeträge bis -14,3 min befinden sich links, die positiven bis +16,4 min rechts der Null. Die um ca. 2 cm kleinere Deckscheibe (Drehscheibe) enthält eine Minutenteilung, die ebenfalls mit der Längenteilung korreliert. Links der Null reicht die Einteilung bis 52 min (+ Minuten hinzuzuzählen), rechts bis 28 min (- Minuten abziehen) und umfaßt damit den möglichen Bereich der Abweichungen von 6° bis 17° Länge. Gegenüber der "0" (Minuten) wird deutllich ein Pfeil zum Einstellen eingezeichnet. Die Handhabung ist denkbar einfach: Der Pfeil der Deckscheibe wird auf den betr. Zeitgleichungsbetrag gestellt, auf dem jeweiligen Längengrad kann dann die Anzahl der Minuten abgelesen werden, die zur WOZ-Anzeige der Sonnenuhr hinzuzufügen sind. Zur Information des aktuellen Zeitgleichungsbetrages kann auf der Rückseite eine kleine Tabelle angebracht werden. Mit dieser, vom Verfasser entwickelten Drehscheibe ist eine Minutengenauigkeit zu erzielen.

Beispiel:

Bei einer Zeitgleichung von + 8 min (24.9./9.12.) müssen in Hamburg (10°) 12 min hinzugezählt werden. In Potsdam (13°) ist bei der Anzeige 0 min der wahre Mittag um 12 Uhr MEZ.

Das Wagenrad als äquatoriale Sonnenuhr (Foto: A.Zenkert)

6.4. Gnomonik in der pädagogischen Arbeit

Die Faszination, welche die Astronomie auf die Schüler ausübt, ist groß und kommt als fachübergreifende Wissenschaft in der Schule gut an, sei es im Unterricht oder in der außerschulischen Arbeit. Das Interesse der Schüler beginnt schon frühzeitig, wenn oft noch keine oder nur geringe Vorkenntnisse vorhanden sind. Es wäre unklug, diesen kleinen Enthusiasten die Astronomie vorzuenthalten und sie auf den Fachunterricht der oberen Klassen zu vertrösten. Mit ganz einfachen Arbeitsmitteln und etwas methodischem Geschick kann bereits in jüngeren Jahren manches erreicht werden, was für die spätere geistige Entwicklung von Bedeutung ist. Die Schüler wollen tätig sein, sie wollen basteln, knobeln, tüfteln und ausprobieren. Hierfür gilt: *Spielend lernen - Lernen durch spielen!*
Die Gnomonik bietet dafür eine Fülle von Möglichkeiten. In der langjährigen Arbeit im Planetarium Potsdam konnte der Autor die Erfahrung machen, daß auch die Sonnenuhr den "Einstieg", das Tor zur Astronomie, bilden kann und eine Reihe von Bildungspotenzen enthält, um die Schüler zu motivieren und Interessen zu wecken. Die Beschäftigung mit den Sonnenuhren erfordert zwar gewisse fachliche Kenntnisse, die jedoch zur "Astronomie des Alltags" gehören und sich vorwiegend auf den scheinbaren täglichen und jährlichen Lauf der Sonne beziehen. Es ist oft erschreckend festzustellen, wie wenig Schüler der oberen Klassen sowie Erwachsene darüber wissen.

Bereits in den unteren Klassen sollte man mit einfachen Schattenbeobachtungen und -versuchen beginnen. Ein Schattenstab (Gnomon) dürfte eigentlich auf keinem Schulhof fehlen. Für uns Erwachsene mag es selbstverständlich sein, daß sich die Schattenrichtung und -länge im Tagesverlauf ändern, für die Schüler dieser Altersstufe ist dies eine geistig-praktische Arbeit im Bildungs- und Erkenntnisprozeß. Schattenbeobachtungen sind in der häuslichen Arbeit jederzeit durchführbar.

Die Sonnenuhr ist in den Lehrpläne der Schulen nicht enthalten, was uns nicht davon abhalten sollte, uns mit ihr zu befassen. Ein versierter und interessierter Lehrer wird im Unterricht der Geographie, Mathematik und Astronomie immer wieder Beziehungen und Zusammenhänge mit der Gnomonik finden. Besonders die mathematische Geographie und Astronomie, die unter den Schülern nicht gerade sehr beliebt sind, kann durch die Gnomonik interessanter und anschaulicher gestaltet werden. Für Arbeitsgemeinschaften und Zirkel bildet die Sonnenuhr ein vorrangiges und dankbares Betätigungsfeld.

Hier ist es vor allem die ebene *äquatoriale Sonnenuhr,* wobei die beiden Bauteile Stab und Zifferblattebene das "Grundgerüst" der scheinbaren Himmelskugel darstellen, nämlich die Achse zum Himmelspol und die Ebene des Himmelsäquators. Der Zifferblattrand kennzeichnet den mittelgroßen Tagbogen der Sonne am 21.3. und 23.9. und damit die Stellung der Sonne im Sommer- und Winterhalbjahr. Mit dieser einfachen und "natürlichen" Sonnenuhrenart kann der Einstieg in die Gnomonik beginnen.

Die *ringförmige Äquatorialuhr* stellt anschaulich das räumliche Gebilde der scheinbaren Himmelskugel dar und eignet sich in erweiterter Ausführung gut als Lehrmodell zur Demonstration von Polachse, Himmelsäquator, Meridian, Ost-West-Vertikal, Horizont und Zenit.

Das Thema Zeit kann nirgendwo anschaulicher erarbeitet werden als mit Hilfe einer Sonnenuhr, wie wahre Ortszeit, Zonenzeit, Ortszeitdifferenz. Das "Falschgehen" einer Sonnenuhr führt zum Thema Zeitgleichung (Zeitausgleich), die am deutlichsten im Februar sowie Ende Oktober/Anfang November mit je rund ±15 Min. wahrgenommen werden kann. Die Sonnenuhr macht so die Zeit gleichsam sichtbar und erlebbar. Die Bestimmung der geographischen Länge ist mittels der Differenz zwischen mittlerer Ortszeit und Zonenzeit eine Kleinigkeit. Von nicht geringem Bildungswert sind auch die Weltmittagsuhren, die von dem Gedanken ausgehen, daß auf einer bestimmten geographischen Länge unserer Erdkugel zu jeder Zeit Mittag sein muß. Hierbei geht es um die Verwandlung von Längendifferenzen in Zeitdifferenzen.

Wie schon in 3.6 erwähnt, bereiten die analemmatischen Bodensonnenuhren den Schülern großen Spaß, wenn sie selbst Sonnenuhr spielen können, indem sie sich auf das betreffende Datum oder auf die Angabe ihrer Körpergröße stellen können. Die Beschäftigung mit Sonnenuhren ist vielfach mit Langzeitarbeiten verbunden und erzieht somit zur Ausdauer, Geduld und Exaktheit - alles wichtige Erziehungsziele.

Vom pädagogischen Standpunkt aus sind Sonnenuhren Arbeitsmittel. Es gibt inzwischen eine Reihe von Bastelheften und Ausschneidebögen, die die eigene Arbeit des Konstruierens bzw. Berechnens keineswegs ersetzen sollen. Bastelsonnenuhren haben ihre eigene Spezifik: Sie dienen als Anreiz und sind für manch einen das Eingangstor zur Gnomonik. Bastelsonnenuhren sind keine Häusl-Ausschneidebögen, sondern mathematisch-astronomische Modelle und kleine, doch funktionstüchtige Zeitanzeiger. Damit sind selbst jüngere Schüler imstande, eine vollwertige Sonnenuhr zu bauen.

Die Beschäftigung mit den Sonnenuhren führt uns in den Bereich der Kunst und des Kunstgewerbes. Den Schülern dafür die Augen zu öffnen, sie zur Achtung vor geschaffenen Werten der Kultur zu erziehen, muß auch die Aufgabe der Schule sein. Auf Wanderungen und Exkursionen können Sammlungen und Museen besucht werden, wo sich Uhren und Sonnenuhren befinden (Berlin, Dresden, Nürnberg, München, Wuppertal u.a.m.). Hierzu gehören auch bedeutende ortsfeste Sonnenuhren sowie die sehenswerten "Sonnenuhren-Dörfer" (Birkenau, Bernau i. Schwarzw., Taubenheim b. Bautzen) oder "Sonnenuhrengärten" (Siersburg/Saarland, Silberhausen/Eichsfeld, Krippen b. Bad Schandau).

Als Ergebnis jahrelanger Forschungsarbeit informieren die Kataloge der *Arbeitskreise Sonnenuhren* in Deutschland und Österreich über fast 10.500 ortsfeste Sonnenuhren. Von kulturgeschichtlichem und sprachwissenschaftlichen Wert sind die Sinnsprüche und Sentenzen auf den Sonnenuhren. Für Gymnasiasten ergeben sich hier Beziehungen zur lateinischen Sprache. Die Gnomonik ist, wenn auch kein vorrangiges, so doch komplexes und interessantes Gebiet, das dem Lernenden nicht vorenthalten werden sollte und das sich lohnt, bis zu einem gewissen Grade erschlossen zu werden. Erreichen wir noch, daß engagierte Schüler bereit sind, bei der heimatkundlichen Erforschung und Pflege der Sonnenuhren mitzuwirken, dann bedeutet dies das I-Tüpfelchen in der pädagogischen Arbeit.

UMBRA DOCET - der Schatten lehrt -, ist mehr als nur ein oft zitierter Sonnenuhrenspruch. Es kommt auch nicht auf den berufsbildenden Aspekt an, einen Beruf als Gnomoniker gibt es nicht. Die Beschäftigung mit den Schönwetter-Zeitanzeigern vermag zur Lust am Lernen, zum Verstehen anderer Disziplinen sowie zu einem sinnvollen Hobby und damit zur Persönlichkeitsbildung ihren nicht unbedeutenden Beitrag zu leisten.

Blick in den Sonnenuhrengarten von M. Spitzenberg in Silberhausen (Thür.) (Foto: A. Zenkert)

Von links nach rechts: Mühlstein als Äquatorialuhr, Wagenrad als Äquatorialuhr, Mittags-Datumsanzeiger

6.5. Besonnungsdauer vertikaler Sonnenuhren

Bei den Sonnenuhren an vertikalen Wänden ergibt sich die Frage nach deren *Funktionsdauer,* d.h., wie lange wird die Wand von der Sonne beschienen. Wie wir bei der vertikalen Süduhr bereits festgestellt haben, erhält mit zunehmender Sonnendeklination die von Ost nach West verlaufende Wand weniger Sonnenlicht, bei δ = 23,44° am 21.6. nur noch für 9 h 16 min (bei φ: 51°). Die Besonnungsdauer von 12 h gilt nur für die Tagundnachtgleichen.

Bei abweichenden Vertikaluhren wird bei jeweils einer Tagesseite die Besonnung eingeschränkt bzw. erweitert, was die Berechnung der Funktionsdauer kompliziert. Hinzu kommen noch die unterschiedlichen Azimutwinkel der Sonne im Laufe des Jahres. Wir wollen diesmal von der Berechnung absehen und die einfach zu handhabende *Besonnungsscheibe* für die Funktionsdauer der Sonnenuhr an abweichenden Wänden verwenden. Diese Scheibe beruht auf dem Prinzip des sog. Azimutrasters von H. Schumacher und hat sich in der Praxis gut bewährt (Bild 6.6).

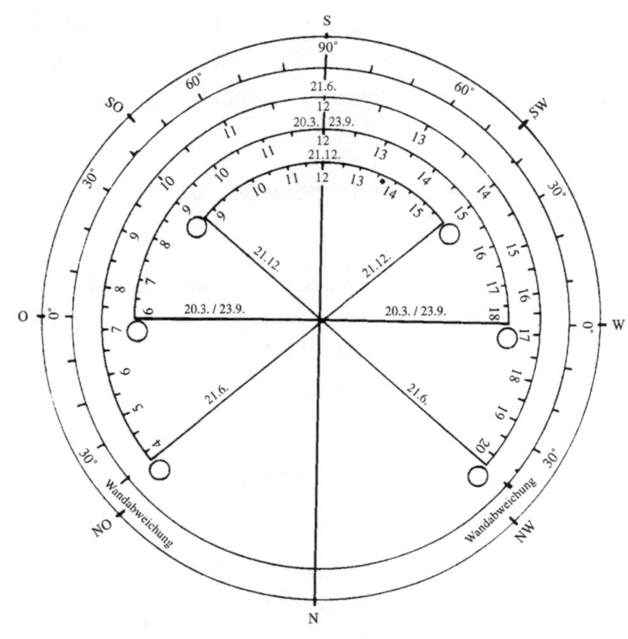

6.6. Die Besonnungsscheibe für 52° n.Br.

Herstellung der Besonnungsscheibe: Am Rande einer ca. 150 mm großen Scheibe aus werden die Winkel von 0°...90° von Ost und West ausgehend nach Nord und Süd aufgetragen. Die Haupt- und Nebenhimmelsrichtungen werden gekennzeichnet. Für den Beginn der Jahreszeiten (21.6., 20.3./23.9., 21.12) werden zuvor die Sonnenazimute mit der schon mehrfach erwähnten Formel für jede Stunde bzw. Halbstunde berechnet. Es werden drei konzetrische Kreisbögen für die vier genannten Tage gezeichnet, auf denen die Zeiteinteilung den berechneten Azimuten zugeordnet und gekennzeichnet werden. Wir erkennen hier deutlich die größeren "Azimutschritte" der Sonne im Sommer. Die Kreisbögen veranschaulichen auch die unterschiedlichen Tageslängen und damit die Auf- und Untergangsazimute der Sonne in den Jahreszeiten. Im Jahreslauf sind Richtung und Richtsänderung der Sonne nicht gleich. Man sieht z.B., daß die Sonne am 21.6. um 10h mit der Richtung am 21.3./23.9. um kurz nach 9h übereinstimmt, was auch für den 21.12. zum Zeitpunkt des Sonnenaufganges zutrifft. Mit einem Blick ist zu überprüfen, daß die Sonne nicht immer um 6h im Osten und um 18h im Westen steht (Orientierungsregel!).

Damit können wir jetzt für jede beliebige Wandabweichung die Besonnungsdauer ermitteln und uns Berechnungen ersparen. Die Azimuteinteilung dient gleichzeitig der Einstellung der Wandabweichung. Für die Bestimmung der Besonnungsdauer legen wir ein Lineal an, das von der gewünschten Wandabweichung, die von der Ost-West-Richtung aus gezählt wird, über den Mittelpunkt der Scheibe angelegt wird. An einigen Beispielen soll dies mit Bild 6.6. erläutert werden:

Wann beginnt die Besonnung (Streiflicht) bei einer westlichen Wandabweichung von α: +15° am 21.6.? Ergebnis: 8.30h.

Wann endet die Besonnung (Streiflicht) bei einer östlichen Wandabweichung von α: -50° am 21.3./23.9.? Ergebnis: Kurz vor 15h.

Wie lange dauert die Besonnung bei einer östlichen Wandabweichung von α: -30° am 21.6.? Ergebnis: Von 4.35h bis 15.30h.

Bei den Norduhren erfolgt die Ablesung von der Nordseite. Bei einer um 20° nach Westen abweichenden Wand dauert die Besonnung am 21.6. vom Sonnenaufgang bis 5.30h und von 15h bis zum Sonnenuntergang. Die Zeitangaben entsprechen der WOZ, die Besonnungsscheibe gilt nur für eine bestimmte geographische Breite.

Wird eine Besonnungsscheibe mit Ortszeitkorrektur gewünscht, so sind die Azimute mit der veränderten Stundenwinkelfolge (s. 4.1.) zu berechnen. Für weit westlich gelegene Orte ist dieses Verfahren zu empfehlen.

Die Besonnungsscheibe kann aber auch zur Bestimmung der Wandabweichung verwendet werden. In diesem Falle beobachten wir, wann das Streiflicht an einer Wand eintritt, d.h. die Sonne hinter einer Wand verschwindet. Tritt dies z.B. am 21.6. um 14h WOZ (Besonnungsende) ein, handelt es sich um eine um 40° nach Osten abweichende Wand. Erscheint z.B. die Sonne am 21.12. erst um 11h an der Hauswand, so handelt es sich um eine Westabweichung von 75°.

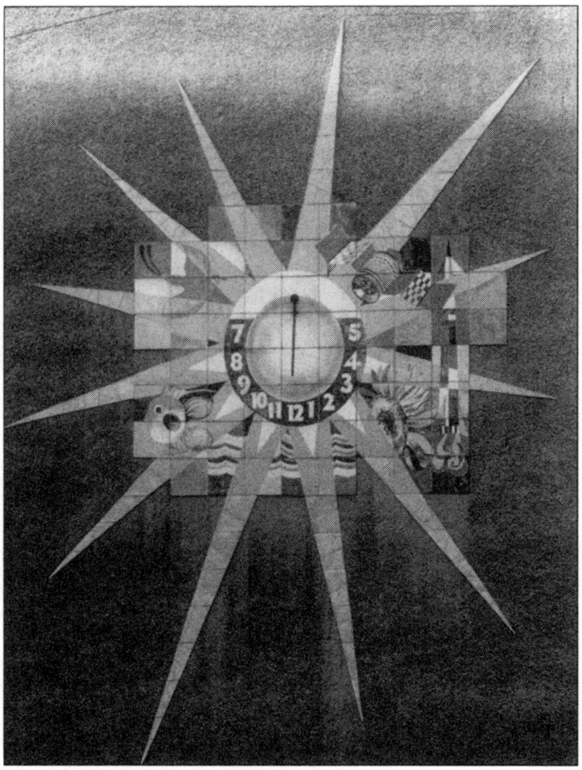

Große vertikale Süduhr
Bad Klosterlausnitz/Thür. (Foto: F. Ihlow)

6.6. Gnomonik im Dienste der Medizin: Der Sonnenwarner

Damit betreten wir ein praxisbezogenes Gebiet der Gnomonik. Mag manch einer jetzt der Ansicht sein, dies gehöre nun aber wirklich nicht mehr zu den Sonnenuhren, so muß dem widersprochen werden. Da es hier um die Höhe der Sonne geht, haben die folgenden medizinischen Ausführungen vielerlei Bezüge zur Gnomonik.

Nach medizinischen Erkenntnissen ist eine langzeitliche Sonneneinstrahlung auf den ungeschützten Körper (Verbrennung, Hautkrebs), besonders bei hohem Sonnenstand, zu vermeiden. Nach Dr. L. Hatala gibt es 3 Gefahrenklassen, die von der Sonnenhöhe abhängen sowie 3 Hauttypen mit den erforderlichen Schutzmaßnahmen.

Bis zu einer Sonnenhöhe von 44° ist die Einstrahlung der Sonne ungefährlich.

Gefahrenklasse I, Sonnenhöhe 44°...53°, mäßige Strahlung

Hauttyp	1 Sonnenempfindlich	: Mittelstarker Schutz
"	2 Empfindlich	: Kein Schutz erforderlich
"	3 Wenig empfindlich	: Kein Schutz erforderlich

Gefahrenklasse II, Sonnenhöhe 53°...61°, stärkere Strahlung

Hauttyp	1 Sonne ganz meiden oder starken Schutz anwenden
"	2 Mittelstarker Schutz erforderlich
"	3 Kein Schutz erforderlich

Gefahrenklasse III, Sonnenhöhe über 61°, sehr starke Strahlung

Hauttyp	1 Sonne strikt meiden
"	2 Stärkste UV-Blocker verwenden
"	3 Mittelstarken Schutz verwenden

Aus den genannten Gründen ist die Kenntnis der Sonnenhöhe wichtig. Diese läßt sich zwar berechnen, doch wer hat schon im Urlaub die Formel parat, kennt die Deklination der Sonne sowie die geographischen Koordinaten? Schätzungen größerer Sonnenhöhen führen erfahrungsgemäß zu falschen Ergebnissen.

Im folgenden werden drei Varianten des sog. Sonnenwarners vorgestellt, womit die Sonnenhöhe mit der für diesen Zweck ausreichenden Genauigkeit bestimmt werden kann, um sich gegen die Einstrahlung bei hoch stehender Sonne schützen zu können. Wer möchte sich auch schon seinen Urlaub verderben, was leider allzuoft geschieht. Besonders bei Reisen in südliche Gegenden ist die Kenntnis der Sonnenhöhe wichtig, wo die kritische Grenze von 61° meist weit überschritten wird. Nördlich der Breite von 52,5° (Birmingham, Amsterdam, Hannover, Berlin, Warschau) ist die Sonnenhöhe zu keiner Zeit größer als 61°.

Die Anwendung der in folgenden Vorrichtungen ist denkbar einfach, astronomische Kenntnisse oder Formeln sind nicht erforderlich. Der große Vorteil besteht darin, ohne Kenntnis der geographischen Breite, der Sonnendeklination sowie der Uhrzeit auszukommen. Auch braucht für die Bestimmung der wahren Ortszeit die Ortszeitdifferenz nicht berücksichtigt zu werden, weshalb die Kenntnis der geographischen Länge nicht erforderlich ist. *Es kann die augenblickliche Sonnenhöhe (Gefahrenklasse) der wahren Ortszeit entsprechend unmittelbar und rasch abgelesen werden.*

1. Möglichkeit: *Der Quadrant als Sonnenwarner.* Der Schattenwerfer wird an der geritzten Linie umgeklappt und muß mit der Anzeigefläche einen rechten Winkel bilden. Man hält den Quadrant mit dem Schattenwerfer voran in Richtung Sonne, der Schattenwurf der Oberkante zeigt die Sonnenhöhe an. Eventuell muß der Quadrant geringfügig gedreht werden, bis der Schattenwurf scharf erscheint. Es ist wichtig, daß die Vorrichtung horizontal gehalten wird, weshalb das Anbringen eines kleinen Lotes empfohlen wird.

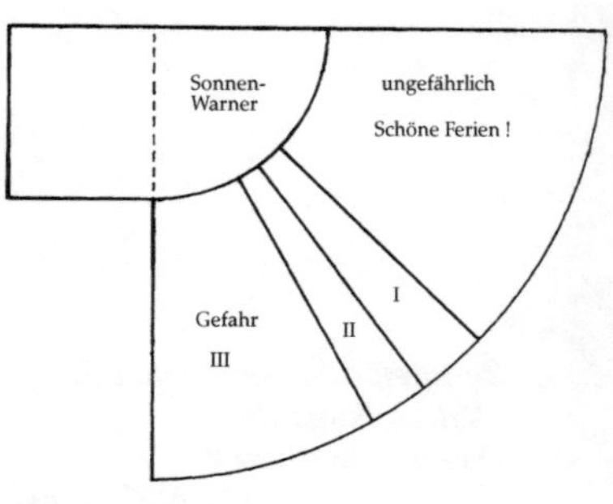

2. Möglichkeit: Der *horizontale Sonnenwarner.* Der Schattenwerfer wird entlang der gestrichelten Linie umgeklappt und bildet mit der Anzeigefläche einen rechten Winkel. Auf die horizontale Lage der Vorrichtung ist achten. Maßgeblich für die Ablesung der Gefahrenklasse ist das Schattenende, das hier parallel zu den Linien der Gefahrenklassen verlaufen muß.

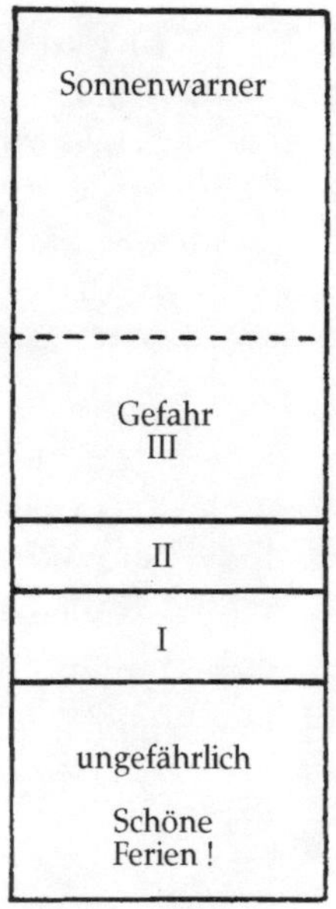

3. Möglichkeit: Es handelt sich hierbei um eine *feste horizontale Vorrichtung* auf einer Terrasse oder im Freigelände (Strand) für den öffentlichen Betrieb. Ein oben etwas zugespitzter Stab von 30 cm Länge wird als Schattenwerfer senkrecht aufgestellt. Auf der Bodenfläche werden vom Schattenwerfer im Abstand von 31 cm (44°), 22,6 cm (53°) und 16,6 cm (61°) Kreisbögen gezogen, welche die Gefahrenklassen (Sonnenhöhen) begrenzen. Mit einem Blick kann festgestellt werden, in welcher Höhe (Gefahrenklasse) sich die Sonne befindet, wofür das Schattenende maßgeblich ist. Bei Verwendung einer anderen Stablänge müssen die Abstände der Gefahrenklassen im entsprechenden Verhältnis verändert werden. Man sollte hier auch den Zeitpunkt des wahren Mittags (Nord-Süd-Linie) kennzeichnen.

Neben der Sonnenhöhe sind weitere wichtige Faktoren wie die UV-Strahlung, die Bestrahlungsdosis, der Ozongehalt in der Stratosphäre, der schneebedeckte Untergrund im Hochgebirge sowie die atmosphärische Trübung zu beachten. Aus diesem Grunde kann unser "Sonnenwarner" nur einen ungefähren Hinweis auf die Gefahr durch die UV-Strahlung geben.

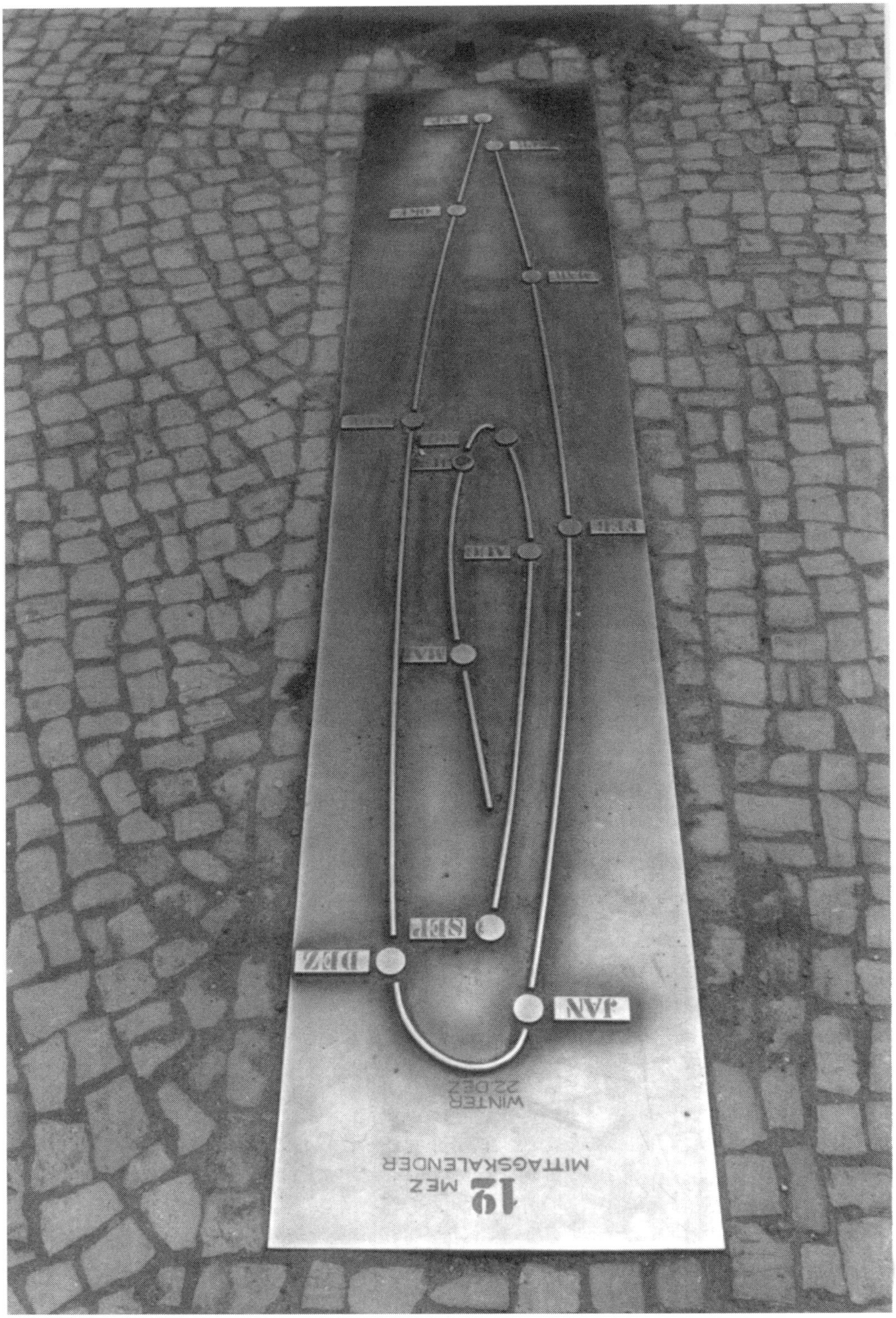

Zeitgleichungsschleife mit "Mittagskalender" Dessau, Stadtpark

(Foto: F. Ihlow)

7. SENTENTIAE SOLARIS - Die "Weisheiten" der Sonnenuhren

*"Der Schatten zeigt, wie ZEIT entflieht,
Obwohl die ZEIT man gar nicht sieht."* (H. Schumacher)

Die Beschäftigung mit den Sonnenuhren sollte sich nicht nur auf die Berechnungen und Konstruktionen beschränken, sondern das gesamte Umfeld, wie Heimat- und Kulturgeschichte, Kunsthandwerk und künstlerische Gestaltung, mit einbeziehen. Die Gnomonik ist ein sehr komplexes und interessantes Gebiet, sie führt uns mit ihren Sinnsprüchen auch in die Sprachwissenschaft.

In der Antike und auch noch im frühen Mittelalter waren Sonnenuhren zumeist schmucklose und stumme Zeugen der Zeitmeßkunst. Erst mit dem Aufkommen des polwärts gerichteten Schattenstabes begann man, die Sonnenuhren in zunehmendem Maße mit Symbolen, Inschriften und Sinnsprüchen zu versehen. So verkündet eine der ersten Sonnenuhren dieser Art an der Kirche zu Deuna bei Mühlhausen (Thüringen) den Tag und das Jahr ihrer Errichtung: "Anno Domini MCCCCXCVIII in die ascensionis domini" ("Im Jahre des Herrn 1498 am Tage der Himmelsfahrt des Herrn").

Die freien Flächen auf den Zifferblättern sowie die Umrandungen und Sockel von Sonnenuhren boten sich förmlich an, Sentenzen, Sprüche und Volksweisheiten anzubringen. Die Sonnenuhren waren damit nicht nur Zeitmesser, sondern auch Verkünder, Mahner und Prediger. Die Vorübergehenden sollten zum Nachdenken angeregt, sie sollten belehrt und in gewissem Sinne auch erzogen werden. Sonnenuhrensprüche sind Denkmale der Kultur- und Sprachgeschichte der Völker und spiegeln daher nicht zuletzt die gesellschaftlichen Verhältnisse, das Denken und Handeln der Menschen jener Zeit wider. Im folgenden findet der Sonnenuhrenfreund eine reichliche Auswahl, um seine Sonnenuhr mit einem Sinnspruch zu versehen. Damit soll diese nicht nur ein Zeitanzeiger sein, sondern soll mit wenigen Worten den Menschen etwas sagen.

In den "Weisheiten" der Sonnenuhren finden wir vorwiegend lehrhafte Hinweise, die sich auf alles beziehen, was mit der Lebensführung und Lebenserkenntnis des Einzelnen oder auch einer Gemeinschaft zusammenhängt:

An jedem Tag zwölf Stunden, bringen Wonnen und Wunden.

Besser eine Stunde zu früh, als eine Minute zu spät.

Das Leben besteht aus Stunden, wer eine gewinnt, hat Leben gefunden.

Ein guter Tag fängt morgens an.

Der gestrige Tag kommt niemals wieder.

Nicht jeder Sonnentag ist ein Sonntag.

Wenn die Stunde hin, weiß man ihren Sinn.

Die Sonnenuhren-Sinnsprüche, besitzen einen Hauch von Altertümlichkeit, wenn sie über die Vorstellungswelt unserer Vorfahren berichten. Derartige Sprüche und Sprichwörter waren das ganze Mittelalter hindurch bis in die Zeit des Humanismus sehr beliebt und eigneten sich auch gut zum Auswendiglernen. In leicht verständlicher und volkstümlicher Weise enthielten sie Normen für das Leben der einfachen Menschen, die sich nach Bibeltexten, einprägsamen Regeln sowie Sprichwörtern orientierten:

Das Leben ist schon halb vorbei, eh' man weiß, was Leben sei.

Der folgende Tag ist des vergangenen Schüler.

Der Schatten des Sommers ist angenehmer als des Winters Sonne.

Die Stund' hinfährt, nie wiederkehrt.

Die Zeit macht alles offenbar, was vorher sonst verborgen war.

Die schönste Zeit - Die liebste Zeit.

Ein Sonnenstrahl macht noch keinen Tag.

Eine Stunde gewährt, was die andere verwehrt.

Verlorene Stunde - Verlorenes Leben.

Zahlreiche Sprüche in Latein, der Sprache der römischen Kirche und der Gelehrten, die durch ihre Kürze und Einprägsamkeit sowie auch durch den Reim im Gedächtnis haften bleiben sollten, stammen aus dieser Zeit. Auf diese Weise ist die sehr große Anzahl lateinischer Sprüche auf Sonnenuhren zu verstehen.

Ubi sol, ibi vita. Wo Sonne ist, ist Leben.

Caelum mea regula.
Der Himmel ist mein Maß.

Sol gaudium in domum portat.
Die Sonne bringt Freude ins Haus.

Nil sine sole solet.
Nichts geschieht ohne die Sonne.

Ars longa, vita brevis.
Die Kunst ist lang, das Leben kurz.

Amicis qua-libet hora.
Den Freunden jede beliebige Stunde.

Corrige praeteritum, praesens rege, discerne futurum!
Verbessere die Vergangenheit, beherrsche die Gegenwart, erkenne die Zukunft!

Audi, vide et tace, vis vivere in pace.
Höre, schau und schweige, wenn Du in Frieden leben willst!

Levior est rerum quam temporis iactura.
Leichter ist der Verlust von Dingen als der Verlust von Zeit zu ertragen.

Tota vita, dies unus est.
Das ganze Leben ist wie ein einziger Tag.

Memor esto brevis aevi!
Gedenke der Kürze des Lebens!

Nihil sum sine sole.
Nichts bin ich ohne Sonne.

Nulla hora sine linea.
Keine Stunde ohne eine Zeile.

Si sol deficit, respicit me nemo.
Fehlt die Sonne, beachtet mich niemand.

Zuerst überwogen Sprüche mit moralisch-religiösen Inhalten. Oft waren es aber auch recht prosaische Sätze und Sprüche aus dem täglichen Leben, die sprachlich und stilistisch veredelt und dadurch zu einem Stück Kleinpoesie wurden. Für klangvolle Wortspiele, Reime und Alliterationen hatte man eine große Vorliebe, und so wurden ähnlich klingende Wörter mit unterschiedlichen Bedeutungen geschickt kombiniert. Durch ihre Kürze haben die Sprüche auf Sonnenuhren mitunter auch etwas Rätselhaftes, fast Mysteriöses. Bildhafte Gedanken, Vergleiche sowie geschickte Umschreibungen gehören hierzu; eine Übersetzung aus dem Lateinischen ist daher nicht immer ganz leicht:

Ab hora diei, ad horam dei.
Von der Stunde des Tages zur Stunde Gottes.

Coeli lux, nostra dux.
Das Licht des Himmels ist unser Führer.

Ita vita.
So ist das Leben.

Hodie mihi, cras tibi.
Heute mir, morgen dir.

In sole solum solamen.
Allein in der Sonne ist Trost.

Sine sole sileo.
Ohne Sonne schweige ich.

Mox nox.
Bald (kommt die) Nacht.

Tempora tempore tempera.
Die Zeitumstände mildern sich mit der Zeit.

Sumus fumus.
Rauch sind wir.

Via crucis, via lucis.
Der Weg des Kreuzes ist der Weg des Lichtes.

Veni, vide, vale.
Komm, sieh und lebe wohl!

Ihrer Zweckbestimmung entsprechend belehren uns die Sonnenuhren häufig über die Zeit, die rasche Vergänglichkeit des Lebens, den unentrinnbaren Tod, aber auch über den Lauf der Sonne und des Schattens über die Fläche des Zifferblattes als ein Abbild unseres Daseins. Die schnell enteilende flüchtige Zeit, die Kürze unserer Tage, des Glücks und der Freude sollten die Menschen ermahnen, über die Zeit und deren Wert nachzudenken, um sie sinnvoll zu nutzen:

Tempus edax rerum.
Die Zeit verzehrt alles.

Carpe diem.
Nutze den Tag!

Fugens labuntur anni.
Flüchtig enteilen die Jahre.

Sicut umbra dies nostri terram.
Unsere Tage sind wie ein Schatten auf Erden.

Horas non numero, nisi serenas.
Ich zähle nur die heit'ren Stunden.

Dum tempus habemus operemur bonum.
Solange noch Zeit ist, laßt uns Gutes tun!

Tempus omnia dabit.
Die Zeit wird alles gewähren.

Tempus vincit omnia.
Die Zeit besiegt alles.

Die Zeit verschwind't, eh' man's besinnt.

Gleich wie der Strom zum Meere eilt, so fließt dahin die gold'ne Zeit.

Gott schuf die Zeit, doch nicht die Eile.

Man muß Lust haben, Zeit zu haben.

Wer die Zeit verdrängt, den verdrängt die Zeit.

Zeit ist Gnade.

Zeit gewonnen, viel gewonnen,
Zeit verloren, viel verloren.

Die Zeit, mein Freund, ist nur gelieh'n,
Gott gibt sie uns, Gott nimmt sie hin.

Die Zeit ist das bewegte Bild der Ewigkeit.

Vergeude nicht die Zeit,
sie ist der Grundstoff des Lebens!

Zeitvertreib?
Als ob die Zeit nicht selbst entflieht in rascher Flucht.
Nur ein Tor wird sie vertreiben.

Die Stunden auf der Sonnenuhr sollten jeden daran erinnern, daß eine von ihnen einmal die letzte sein wird. Der Tod war eine Realität, die nicht verdrängt wurde, sondern immer wieder in das Bewußtsein der Menschen gerufen werden sollte. Diese den Tod betreffenden Sprüche entstanden in einer Zeit, von der wir uns heute kaum mehr eine richtige Vorstellung machen können. Es herrschte eine beständige Angst vor Kriegen und Überfällen, vor Seuchen, Hungersnöten und Naturkatastrophen. Gewalt und Willkür erschwerten den Alltag der Menschen in der Feudalzeit. Spruchweisheiten verkleiden daher oft Unangenehmes und Schreckliches und verwenden Begriffe mit anderen Inhalten oder Vergleiche. So erscheint der Tod z. B. als Freibeuter oder Dieb, dem sich niemand entziehen kann:

Cita mors ruit.
Schnell eilt der Tod.

Mors certa, hora incerta.
Der Tod ist gewiß, die Stunde ungewiß.

Das Leben ein Tag: Morgen, Mittag, Abend.

Die Zeit ist kurz und ungewiß,
die letzte Stund' ja nicht vergiß!

Es ist immer später, als Du denkst.

Una ex his erit tibi ultima.
Eine von diesen (Stunden) wird Deine letzte sein.

Una tua.
Eine ist die Deine.

Nemo libenter moritur.
Niemand stirbt gern.

Ultima latet.
Die letzte (Stunde) bleibt verborgen.

Mors pavit vitam.
Der Tod zerstampft das Leben.

Der Tod hat immer volle Köcher.

Des Menschen Leben ist ein Schattenspiel.

Nicht zuletzt berichten die Sonnenuhrensprüche über die Sonne sowie die Sonnenuhr selbst und deren Aufgaben. Sie verweisen auf die Besonderheiten der Sonnenuhr, auf den Schattenstab und den sich bewegenden Schatten. Sonnenuhrensprüche können aber auch oft recht humorvoll sein:

Nicht die Sonne ist Licht, erst im Menschengesicht,
wird das Licht als Lächeln geboren.

Die Sonnenuhr geht immer richtig,
die Räderuhr nimmt man zu wichtig.

Die Pünktlichkeit der Sonnenuhr
wird garantiert durch Korrektur.

Die dunklen Stunden zähl ich nicht.

Die Sonnenuhr regiert das Licht,
Dich Freund, regiert sein Schatten.

Erst der Schatten zeigt das Licht.

Ich werde verstanden ohne zu sprechen.

Wer den Schatten berechnen will,
muß die Sonne bemessen.

Kiek in die Sun und nit int Musloch!

Sie sagt nicht Tick und sagt nicht Tack,
Hat keine Glocke und kein' Schlag,
Sie geht nicht vor, sie geht nicht nach,
Geht immer richtig Tag für Tag.
Wenn die Sonne scheint, dann geht sie,
Wenn's regnet, dann steht sie.

Nicht immer, aber richtig.

Sommerzeit? - Dazu bin ich nit bereit!

Für die Gäste des Hauses:
Es hält die Sonne Ruhe nicht und Rast.
Sei willkommen, mach's auch so, lieber Gast!

Für die Freunde des Weines:
Die Rebe und die Sonnenuhr,
sie leben von der Sonne nur.

Auch im modernen Baugeschehen hat die Sonnenuhr ihren Platz gefunden. Sie schmückt Freiflächen in Neubauvierteln sowie Wandflächen an Betrieben und Schulen. Wir finden sie ebenfalls an sorgfältig restaurierten Bauwerken längst vergangener Zeiten. Mögen sich auch die "Weisheiten" der Sonnenuhren gewandelt haben, so haben doch viele Sprüche ihre Bedeutung behalten und vermögen auch noch an der Wende zum 3. Jahrtausend zu den Menschen zu sprechen und ihnen etwas geben. Wer sich eine Sonnenuhr baut, hegt gewiß den Wunsch, sie mit einem Sinnspruch zu schmücken und damit der Sonnenuhr eine weitere Funktion zu verleihen. Die hier erwähnten Sprüche und Inschriften sind nur ein Teil einer über 3000 Stück umfassenden Sammlung des Verfassers, die eine große thematische Vielfalt aufweist. Immer wieder sind im Laufe der vergangenen Jahrhunderte der Tod und das Leben die vorherrschenden Themen gewesen. Wählen wir heute anstelle des "Memento mori" ("Gedenke des Todes!") das "Memento vivere" ("Gedenke zu leben!"), und geben wir unserem Leben einen sinnvollen Inhalt! Für diejenigen, die glauben, es habe einst bessere Zeiten gegeben oder es werden später bessere kommen, gilt der Spruch auf der Sonnenuhr in Murten:

Vielleicht gibt es schönere Zeiten,
doch diese ist die unsere.

Zur weiteren Auswahl seien hier noch einige Sprüche genannt:

Sol omnibus lucet.
Die Sonne scheint für alle.

Alles braucht seine Zeit - Die Zeit verbraucht alles.

Auch der heutige Tag hat einen Abend.

Wer der Sonne entgegenwandert,
läßt die Schatten hinter sich.

Den einen wärmt die Sonne,
den anderen blendet sie.

Die Gunst der Zeit ist nicht zu bannen
- am schnellsten flieht das höchste Glück.

Die Sonne scheint keinen Hunger ins Land.

Ein Jegliches hat seine Zeit.

Heute ist die beste Zeit.

Diese Stunde sei die beste für Euch.

Jede Zeit ist um so kürzer, je glücklicher man ist.

Jeder Tag ist ein neuer Anfang.

7.1 Chronogramme auf Sonnenuhren

Mit Hilfe der lateinischen Großbuchstaben, von denen einige römische Zahlen darstellen (M, D, C, L, X, V, I), liebte man es, im Text der Sonnenuhrensprüche Jahreszahlen geschickt zu verstecken, die nur Sachkundige zu entziffern vermochten. In den Alpenländern findet man vereinzelt auch Chronogramme in deutsch. Derartige Chronogramme (Kryptogramme, Chronodistichen) stammen vorwiegend aus dem 17. und 18. Jahrhundert. Die dafür in Frage kommenden Buchstaben werden durch Großschreibung oder farbliche Gestaltung hervorgehoben. Mangels vorhandener Buchstaben werden mitunter 2 V für X, 5 I für V, 2 L für C oder 2 D für M verwendet. Für U gilt stets V, die Reihenfolge ist nicht maßgebend, die Ziffern sind in der Reihenfolge M, D, C, L, X, V, I zu ordnen. Im folgenden werden einige Chronogramme vorgestellt:

VeLVt VMbra DeCLInaVerVnt. (1726)

Itante LapIDe CIrCVIt VMbra.
(1764, Bilder-Sonnenuhr, Freiburg)

Mors innotesCIt repeDante Latrone per horas.
(1651, Höckendorf b. Königsbrück, Kirche, Sachsen).

VIDI, VICI, MICVI. (1721)

a soLIs ortV VsqVe aD oCCasVM laudabile nomen Domini. (1771)

Cerne soL In VMbra hIC raDIat.
(1758, St. Michel i. Lungau, Kaufhaus Lankmayr)

LVX eX aLto fVLgens CorDIs fVgIt CaeCItateM.
(1988 rest., Salzburg-Obergnigl, Kirche)

eLeCta Vt soL. beat ordeM spLenDore.
(1755, Rosenheim, Bayern)

gott Vater sohn VnD heILIger geIst DIr zV Lob VnD ehr zV aLLer zeIt.
(1730, Kalwang, Zehnthaus, Steiermark)

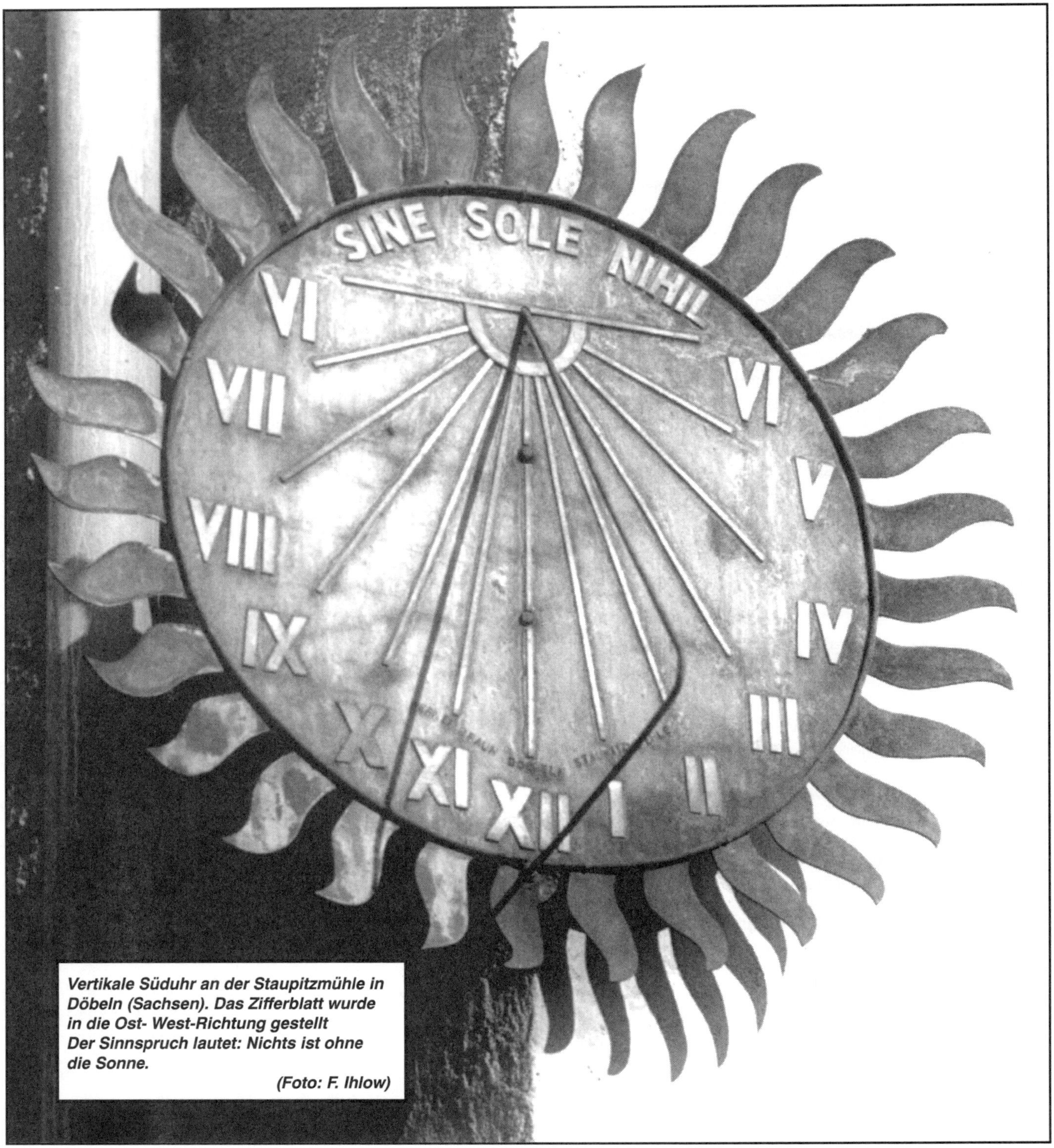

Vertikale Süduhr an der Staupitzmühle in Döbeln (Sachsen). Das Zifferblatt wurde in die Ost- West-Richtung gestellt
Der Sinnspruch lautet: Nichts ist ohne die Sonne.

(Foto: F. Ihlow)

8. Brevier der gnomonischen Praxis

"Man wird nicht leicht eine Wissenschaft finden, die in so viele verschiedene Formen gebracht, und auf so unzählig mannigfaltige Art angewandt worden, als die Gnomonik."
(J.H. Lambert, 1728...1777)

Die ungleichmäßige scheinbare Bewegung der Sonne bestimmt den "Gang" der Sonnenuhren. Jede Sonnenuhr zeigt normalerweise die wahre Sonnenzeit (WOZ) eines bestimmten Ortes an.

Jede Sonnenuhr mit WOZ-Anzeige kann überall auf der gleichen geographischen Breite aufgestellt werden (falls kein Weltzeitzifferblatt benutzt wird).

Wenig bekannt ist, daß man jede Polstab-Sonnenuhr, die für eine bestimmte geographische Breite berechnet worden ist, auch in einer anderen Breite aufgestellt werden kann. Voraussetzung dafür ist, daß der Breitenunterschied durch Kippen der Sonnenuhr in der Nord-Süd-Achse ausgeglichen wird. Eine für Berlin (52,5°) hergestellte horizontale Sonnenuhr kann auch in Kairo (30°) verwendet werden, wenn die Südseite der Uhr um 22,5° angehoben wird, wodurch sich die Polstabhöhe um diesen Betrag verringert. Andererseits muß bei dieser Sonnenuhr in Oslo/St. Petersburg (60°) die Nordseite um 7,5° angehoben werden. Sinngemäß gilt dies für alle anderen Sonnenuhrenarten. Bei einer Vertikaluhr wird man die Zifferblattfläche am unteren bzw. oberen Teil um den entsprechenden Betrag kippen.

Der Neigungswinkel des Schattenwerfers in bezug auf die Horizontale entspricht stets der geographischen Breite φ des Aufstellungsortes der Sonnenuhr. Der Schattenwerfer muß entlang der Nord-Süd-Richtung verlaufen. Die Funktion des Schattenwerfers kann auch von Kanten (Polyeder-Sonnenuhren) übernommen werden.

Bei Punktzeigern ist nur die Lage des markanten Punktes (Endpunkt des Schattenwerfers, Kugel, Lochgnomon) auf einer bestimmten Stundenlinie maßgebend, nicht jedoch die Schattenrichtung. Dies trifft besonders für die Datumslinien zu.

Der Konstruktion beliebiger Zifferblätter liegt das äquatorparallele 15°-Zifferblatt der Äquatorialuhr (Einheitskreis) zugrunde. Die Projektion erfolgt in Richtung der Erdachse. Dies trifft auch für die Projektion mit Dias zu.

Die Ebenen der Stunden gruppieren sich um die Schattenwerferachse, vergleichbar mit den aufgeschlagenen Seiten eines Buches. Denkt man sich das Büschel der "Stundenebenen" als eine Art Block oder Prisma, so sind alle Auffangebenen Schnitte dieses Büschels, dessen Querschnitt beliebig sein kann. Durch die Konstruktion eines Zifferblattes werden dessen Größe und Form sowie die Länge der Stundenlinien nicht festgelegt. Abgebildet wird nur das Strahlenbündel der Stundenlinien.

Die Stundenlinien laufen in fast allen Fällen im Fußpunkt des Schattenwerfers zusammen, d. h. im Durchdringungspunkt der Achse des Schattenwerfers mit der Zifferblattfläche (Ausnahmen: Polare Uhren, Zylinderuhr).

Die Länge des Schattenwerfers hat keinen Einfluß auf den Verlauf der Stundenlinien, wohl aber auf die Lage der Datumslinien. Diese kennzeichnen die Schattenspur des Schattenwerferendpunktes oder einer anderen Markierung (Kugel, Lochgnomon) während eines Tages.

Der Schatten eines Polstabes oder eines waagerechten Stabes, der rechtwinkelig aus der Wand ragt, verläuft bei der Kulmination der Sonne stets senkrecht bzw. in der Nord-Süd-Richtung. Für die Überprüfung vertikaler Sonnenuhren ist dies ein wichtiges Kriterium.

Mit Ausnahme der Äquatorialuhr befinden sich die Markierungen für die Halbstunden nicht in der Mitte zwischen den Stundenlinien der vollen Stunden. Äquatorialuhren haben den Vorteil, daß man durch Drehen der Zifferblattfläche die Ortszeitkorrektur, Zeitgleichung sowie die Sommerzeit berücksichtigen kann.

Die Anlage eines Weltzeitzifferblattes ist bei jedem Zifferblatt mit Stundenlinien möglich. Die Konstruktionsgrundlage hierfür bildet das äquatoriale Zifferblatt.

Auch ein senkrechter Stab kann als Schattenwerfer einer Sonnenuhr dienen, wenn bestimmte Gesichtspunkte bei der Konstruktion beachtet werden. Im Laufe eines Jahres ändert der Schatten zur gleichen Tageszeit seine Richtung. Man könnte in gewissen Zeitabständen ein anderes Zifferblatt verwenden, was jedoch reichlich umständlich wäre. Ändert man die Austellung des Schattenwerfers, fällt der Schatten auf die gleichen Stundenpunkte. Auf diesem Prinzip beruht die analemmatische Sonnenuhr (Bodensonnenuhr), bei der auch der Mensch Schattenwerfer sein kann.

Zusammenfassung der Sonnenuhren auf ebenen Flächen

- **Äquatoriale Uhr mit ebenem Zifferblatt**
  Ihr 15°-Zifferblatt dient als Grundlage für alle anderen Arten von Zifferblättern. Die Auffangfläche ist äquatorparallel; ihre Oberseite erhält nur im Sommerhalbjahr, ihre Unterseite nur im Winterhalbjahr Sonnenlicht. Funktionsbereich: ganztägig.

$$z = \tau$$

- **Äquatoriale Uhr mit ringförmigem Zifferblatt**
  Die gebogene Auffangfläche ist erdachsenparallel, die Besonnung erfolgt ganzjährig. Funktionsbereich: ganztägig.

$$z = \tau$$

- **Horizontale Uhr**
  Die Auffangfläche verläuft horizontal. Die Stundenlinienwinkel sind nicht gleich, verlaufen aber zur 12h-Linie symmetrisch. Funktionsbereich: ganztägig.

$$\tan z = \sin \varphi \cdot \tan \tau$$

- **Vertikale Süduhr**
  Die Auffangfläche verläuft vertikal. Die Stundenlinienwinkel sind nicht gleich, verlaufen aber zur 12h Linie symmetrisch. Funktionsbereich: maximal von 6h bis 18h

$$\tan z = \cos \varphi \cdot \tan \tau$$

- **Abweichende Vertikaluhr**
  Die Auffangfläche verläuft vertikal, die Wandrichtung aber nicht in Ost-West-Richtung. Die Stundenlinien verteilen sich unterschiedlich auf den Vor- und Nachmittag, je nach Art der Wandabweichung (nach Osten oder nach Westen). Sie verlaufen nicht zur 12h-Linie, sondern zur Substilaren (Zeigergrundlinie) symmetrisch. Funktionsbereich: von der Wandabweichung abhängig (s. Besonnungsdauer 6.5).

$$\tan z = \frac{\cos \varphi}{\sin \varphi \sin \alpha \pm \cos \alpha \cot \tau}$$

oder

$$\tan z = \frac{\cos \varphi}{\sin \varphi \sin \alpha \pm \dfrac{\cos \alpha}{\tan \tau}}$$

$+ \alpha$: Substilarseite

- **Polare Süduhr**
  Die Auffangfläche verläuft erdachsenparallel, damit auch parallel zum Schattenwerfer. Die Stundenlinien entfernen sich sprossenähnlich in immer größeren Abständen von der 12h-Linie (Substilare), zu der sie symmetrisch liegen. Die Stundenlinien 6h und 18h liegen im Unendlichen. Funktionsbereich: max. 11 Stunden.

$$l = h \tan \tau$$

- **Polare Ostuhr (Vormittagsuhr)**
  Die Auffangfläche verläuft vertikal in der Nord-Süd-Richtung. Die Stundenlinien sind parallel zueinander und entfernen sich sprossenähnlich in immer größeren Abständen von der 6h-Linie (Substilare), über der der Schattenzeiger parallel zur Erdachse und damit auch zu den Stundenlinien befestigt ist. Funktionsbereich: von Sonnenaufgang bis kurz vor 12h.

$$l = h \tan (90° - \tau)$$

- **Polare Westuhr (Nachmittagsuhr)**
  Sinngemäß gilt das für die polare Ostuhr Gesagte. Der Schattenwerfer befindet sich über der 18h-Linie (Substilare). Funktionsbereich: von kurz nach 12h bis Sonnenuntergang.

$$l = h \tan (90° - \tau)$$

- **Analemmatische Sonnenuhr (Bodensonnenuhr)**
  Die Auffangfläche verläuft meistens horizontal, doch sind auch vertikale analemmatische Sonnenuhren möglich. Bei der Bodensonnenuhr steht der Schattenstab senkrecht und wird entsprechend dem Datum (Sonnendeklination) verstellt. Aus diesem Grunde gibt es keine Stundenlinien, sondern nur Stundenpunkte. Funktionsbereich: ganztägig.

$$\tan a = \frac{\sin \tau}{\sin \varphi \cos \tau - \cos \varphi \tan \delta}$$

Weltmittagsuhr:
Teil der Großplastik in Dessau. Horizontal-Sonnenuhr mit 30 Städtebezeichnung, die angeben, wo auf der Erde gerade Mittag ist.

Nach Osten abweichende Vertikaluhr in Zeitz. Der Sinnspruch lautet: "Die Musik bringt Sonne ins Haus" *(Foto: F. Ihlow)*

9. Kleines gnomonisches Lexikon

"Unter der wehmütig herabhängenden Krempe eines Filzhutes, dessen Alter, Farbe und Gestalt selbst dem schärfsten Denker einiges Kopfzerbrechen verursacht hätten, blickte zwischen einem Wald von verworrenen, schwarzgrauen Barthaaren eine Nase hervor, die fast von erschreckendem Ausmaß war und jeder beliebigen Sonnenuhr als Schattenwerfer hätte dienen können."
(Karl May: Winnetou, 2. Band)

Analemmatische Sonnenuhr: Sonnenuhr mit einem senkrechten, verstellbaren Schattenwerfer, der datumsbezogen eingestellt werden muß. Als Zeitmarken dienen Stundenpunkte (keine Stundenlinien), die auf einer Ellipse liegen.

Äquator (Himmelsäquator): Schnittlinie der scheinbaren Himmelskugel mit einer senkrecht zur Himmelsachse (Polachse) stehenden Ebene, der Äquatorebene. Diese kann als Verlängerung des Erdäquators aufgefaßt werden. Der Himmelsäquator bildet den Grundkreis für das Äquatorsystem des Himmels. Auf ihm befindet sich die Sonne an den Tagen der Tagundnachtgleiche.

Äquatorialuhr: Sonnenuhr mit einem Zifferblatt, das parallel zur Äquatorebene liegt.

Äquinoktium: Tagundnachtgleiche am 21.3. und 23.9. Infolge des Schaltjahres können Verschiebungen um einen Tag auftreten.

Äquinoktiallinie: Gerade Datumslinie zur Tagundnachtgleiche, bildet mit der Substilaren einen rechten Winkel.

Äquinoktialstunden: Im Gegensatz zu den Temporalstunden ist die Stundenlänge mit 60 Minuten unabhängig von der Jahreszeit. Die praktischeren Ä. setzten sich im späten Mittelalter durch.

Armillarsphäre: Auch Ringkugel genannt; historisches Instrument, das aus mehreren, mit Gradeinteilung versehenen Kreisen besteht und nach den Grundkreisen der Himmelssphäre eingerichtet werden kann. Die A. stellt eine beliebte und ansprechende Form der Sonnenuhr dar.

Azimut: Winkel zwischen dem Südpunkt und dem Schnittpunkt des Vertikalkreises eines Gestirns mit dem Horizont. Das A. wird von 0° bis 360° von Süd über West, Nord, Ost gezählt. Für die Gnomonik ist die Kenntnis des A. der Sonne wichtig, das als Winkel a zwischen dem Schattenwurf eines Lotes (Stab, Gnomon, Kante) gegen die Süd- bzw. Nordrichtung gemessen wird, u. zw. bis +180° von Süd über West und bis -180° von Süd über Ost bis Nord. Dieser Winkel ist besonders für analemmatische Sonnenuhren von Bedeutung.

Besonnungsdauer: Die Kenntnis der B. ist für die Funktionsdauer einer vertikalen Sonnenuhr an abweichenden Wänden von Bedeutung. Sie dauert vom beginnenden bis zum endenden Streiflicht.

Bodensonnenuhr: S. analemmatische Sonnenuhr.

Breite, Breitengrad (Breitenkreis): Die geographische Breite Φ ist gleich dem Winkel zwischen der Richtung der Schwerkraft am Beobachtungsort und der Äquatorebene. Die B. wird von 0° (Äquator) bis 90° (Nordpol bzw. Südpol) gezählt. Der Breitenkreis ist der Parallelkreis aller Orte mit gleichem Abstand vom Äquator, d. h. gleicher Breite.

Datumsgrenze: Von einigen Abweichungen abgesehen der Verlauf des 180°-Meridians im Stillen Ozean.

Datumslinien (Deklinationslinien): Auf Sonnenuhren kennzeichnen die D. den Weg des Schattens, der von der Spitze oder einem anderen markanten Punkt eines Schattenwerfers (Kugel, Loch) auf der Zifferblattfläche erzeugt wird. Die D. sind von der Sonnendeklination abhängig und verlaufen zu den Tagundnachtgleichen als

Gerade, sonst als mehr oder weniger gekrümmte Hyperbeln. Sie werden auch als Tierkreislinien bzw. Tageslinien bezeichnet.

Deklination: Winkelabstand δ eines Gestirns vom Himmelsäquator. Die D. wird von 0° (Himmelsäquator) bis ±90° (Himmelspole) gezählt. Die Größe des Tagbogens der Sonne ist auf einer bestimmten Breite von der D. abhängig.

Ekliptik: Scheinbare jährliche Bahn der Sonne vor den Sternbildern des Tierkreises. Aus dem Altertum stammt die Einteilung der E. zu je 30° in Tierkreiszeichen. Schnitt der Erdbahnebene mit der scheinbaren Himmelskugel, die gegenüber dem Himmelsäquator um 23,44° geneigt ist. Die Sonne bewegt sich im Sommerhalbjahr auf dem nördlichen, im Winterhalbjahr auf dem südlichen Teil der E.

Ellipse: Ebener Schnitt eines Kegels, der eine in sich geschlossene Kurve erzeugt. Die Bahnen der Planeten sind E., in deren einem Brennpunkt die Sonne steht.

Erdachse: Verbindungslinie der beiden Pole. Ihre Verlängerung weist zum Himmelsnordpol, in dessen Nähe der Polarstern (Nordstern) steht. Der derzeitige Abstand des Himmelsnordpols vom Polarstern beträgt 55 Bogenminuten. Die raumfeste Drehachse der Erde ist gleichzeitig die Achse des scheinbaren täglichen Sonnenbogens. Der Schattenwerfer einer Sonnenuhr muß paralell zur E. ausgerichtet sein (s. Polstab).

Frühlingspunkt (Widderpunkt): Ort der Sonne auf ihrer scheinbaren Jahresbahn am 21.3. (20.3.). Schnittpunkt der Ekliptik mit dem Himmelsäquator im aufsteigenden Sinne, befindet sich z. Z. vor dem Sternbild Fische. Vor 2000 Jahren lag der F. vor dem Sternbild Widder. Ursache für diese Verlagerung des F. ist die Präzessionsbewegung der Erdachse im Verlaufe von rund 26000 Jahren, wodurch auch die Himmelspole wandern und die äquatorialen Koordinaten sich beständig ändern. Der gegenüberliegende Punkt ist der Herbstpunkt, der Ort der Sonne am 23.9. (22.9.) vor dem Sternbild Jungfrau.

Globussonnenuhr: Sonnenuhr in Gestalt eines Globusses. Je nach der Gestaltung können verschiedene Angaben abgelesen werden: die Uhrzeit, die Meridiane des augenblicklichen Sonnenaufgangs bzw. Sonnenuntergangs sowie der wahre Mittag, die Erscheinungen der Mitternachtssonne und des Polartages bzw. der Polarnacht.

Gegensonne (Gegenpunkt): Fiktiver Punkt am Himmel, der 180° von der Sonne entfernt liegt, d.h. ihr gegenübersteht. Die G. liegt ebenfalls auf der Ekliptik, geht auf bei Sonnenuntergang, kulminiert um Mitternacht und geht unter bei Sonnenaufgang. Sie markiert jenen Punkt auf der Ekliptik, wo sich die Sonne vor einem halben Jahr befand bzw. in einem halben Jahr befinden wird sowie das Zentrum des Erdschattens.

Gnomon: Schattenwerfer (Stab) einer Sonnenuhr, der senkrecht stehen oder geneigt sein kann (Polstab).

Gnomonik: Heute wenig gebräuchliche Bezeichnung für die Wissenschaft von den Sonnenuhren. Nicht zu verwechseln mit Gnom (Kobold, zwerghafter Erdgeist im alten Volksglauben) oder mit Gnome (kurzer, meist lehrhafter Sinn- oder Denkspruch).

Höhe: Winkelabstand h eines Gestirns vom mathematischen Horizont, gemessen von 0° (Horizont) bis 90° (Zenit).

Horizont: Scheinbare Grenzlinie zwischen Himmel und Erde. Der scheinbare H. ist der größte Kreis, der durch die Tangentialebene der Augen des Beobachters geht. Der wahre H. verläuft parallel zum scheinbaren H. durch den Erdmittelpunkt. Der natürliche H. ist die durch Gebäude, Bewuchs und Geländeformen veränderte Grenzlinie zwischen dem Himmelsgewölbe und der Erdoberfläche.

Horizontaluhr: Sonnenuhr mit einem horizontalen Zifferblatt.

Hyperbel: Einer der vier Kegelschnitte (Kreis, Ellipse, Parabel und H.). Sie entsteht, wenn der Winkel, den die Achse des Kegels mit der Schnittebene bildet, kleiner als der halbe Öffnungswinkel des Kegels ist. Charakteristisch sind die beiden offenen Kurvenäste. Bei einer Sonnenuhr mit ebenem Zifferblatt sind die Datumslinien H. (mit Ausnahme derjenigen der Tagundnachtgleichen), die als Schnitt der ebenen Zifferblattfläche mit dem Tagesstrahlenkegel gebildet werden, dessen Spitze sich im Endpunkt des Schattenwerfers befindet.

Kompaß: Gerät zur Ermittlung der Nordrichtung. Es wird stets die Richtung zum magnetischen und nicht zum geographischen Nordpol angezeigt. Bei den beweglichen Sonnenuhren dient der K. zum Einrichten in die Meridianrichtung. Die Hersteller von Sonnenuhren wurden früher daher Kompaßmacher genannt.

Koordinaten: Werte, die definierten Achsen, Kreisen oder Punkten zugeordnet sind, um Punkte in der Ebene oder im Raum zu kennzeichnen. Beim Gradnetz der Erde sind der Äquator und der Nullmeridian von Greenwich die Grundkreise, auf die sich die geographische Breite und Länge eines Erdortes beziehen.

Kulmination: Durchgang eines Gestirns durch den jeweiligen Ortsmeridian. Die K. der Sonne kennzeichnet den wahren Mittag für einen bestimmten Ort. Der Kulminationspunkt ist der höchste Punkt eines Gestirns auf seinem Sichtbarkeitsbogen, bei der Sonne auf dem Tagbogen. Kulminationshöhe eines Gestirns: $h = (90 - \varphi + \delta)$

Länge, Längengrad (Längenkreis): Die geographische Länge λ ist der Winkelabstand eines Punktes auf der Erdoberfläche von der Ebene des Nullmeridians. Sie wird in östlicher und westlicher Richtung von 0° bis 180° gemessen. Die einstige Sternwarte von Greenwich bei London ist der Ausgangspunkt für die Zählung der L.

Lemniskate: Geschlossener Kurvenverlauf, der einer langgestreckten zur Mittellinie nicht symmetrischen Achterschleife ähnelt. Die L. kennzeichnet die Zeitgleichung im Laufe des Jahres und ermöglicht das Ablesen der Zeitgleichungsbeträge. Auf den Sonnenuhren wird die L. meist auf der Mittagslinie dargestellt.

Lochzeiger (Lochgnomon): Eine mit einem kleinen Loch versehene Scheibe projiziert anstelle eines Schattenwurfes einen Lichtpunkt.

Meridian: Mittagslinie, Verbindungslinie Nordpunkt-Zenit-Südpunkt. Auf der Erdoberfläche ist es die kürzeste Verbindung von Pol zu Pol und der Orte, die zur selben Zeit Mittag haben (Kulmination der Sonne).

Mittag: In der Astronomie versteht man darunter den wahren Mittag, den Zeitpunkt der Sonnenkulmination, des Meridiandurchganges. Der gegenüber dem wahren M. um die Beträge der Zeitgleichung veränderte Mittagszeitpunkt ist der mittlere M.

Mittagsuhr: Sonnenuhr, die nur der Anzeige des wahren oder des gesetzlichen Mittags dient.

Mittelalterliche Sonnenuhr: An Kirchen und Klöstern zu findende Tageszeitanzeiger mit waagerechten Schattenstäben aus der Zeit vor 1500. Infolge der unterschiedlichen Zeitanzeige, die von der Sonnendeklination abhängig ist, handelt es sich nicht um richtige Sonnenuhren. Die M. teilten den lichten Tag zumeist für liturgische Zwecke in bestimmte Zeitabschnitte.

Mitteleuropäische Zeit (MEZ): Gesetzliche, in Deutschland 1893 eingeführte Zeit, die der mittleren Ortszeit (MOZ) des 15. Längenkreises Ost (Görlitz-Gmünd) entspricht. Die MESZ (Mitteleuropäische Sommerzeit) ist der MEZ um eine Stunde voraus und ist in den meisten europäischen Ländern von Ende März bis Ende September gültig.

MOZ: s. Ortszeit

Nadir: Fußpunkt, Gegenpunkt des Zenits an der Himmelskugel.

Norduhr: Sonnenuhr mit nach Norden gerichtetem senkrechtem Zifferblatt. Der Funktionsbereich einer N. beschränkt sich nur auf das Sommerhalbjahr, in unseren Breiten vom Sonnenaufgang bis kurz nach 7h und von kurz vor 16h bis zum Sonnenuntergang.

Obelisk: Altgriechisch: "Kleiner Bratspieß", hoher vierkantiger Steinpfeiler, der sich oben verjüngt und in einer Pyramidenspitze endet. O. waren im alten Ägypten Kultsymbole des Sonnengottes. Als Gnomone dienten sie auch der Zeitmessung.

Ortszeit: Wahre O. (WOZ) ist die dem Sonnenstand entsprechende Zeit, der Ortsstundenwinkel der Sonne. Die unterschiedlichen geographischen Längenkreise (Meridiane) haben verschiedene O., wobei einem Längengrad ein Zeitunterschied von 4 min entspricht. Mittlere O. (MOZ) ist die um den jeweiligen Betrag der Zeitgleichung korrigierte Zeitangabe, für die eine mittlere (gedachte) Sonne mit gleichförmiger Bewegung maßgeblich ist.

Ostuhr: Sonnenuhr mit nach Osten gerichtetem senkrechtem Zifferblatt (Vormittagsuhr).

Pol: Punkt auf einer Kugel, der von allen Punkten eines bestimmten Großkreises auf ihr einen Winkelabstand von 90° hat. Die gleiche Bedingung erfüllt der Gegenpunkt. Nord- und Südpol auf der Erde sind jeweils 90° von den Punkten des Äquators entfernt. Himmelsnord- und -südpol sind 90° vom Himmelsäquator entfernt; sie können als von den Erdpolen an die scheinbare Himmelskugel projizierte Punkte aufgefaßt werden. Die Himmelspole sind die scheinbaren Drehpunkte der gedachten Himmelskugel.

Polare Südsonnenuhr: Sonnenuhr mit einem Zifferblatt, das parallel zur Erdachse und damit zum Schattenwerfer liegt. Bei den polaren Ost- und Westuhren liegt die vertikale Zifferblattfläche in der Nord-Süd-Richtung.

Polhöhe: Andere Bezeichnung für die geographische Breite. Die P. entspricht stets der geographischen Breite.

Punktzeiger: Schattenwerfer, bei dem nur mittels eines markanten Punktes (Kugel an der Spitze oder auf der Achse des Schattenwerfers) die Zeit, das Datum oder der Zeitgleichungsbetrag angezeigt werden.

Quadrant: Viertelkreis mit Gradeinteilung, der als astronomisches Winkelmeßgerät zur Höhenbestimmung von Gestirnen diente. Mit einer entsprechenden Einteilung versehen kann der Qu. auch zur Zeitbestimmung verwendet werden.

Skaphe: Bezeichnete im alten Griechenland ursprünglich nur eine Hohlhalbkugel. Später diente die S. als Sonnenuhr.

Sonnenkompaß: Die Funktion einer Sonnenuhr ist umkehrbar: Der Schattenwurf einer Sonnenuhr wird auf die bekannte Uhrzeit (WOZ) gerichtet, die Himmelsrichtungen stimmen dann mit denen auf der Sonnenuhr überein. Als S. eignen sich am besten die analemmatische sowie die horizontale Sonnenuhr.

Sonnenwende (Solstitium): Tage mit dem jahreszeitlich höchsten bzw. tiefsten Stand der Sonne. Die Sommersonnenwende am 21. 6. mit einer Deklination der Sonne von +23,44° hat den größten Tagbogen, die Wintersonnenwende am 21. 12. mit einer Deklination von +23,44° den kleinsten Tagbogen zur Folge.

Stunde: Der 24. Teil eines Sonnentages, heute eine gleich lange Zeiteinheit. Babylonische S.: 24-Stundenteilung des Tages von einem Sonnenaufgang bis zum nächsten. Italische S.: 24-Stundenteilung des Tages von einem Sonnenuntergang bis zum nächsten. Judäische oder biblische S.: Einteilung des lichten Tages in 12 gleich lange S. zwischen Sonnenauf- und -untergang, was im Laufe des Jahres eine unterschiedliche Länge der S. zur Folge hatte (s.Temporalstunden).

Stundenlinie: Stundenmarkierung auf dem Zifferblatt einer Sonnenuhr. Die Bezeichnung "Zeitlinie" (z) ist ebenfalls gebräuchlich.

Stundenpunkt: Beliebiger Punkt auf einer Stundenlinie. S. werden häufig als Zeitmarken auf Sonnenuhren anstelle der durchgezogenen Stundenlinien angewendet. Auch werden sie für das Einvisieren von Sonnenuhren benutzt. Bei den analemmatischen Sonnenuhren sind nur S. und keine Stundenlinien möglich.

Stundenwinkel: Winkelabstand τ eines Gestirns zwischen dem Himmelsmeridian und dem jeweiligen Stundenkreis, gemessen auf dem Himmelsäquator. Der S., der stets ein Ortsstundenwinkel ist, wird in Stunden, Minuten und Sekunden in Richtung der täglichen Gestirnsbewegung gemessen und kann ins Gradmaß umgerechnet werden (1 h entspr. 15°) In der Gnomonik spielt der S. eine große Rolle, darf aber nicht mit dem Stundenlinienwinkel verwechselt werden. Der S. der Sonne gibt die WOZ an.

Stützdreieck: Hilfsmittel zum Anbringen des Schattenwerfers bei einer abweichenden Vertikaluhr.

Substilare: Zeigergrundlinie, Normalprojektion des Schattenwerfers auf die Zifferblattfläche. Bei einer vertikalen Süduhr fällt die S. mit dem Meridian zusammen, bei einer abweichenden Vertikaluhr liegt sie von diesem um so weiter entfernt, je größer der Abweichungswinkel der Wand ist. Bei einer Wandabeichung nach Osten liegt die S. auf der Vormittagsseite, bei einer nach Westen über der Nachmittagsseite.

Süduhr: Sonnenuhr mit nach Süden gerichtetem senkrechtem vertikalen Zifferblatt.

Temporalstunden: Ungleich lange Stunden im Altertum und im Mittelalter. Der lichte Tag wurde stets in 12 gleiche Teile geteilt, so daß die Stunden im Sommer länger als im Winter waren. (s. Äquinoktialstunden.

Tierkreis: Aus der babylonischen Sternkunde kommende Einteilung am Himmel mit 12 Sternbildern, an denen die Sonne auf ihrer jährlichen scheinbaren Bahn (Ekliptik) vorüberwandert. Die Tierkreiszeichen spielen in der Astrologie eine wichtige Rolle. Die T. sind heute mit den Tierkreissternbildern nicht mehr identisch.

Tierkreislinien: s. Datumslinien.

Tropen: Gebiete zwischen 23,5° n. Br. und 23,5° s. Br. auf der Erde. Der nördliche Wendekreis (W. d. Krebses) und der südliche Wendekreis (W. d. Steinbockes) begrenzen die T. und damit den Bereich, wo die Sonne zu Mittag am 21.6. bzw. 21.12. senkrecht über der Erdoberfläche steht. Am Äquator tritt der Zenitstand am 20.3./23.9. ein.

Vertikaluhr: s. Süduhr. Bei einer abweichenden V. weicht die Zifferblattfläche von der Ost-West-Richtung ab.

Weltzeit (UT, d.h. Universal Time): Sie entspricht der mittleren Ortszeit (MOZ) von Greenwich.

Weltzeitzifferblatt: Zeigt die wahre Ortszeit für andere Orte der Erde an. Beliebt sind die Weltmittagsuhren, die angeben, wo augenblicklich Mittag oder Mitternacht ist.

WOZ: s. Ortszeit.

Zeitgleichung: Differenz zwischen der wahren und der mittleren Sonne. Die Z. kann maximal 16,4 min und - 14,3 min (insges. 30,7 min) betragen; nur an vier Tagen im Jahr ist sie gleich 0 min.

Zeitgleichungsschleife: s. Lemniskate.

Zeitunterschied: Die Zeit zwischen der gesetzlichen Zeit (z. B. MEZ) und der wahren Ortszeit (WOZ) innerhalb der festgelegten Zeitzonen. Für 1° Längenunterschied beträgt der Z. 4 Minuten.

Zeitzone: Gebietstreifen auf der Erde mit durchschnittlich 15° Länge, für die dieselbe gesetzliche Zeit gilt. Zwischen benachbarten Z. besteht ein Unterschied von 1 h.

Zenit: Der Punkt senkrecht über einem Beobachter. Der Z. hat eine Höhe von 90°.

Zeigerachse: Unter dem Winkel φ geneigte Konstruktionslinie, die bei Stabzeigern in der Mitte des Querschnittes, bei massiven Zeigern unmittelbar auf der schattenerzeugenden Kante liegt.

Zeigerfußpunkt: Punkt der Zeigerachse, wo diese in die Fläche des Zifferblattes eindringt. Im Z. laufen die Stundenlinien zusammen; in ihm wird der Schattenwerfer befestigt. Bei erdachsenparallelen Zifferblättern liegt der Z. im Unendlichen.

Zifferblatt: Auffangfläche des Schattenwurfes bei Sonnenuhren. Die Z. von Sonnenuhren unterscheiden sich stark von denen mechanischer oder elektronischer Uhren.

Zylindersonnenuhr, auch Säulchensonnenuhr: Zylinderförmige Sonnenuhr mit waagerechtem Schattenwerfer, der entsprechend der Sonnendeklination (Datum) verstellt wird. Die Z. beruht auf dem Prinzip der Höhenmessung der Sonne. Die Zeit wird an den gekrümmten Stundenlinien abgelesen.

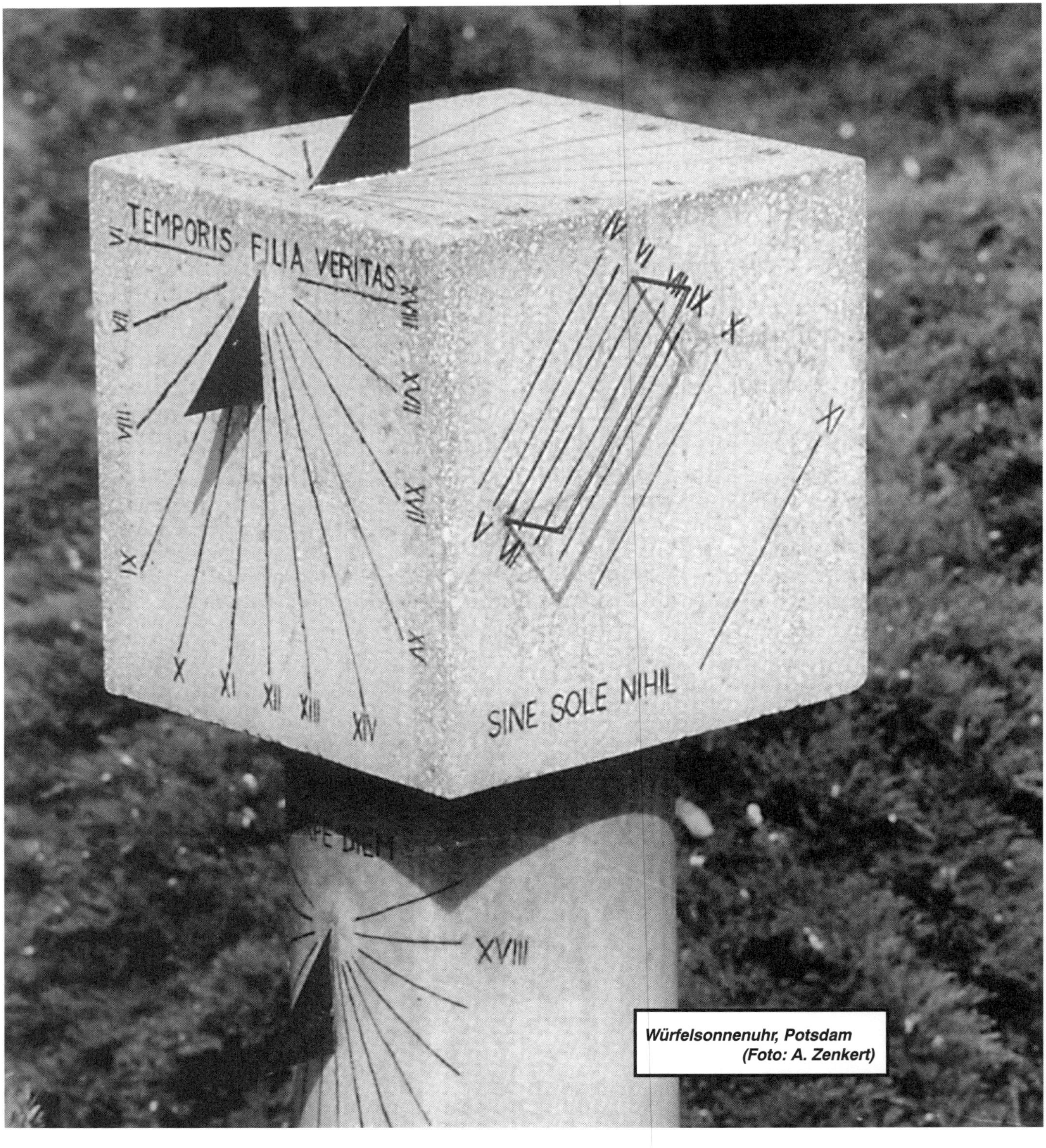

Würfelsonnenuhr, Potsdam
(Foto: A. Zenkert)

10. Tafeln

"Merkwürdig, daß mich dieses Bäumchen immer an die lahme Pauline erinnert, jenes arme Mädchen einer Berliner Mietskaserne, das nicht von der Stelle konnte und in den Hof hinabgetragen wurde, wenn der Frühling kam, um ein wenig Sonne einzufangen. Die lahme Pauline wußte besser als ein Astronom, an welchem Tage die Sonne über den Nachbargiebel stieg, zu welcher Stunde sie das alte Brunnenrohr oder den Eingang zur Kellertreppe traf, und sorgsam rückte sie unbeholfen mit ihrem alten, morschen Korbstuhl dem Sonnenstrahl nach, sozusagen der Zeiger einer lebenden Sonnenuhr." (Bruno H. Bürgel, aus: Die kleinen Freuden)

Tafel 10.1. Sonnendeklination und Zeitgleichung
Bei den Datumsangaben treten infolge des Schaltjahreszyklus Schwankungen von 1 Tag auf, die für die praktische Arbeit unwesentlich sind. Die Angaben wurden dem "Kalender für Sternfreunde 1982" entnommen (6' entspr. 0,1°).

Datum	Deklination		Zeitgleichung	
	°	'	min	s
1. Jan.	-23	3	-3	32
6.	-22	33	-5	49
11.	-21	53	-7	54
16.	-21	2	-9	44
21.	-20	1	-11	18
26.	-18	50	-12	33
1. Feb.	-17	15	-13	37
6.	-15	47	-14	7
11.	-14	12	-14	16
16.	-12	31	-14	7
21.	-10	45	-13	40
26.	-8	55	-12	58
1. März	-7	48	-12	26
6.	-5	53	-11	22
11.	-3	56	-10	7
16.	-1	58	-8	44
21.	0	0	-7	16
26.	1	59	-5	46

Datum	Deklination		Zeitgleichung	
	°	'	min	s
1. April	4	20	-3	58
6.	6	15	-2	30
11.	8	7	-1	7
16.	9	55	0	9
21.	11	40	1	16
26.	13	20	2	11
1. Mai	14	55	2	54
6.	16	23	3	24
11.	17	44	3	41
16.	18	58	3	42
21.	20	4	3	30
26.	21	1	3	3
1. Juni	21	59	2	17
6.	22	36	1	27
11.	23	3	0	30
16.	23	20	0	33
21.	23	26	-1	38
26.	23	21	-2	56

Tafel 10.1. (Fortsetzung)

Datum		Deklination °	'	Zeitgleichung min	s
1.	Juli	23	9	-3	44
6.		22	45	-4	38
11.		22	11	-5	23
16.		21	27	-5	58
21.		20	35	-6	20
26.		19	3	-6	28
1.	Aug.	18	10	-6	17
6.		16	51	-5	52
11.		15	26	-5	11
16.		13	55	-4	17
21.		12	18	-3	10
26.		10	36	-1	51
1.	Sept.	8	9	0	9
6.		6	39	1	35
11.		4	46	3	18
16.		2	51	5	4
21.		0	55	6	54
26.		-1	2	8	35

Datum		Deklination °	'	Zeitgleichung min	s
1.	Okt.	-2	58	10	15
6.		-4	54	11	42
11.		-6	49	13	12
16.		-8	41	14	22
21.		-10	30	15	18
26.		-12	15	15	59
1.	Nov.	-14	15	16	23
6.		-15	49	16	22
11.		-17	16	15	59
16.		-18	36	15	15
21.		-19	49	14	10
26.		-20	50	12	45
1.	Dez.	-21	43	11	2
6.		-22	26	9	3
11.		-22	57	6	54
16.		-23	17	4	28
21.		-23	26	2	0
26.		-23	23	0	29

Tafel 10.2. Geographische Koordinaten und Ortszeitdifferenzen ausgewählter Städte in Mitteleuropa

Stadt	Geographische Breite °	Länge °	Zeitdifferenz min
Aachen	50,8	6,1	35,6
Augsburg	48,4	10,9	16,4
Aurich	53,5	7,5	30,1
Baden-Baden	48,8	8,2	27,2
Bamberg	49,9	10,9	16,4
Basel	47,5	7,6	29,6
Bautzen	51,2	14,4	2,4
Bayreuth	50,0	11,6	13,6
Berlin	52,5	13,4	6,4
Bern	47,0	7,4	30,4
Bielefeld	52,0	8,5	26,0
Bonn	50,7	7,1	31,6
Bratislava (Preßburg)	48,2	16,1	-8,5
Braunschweig	52,3	10,5	18,0
Bremen	53,1	8,8	24,8
Brno (Brünn)	49,2	16,	-6,4
Budapest	47,5	19,0	-15,9
Celle	52,6	10,1	19,6
Chemnitz	50,8	12,9	8,4
Coburg	50,3	11,0	16,1
Cottbus	51,8	14,3	2,8
Darmstadt	49,9	8,7	25,2
Dessau	51,8	12,2	11,2
Dortmund	51,5	7,5	30,2
Dresden	51,1	13,7	5,2
Düsseldorf	51,2	6,8	32,8
Eberswalde	52,8	13,8	4,8
Emden	53,4	7,2	31,2
Erfurt	51,0	11,0	16,0
Essen	51,5	7,0	32,0
Flensburg	54,8	9,4	22,4
Frankfurt/M.	50,1	8,7	25,2
Frankfurt/O.	52,3	14,6	1,6
Freiberg i. Sa.	50,9	13,3	6,7
Freiburg i. Br.	48,0	7,9	28,4
Gera	50,9	12,1	11,6
Gießen	50,6	8,7	25,2
Görlitz	51,2	15,0	0,0
Göttingen	51,5	9,9	20,4

Stadt	Geographische Breite °	Länge °	Zeitdifferenz min
Graz	47,1	15,5	-2,0
Greifswald	54,1	13,4	6,4
Güstrow	53,8	12,2	11,3
Halle	51,5	12,0	12,0
Hamburg	53,6	10,0	20,0
Hannover	52,4	9,7	21,2
Innsbruck	47,3	11,3	14,8
Jena	50,9	11,6	13,6
Kaiserslautern	49,4	7,8	28,9
Karlsruhe	49,0	8,4	26,4
Kassel	51,3	9,5	22,0
Kiel	54,3	10,1	19,6
Köln	50,9	7,0	32,0
Konstanz	47,7	9,2	23,2
Klagenfurt	46,6	14,3	2,8
Krakow (Krakau)	50,1	20,0	-19,8
Leipzig	51,3	12,4	10,4
Linz	48,3	14,3	2,8
Lübeck	53,9	10,7	17,2
Magdeburg	52,1	11,6	13,6
Mainz	50,0	8,3	26,8
Mannheim	49,5	8,5	26,0
München	48,1	11,6	13,6
Münster i. W.	52,0	7,6	29,6
Neubrandenburg	53,6	13,3	6,8
Nordhausen	51,5	10,8	16,8
Nürnberg	49,5	11,1	15,6
Osnabrück	52,3	8,0	28,0
Passau	48,6	13,5	6,0
Plauen	50,5	12,1	11,5
Poznan (Posen)	52,4	16,9	-7,5
Potsdam	52,4	13,1	7,6
Prag	50,1	14,4	2,4
Regensburg	49,0	12,1	11,6
Rostock	54,1	12,1	11,6
Saarbrücken	49,2	7,0	32,0
Schwerin	53,6	11,4	14,4
Salzburg	47,8	13,1	7,6
Speyer	49,3	8,4	26,2

Tafel 10.2. (Fortsetzung)

Stadt	Geographische Breite °	Geographische Länge °	Zeitdifferenz min
Stralsund	54,3	13,1	7,6
Stuttgart	48,8	9,2	23,2
Suhl	50,6	10,7	17,2
Trier	49,8	6,6	33,6
Ulm	48,4	10,0	20,0
Warschau	52,2	21,0	-24,1
Weimar	51,0	11,3	14,8

Stadt	Geographische Breite °	Geographische Länge °	Zeitdifferenz min
Wien	48,2	16,3	-5,2
Wiesbaden	50,1	8,2	27,2
Wismar	53,9	11,5	14,0
Würzburg	49,8	9,9	20,4
Zittau	50,9	14,0	0,8
Zürich	47,4	8,6	25,4
Zwickau	50,7	12,5	10,0

Tafel 10.3 Geographische Längen großer Städte der Erde

Stadt	Westl. Länge °	Stadt	Östl. Länge °
Madrid	3,5	London	0
Lissabon	9	Paris	2,5
Dakar	18	Stockholm	18
Reykjavik	22	Athen	24
Rio de Janeiro	43	St. Petersburg	30
Buenos Aires	58	Jerusalem	35
Caracas	67	Moskau	37,5
Havanna	82,5	Addis Abeba	40
New York	74	Teheran	51
Montreal	74	Taschkent	69
Lima	78	Bombay	73
Chicago	88	Neu Delhi	77
Mexico City	99	Kalkutta	88
Denver	105	Singapur	104
Los Angeles	118	Hongkong	115
Anchorage	150	Manila	121
Honolulu	158	Tokio	140
		Melbourn	144
		Sydney	151
		Wellington	175

Tafel 10.4. Nomogramm zur Berechnung der WOZ aus der MEZ

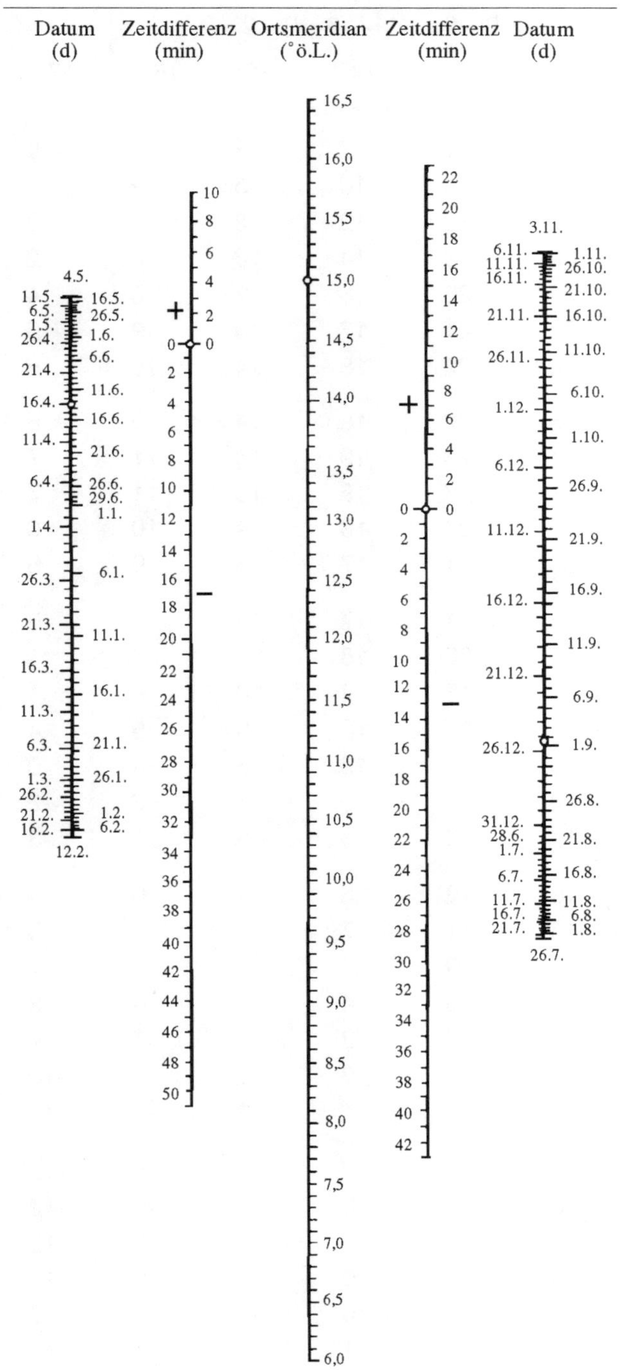

Tafel 10.5. Nomogramm zur Ermittlung der Sonnendeklination

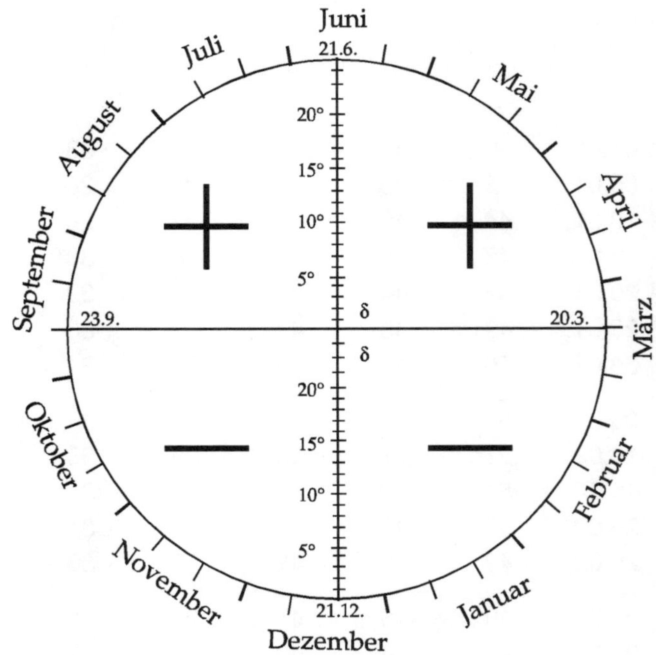

Tafel 10.5. Zur Bestimmung der Sonnendeklination wird vom Datum am Rand eine Gerade rechtwinklig auf die Skale der Deklination gezogen

Tafel 10.6. Korrekturtabelle für Sonnenuhren unter Berücksichtigung der Ortszeitdifferenz und Zeitgleichung

Datum	Geographische Länge											
	6°	7°	8°	9°	10°	11°	12°	13°	14°	15°	16°	17°
01.01.	39	35	31	27	23	19	15	11	7	3	-1	-5
05.01.	42	38	34	30	26	22	18	14	10	6	2	-2
10.01.	44	40	36	32	28	24	20	16	12	8	4	0
15.01.	46	42	38	34	30	26	22	18	14	10	6	2
20.01.	48	44	40	36	32	28	24	20	16	12	8	4
25.01.	49	45	41	37	33	29	25	21	17	13	9	5
30.01.	50	46	42	38	34	30	26	22	18	14	10	6
05.02.	50	46	42	38	34	30	26	22	18	14	10	6
10.02.	51	47	43	39	35	31	27	23	19	15	11	7
15.02.	51	47	43	39	35	31	27	23	19	15	11	7
20.02.	50	46	42	38	34	30	26	22	18	14	10	6
25.02.	49	45	41	37	33	29	25	21	17	13	9	5
01.03.	49	45	41	37	33	29	25	21	17	13	9	5
05.03.	48	44	40	36	32	28	24	20	16	12	8	4
10.03.	46	42	38	34	30	26	22	18	14	10	6	1
15.03.	45	41	37	33	29	25	21	17	13	9	5	4
20.03.	44	40	36	32	28	24	20	16	12	8	4	0
25.03.	42	38	34	30	26	22	18	14	10	6	2	-2
30.03.	41	37	33	29	25	21	17	13	9	5	1	-3
01.04.	40	36	32	28	24	20	16	12	8	4	0	-4
05.04.	39	35	31	27	23	19	15	11	7	3	-1	-5
10.04.	37	33	29	25	21	17	13	9	5	1	-3	-7
15.04.	36	32	28	24	20	16	12	8	4	0	-4	-8
20.04.	35	31	27	23	19	15	11	7	3	-1	-5	-9
25.04.	34	30	26	22	18	14	10	6	2	-2	-6	-10
30.04.	33	29	25	21	17	13	9	5	1	-3	-7	-11
05.05.	32	28	24	20	16	12	8	4	0	-4	-8	-12
10.05.	32	28	24	20	16	12	8	4	0	-4	-8	-12
15.05.	32	28	24	20	16	12	8	4	0	-4	-8	-12
20.05.	32	28	24	20	16	12	8	4	0	-4	-8	-12
25.05.	32	28	24	20	16	12	8	4	0	-4	-8	-12
30.05.	33	29	25	21	17	13	9	5	1	-3	-7	-11

Datum	Geographische Länge											
	6°	7°	8°	9°	10°	11°	12°	13°	14°	15°	16°	17°
05.06.	34	30	26	22	18	14	10	6	2	-2	-6	-10
10.06.	35	31	27	23	19	15	11	7	3	-1	-5	-9
15.06.	36	32	28	24	20	16	12	8	4	0	-4	-8
20.06.	37	33	29	25	21	17	13	9	5	1	-3	-7
25.06.	38	34	30	26	22	18	14	10	6	2	-2	-6
30.06.	39	35	31	27	23	19	15	11	7	3	-1	-5
05.07.	40	36	32	28	24	20	16	12	8	4	0	-4
10.07.	41	37	33	29	25	21	17	13	9	5	1	-3
15.07.	42	38	34	30	26	22	18	14	10	6	2	-2
20.07.	42	38	34	30	26	22	18	14	10	6	2	-2
25.07.	42	38	34	30	26	22	18	14	10	6	2	-2
30.07.	42	38	34	30	26	22	18	14	10	6	2	-2
05.08.	42	38	34	30	26	22	18	14	10	6	2	-2
10.08.	41	37	33	29	25	21	17	15	9	5	1	-3
15.08.	40	36	32	28	24	20	16	12	8	4	0	-4
20.08.	39	35	31	27	23	19	15	11	7	3	-1	-5
25.08.	38	34	30	26	22	18	14	10	6	2	-2	-6
30.08.	36	32	28	24	20	16	12	8	4	0	-4	-8
01.09.	35	31	27	23	19	15	11	7	3	-1	-5	-9
05.09.	34	30	26	22	18	14	10	6	2	-2	-6	-10
10.09.	33	29	25	21	17	13	9	5	1	-3	-7	-11
15.09.	31	27	23	19	15	11	7	3	-1	-5	-9	-13
20.09.	29	25	21	17	13	9	5	1	-3	-7	-11	-15
25.09.	28	24	20	16	12	8	4	0	-4	-8	-12	-16
30.09.	26	22	18	14	10	6	2	-2	-6	-10	-14	-18
05.10.	24	20	16	12	8	4	0	-4	-8	-12	-16	-20
10.10.	23	19	15	11	7	3	-1	-5	-9	-13	-17	-21
15.10.	22	18	14	10	6	2	-2	-6	-10	-14	-18	-22
20.10.	21	17	13	9	5	1	-3	-7	-11	-15	-19	-23
25.10.	20	16	12	8	4	0	-4	-8	-12	-16	-20	-24
30.10.	20	16	12	8	4	0	-4	-8	-12	-16	-20	-24

Tafel 10.6. (Fortsetzung)

Datum	Geographische Länge											
	6°	7°	8°	9°	10°	11°	12°	13°	14°	15°	16°	17°
05.11.	20	16	12	8	4	0	-4	-8	-12	-16	-20	-24
10.11.	20	16	12	8	4	0	-4	-8	-12	-16	-20	-24
15.11.	21	17	13	9	5	1	-3	-7	-11	-15	-19	-23
20.11.	22	18	14	10	6	2	-2	-6	-10	-14	-18	-22
25.11.	23	19	15	11	7	3	-1	-5	-9	-13	-17	-21
30.11.	25	21	17	12	9	5	1	-3	-7	-11	-15	-19
01.12.	26	22	18	14	10	6	2	-2	-6	-10	-14	-18
05.12.	27	23	19	15	11	7	3	-1	-5	-9	-13	-17
10.12.	29	25	21	17	13	9	5	1	-3	-7	-11	-15
15.12.	30	26	22	18	14	10	6	2	-2	-6	-10	-14
20.12.	34	30	26	22	18	14	10	6	2	-2	-6	-10
25.12.	36	32	28	24	20	16	12	8	4	0	-4	-8
30.12.	38	34	30	26	22	18	14	10	6	2	-2	-6

Infolge des Schaltjahreszyklus treten Veränderungen von einem Tag auf.

Literaturverzeichnis

Adzema R. / Mablen, J.: Sonnenuhren selberbauen. Mit 16 Modellbögen. München 1990.

Bassermann-Jordan, E. v.: Die Geschichte der Zeitmessung und der Uhren. Bd. I. Berlin, Leipzig: Lieferung E. 1920

Bassermann-Jordan, E. v.: Uhren. Ein Handbuch für Sammler und Liebhaber. Berlin 1922

Buchner, E.: Die Sonnenuhr des Augustus. Mainz 1982.

Dick, J.: Grundtatsachen der sphärischen Astronomie. Leipzig 1956.

Dohrn-van Rossum, G.: Die Geschichte der Stunde, Uhren und moderne Zeitordnungen. München, Wien 1992.

Drecker, J.: Zeitmessung und Sterndeutung in geschichtlicher Darstellung. Berlin 1925

Drecker, J.: Theorie der Sonnenuhren. Berlin 1920

Drinkwater, P.: The art of Sundial Construction. Shipston-on-Stour, 1985.

Embacher, F.: Sonnenuhren bauen leicht gemacht. Köln-Braunsfeld 1984.

Ernst, B.: 25 Eeuwen Tijdmeting. Amsterdamm 1988

Farre i Olive, E.: 24 Rellotges i altres instruments per a la mesura del temp. Barcelona 1989.

Gibbs, Sh. L.: Greek and Roman Sundials. New Haven, London 1976.

Ginzel, F. K.: Handbuch der mathematischen und technischen Chronologie, das Zeitrechnungswesen der Völker. 3 Bände, Leipzig 1911.

Giudiceandrea L.: Die Spur der Sonne. Sonnenuhren in Südtirol. Schlanders 1976.

Grotefend, H. Taschenbuch der Zeitrechnung des deutschen Mittelalters und der Neuzeit. Hannover, Leipzig 1905.

Grötzsch, H.: Sonnen- und Turmuhren. Dresden 1959.

Grötzsch, H.; Karpinski, J.: Mathematisch-Physikalischer Salon Dresden. Leipzig 1978.

Hausmann, T. (Bearb.): Alte Uhren. Kataloge des Kunstgewerbemuseums Berlin, Bd. VIII, Berlin 1979.

Kern, H.: Kalenderbauten. Frühe astronomische Großgeräte aus Indien, Mexico und Peru. München 1976.

König, G.: Die Uhr. Geschichte, Technik, Stil. Berlin, Leipzig 1991.

Körber, H.-G.: Zur Geschichte der Konstruktion von Sonnenuhren und Kompassen des 16. bis 18. Jahrhunderts. Veröffentlichungen des Staatlichen Mathematisch-Physikalischen Salons, Forschungsstelle Dresden-Zwinger. Bd. 3. Berlin 1965.

Landrock, H.: Alte Uhren - neu entdeckt, Geschichte, Gang und Spiel. Thun und Frankfurt am Main 1981.

Loske, L.: Die Sonnenuhren. Kunstwerke der Zeitmessung und ihre Geheimnisse. Berlin, Göttingen, Heidelberg 1959.

Löschner, H.: Über Sonnenuhren. Beiträge zu ihrer Geschichte und Konstruktion nebst Aufstellung einer Fehlertheorie. Graz 1906

Lübke, A.: Großes Uhrenbuch. Bad Godesberg 1976.

Mitsumasa, Anno: Anno's Sonnenuhren, die Zeit erleben. Aarau, Frankfurt/M., Salzburg 1987.

Philipp, H. / Roth, D. / Bachmann, W.: Sonnenuhre-Deutschland und Schweiz. Sonnenuhren-Katalog, herausgegeben von der Deutschen Gesellschaft für Chronometrie e.V., Arbeitskreis Sonnenuhren. Stuttgart 1994 (8250 Objekte)

Prihoda, P.: Slunecni hodiny. Prag 1983.

Rijk de, J.A.F.: De zon als klok. Utrecht 1983

Rohr, R. R. J.: Die Sonnenuhr - Geschichte, Theorie, Funktion. München 1982

Schilt, H.: Ebene Sonnenuhren, verstehen und planen, berechnen und bauen. Biel 1985.

Schuhmacher, H. / Peitz, A.: Sonnenuhren. Eine Anleitung für Handwerk und Liebhaber. München. Bd. 1 1973, Bd. 2 1979, Bd. 3 1981.

Schwarzinger, K.: Katalog der ortsfesten Sonnenuhren in Österreich. Mit Erläuterungen zur *Theorie der Sonnenuhren*. Herausgegeben vom österreichischen Astronomie Verein in Wien, 2. Auflage 1993 (2220 Objekte)

Sonndorfer, R.: Theorie und Construction der Sonnenuhren auf ebenen, Kegel-, Cylinder- und Kugelflächen. Wien 1864.

Steinert, K.-G.: Sphärische Trigonometrie. Leipzig 1977.

Syndram, D. (Herausg.): Wissenschaftliche Instrumente und Sonnenuhren. Kunstgewerbesammlung der Stadt Bielefeld/Stiftung Huelsmann. München 1989.

Voch, L.: Die Kunst Sonnenuhren auf dasPapier oder eine Mauer zu zeichnen. Augsburg 1778 (Reprint: München, 1980).

Waugh, A.E.: Sundials, their theory an construction. New York 1973.

Winkler, H.: Astronomische Uhren in Görlitz. In: Mitteilungen der Einstein-Sternwarte Görlitz, Nr. 3. Görlitz 1956.

Zenkert, A.: Faszination Sonnenuhr. Berlin, Frankfurt/M., Thun 1984.

Zinner, E.: Alte Sonnenuhren an europäischen Gebäuden. Wiesbaden 1964.

Autorenkollektiv (Hrsg. Mucke, H.): Sonnenuhren. In: Sternfreunde-Seminar 1991. Herausgegeben vom Planetarium Wien und des Österreichischen Astronomischen Vereins.

Autorenkollektiv: Sonnenuhren-Handbuch des Arbeitskreises Sonnenuhren in der Deutschen Gesellschaft für Chronometrie, 1990.

Sachwörterverzeichnis

T

U

V

W

Z

Namensverzeichnis